合肥工业大学教材出版专项基金资助项目

数字雕刻艺术

主　编　魏志成

副主编　刘成章　李永婕

合肥工业大学出版社

图书在版编目（CIP）数据

数字雕刻艺术/魏志成主编．－－合肥：合肥工业大学出版社，2025.5．－－ISBN 978－7－5650－7027－3

Ⅰ．TP391.414

中国国家版本馆 CIP 数据核字第 2025R780R9 号

数字雕刻艺术

SHUZI DIAOKE YISHU

魏志成　主编		责任编辑　孙南洋	
出　版	合肥工业大学出版社	版　次	2025 年 5 月第 1 版
地　址	合肥市屯溪路 193 号	印　次	2025 年 5 月第 1 次印刷
邮　编	230009	开　本	889 毫米×1194 毫米　1/16
电　话	人文社科出版中心：0551－62903200	印　张	11
	营销与储运管理中心：0551－62903198	字　数	285 千字
网　址	press.hfut.edu.cn	印　刷	安徽联众印刷有限公司
E-mail	hfutpress@163.com	发　行	全国新华书店

ISBN 978－7－5650－7027－3　　　　　　　　　　　　定价：68.00 元

如果有影响阅读的印装质量问题，请与出版社营销与储运管理中心联系调换。

前言

  随着科技的发展，计算机软硬件技术不断进步，设计师和艺术家们的创作工具也更加丰富多样，数字化工具被广泛应用于艺术及设计行业。其中ZBrush软件就是一款能够用数字化的方式模拟真实雕塑的软件。这一数字艺术工具将传统与科技完美地结合在一起，使三维艺术，尤其是建模真正实现了所见即所得的操作方式。熟练掌握了ZBrush软件就可以在数字化的环境下模拟绝大部分真实雕刻的艺术语言。ZBrush的操作和控制非常直观、易于使用、功能强大，可以让用户在较短的时间内就创造出复杂的、高质量的CG图像。ZBrush在操作方式上模仿了真实物理世界的雕刻手法，并开发出一系列类似于雕刻刀一样的画笔工具，因此这款软件从诞生开始就受到艺术界的广泛关注，并在游戏、影视、插画和3D打印等多个领域得到广泛的应用。ZBrush目前已经成为数字建模专业的一种行业标准，在生产实践方面取得了很多有目共睹的成绩。

  基于ZBrush的专业和强大的功能，它曾在《指环王》《加勒比海盗》《阿凡达》等众多影片的数字建模方面得到广泛应用，创作出了很多让观众印象深刻的数字角色。作为一款专业的建模软件，ZBrush以其强大的功能和直观的工作流程受到业界的欢迎，其界面内容丰富，操作流畅，可以在普通家用电脑上实现数亿多边形级别下的模型制作。ZBrush可以激发创作者制作出多面的、震撼人心的CG模型，不管是新手还是专业人士，ZBrush都能够让创作者的灵感得到淋漓尽致的发挥。

  ZBrush软件本身的开发逻辑很有特色，从一开始，ZBrush软件就是针对艺术家直观的创作方式加以研发的。软件设计了一系列富有雕刻表现力的笔刷工具，这些笔刷工具较为真实贴切地模拟了雕刻刀的痕迹，可以配合绘图板的数位笔，模拟出真实雕塑的制作感，软件逻辑尤其适合艺术专业的师生，并广泛应用于数字雕刻及3D打印的前期制作。ZBrush可以和所有主流的三维软件（如3ds Max、Maya、C4D等）配合使用，完成更为丰富全面的数字建模制作要求。

本书在编写过程中尽量结合真实的雕刻制作，在教学的初期与基本的实体雕塑技法相结合，再以ZBrush软件为讲授的核心内容，深入研究用数字雕刻的方式来模拟真实雕刻中遇到的各种造型和方法，让数字化的制作能够与传统艺术有机结合在一起。教材的前半部分设置了很多动物造型制作的案例，因为在美术高考的指导体系之下，大多数学生对人物头像等造型的认识和理解可谓是轻车熟路，而对于自然界的动物造型认识普遍不深，通过这些关于自然界动物造型的练习，可以培养学生的观察能力和想象能力，让这门课程不局限于软件工具的学习，而是鼓励学生多观察生活，捕捉生活中的点滴灵感。学习软件只是一个过程，我们希望学生能在掌握软件之后，不再受客观自然物理条件的限制和束缚，最终导向雕塑的创作与研究，所以本书尽量淡化刻板的软件操作流程，在每个案例制作的初期先有一个创意性的想法，然后再通过软件加以实施，让学生学会通过软件模拟这些雕塑语言，找到各种对应的数字化制作的解决办法。

另外，本教材在编写过程中也紧密地结合了目前课程思政方面的一些要求，在案例制作中强调学生对传统中国文化的体认和理解，在教学中不再将西方的雕塑艺术及语言作为唯一的标准，而是加入了大量的中国传统雕塑数字化制作的内容。这也是对ZBrush数字雕刻艺术这门课程的大胆探索与尝试。中国传统雕塑与西方雕塑有很多鲜明的区别，中国传统雕塑强调写意性、表现性和夸张变形的艺术语言，而西方雕塑发源于古希腊和古罗马，注重写实性、强调解剖结构的准确性和空间性，这是两种不同的造型语言。在目前的高考模式和高校教育体系下，很多学生还缺少对中国传统雕塑造型语言的深入认识和理解，这一部分的课题包括传统徽派砖雕、传统泥塑造型、传统石雕造型等的制作。本教材在人像制作这个单元还加入了为英雄模范人物制作头像的章节，如在第五章有为袁隆平院士制作胸像的内容，这些内容拓宽了数字雕刻艺术的表现内容，也让学生通过不同的案例充分挖掘ZBrush软件工具的各种可能性，在学习软件的过程中充分地体会到国家强盛的自豪感。很多学生在学习的过程中都感受到自己对中国传统雕塑的认知还比较肤浅，而通过数字雕刻能够在软件制作的过程中更深入地了解传统雕塑的很多程式化的造型处理方式，这种认识不是局限于一些表面的造型，而是随着三维雕刻的深入必须对每一个局部的细节都要给予关注和分析研究。

本书通过大量的实际案例全面介绍ZBrush的基本功能和高级应用。书中将详细介绍ZBrush2024的基本知识以及各种命令参数的功能与应用，ZSphere和ZSphere II配合使用的建模流程和工作方法，通过儿童人物头部、名人头部、螳螂、小龙虾和辟邪、唐三彩、石狮子雕塑制作等多个数字雕刻的实例，详细介绍ZBrush和其他软件结合制作数字雕塑并制作贴图、渲染输出的基本流程。后期会适当结合Maya、Marmoset Toolbag、Substance Painter、Marvlous Designer等工具进行贴图的烘焙和纹理色彩的绘制，并使用Arnold进行最终的渲染。在最后一章介绍了使用3D打印进行打印输出的方法。

目录

1

数字雕刻是使用数码软件来模拟实体雕塑的一种艺术创作手段，数字雕刻不使用雕塑泥台、雕塑骨架、油泥、泥土、雕刻刀、刮子等这些实体的雕塑设备和工具。传统的雕塑制作流程，从泥稿的制作到翻模、放大稿、开模等工序都非常烦琐，无论从时间、空间和成本等方面，实施起来都不方便，没有专业的工作室环境和设备，很难开展相关的创意及制作活动。而且，在传统雕塑工艺中放大比例过程中，制作的随意性很大，部分细节比例往往不够精确。随着数字技术的不断进步，在今天数字雕刻已经能够从造型、空间、材质、肌理等方面模拟出实体雕塑的大部分效果和视觉感受，可以让艺术家在电脑面前发挥出自己的创意，完全沉浸于数字黏土的雕刻中，并最终通过3D打印将自己的创意输出为完整作品。数字雕刻技术为想要从事雕塑创意的人群节约了大量的时间、空间、人力、物力的成本，使创作者可以专注于自己的艺术构思。三维数字化雕刻让雕塑创意与制作变得更加自由和便捷，让雕塑的塑造手段变得更加丰富，提高了制作的效率，同时也丰富和拓展了创作的思维。

数字雕刻可以制作传统的雕塑，也可以制作模型、手办、卡通IP形象、产品或相关文创衍生品等，因此，在高校艺术专业普及数字雕刻艺术具有十分重要的意义。如图1-1、图1-2、图1-3、图1-4所示。

图 1—1

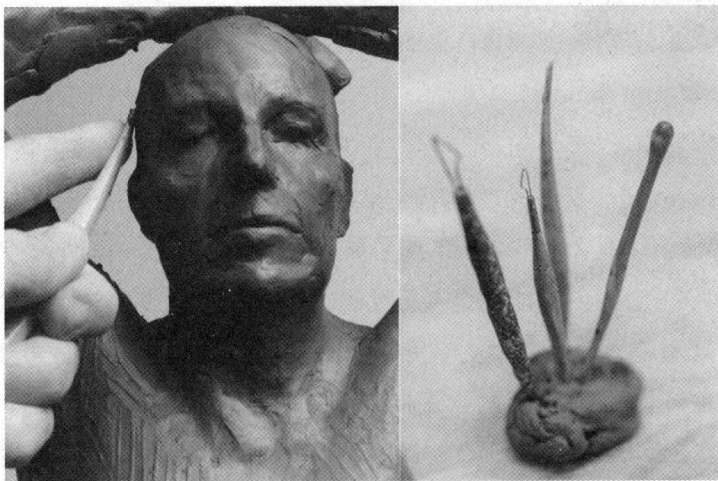

图 1—2

图 1—3

图 1—4

数字雕刻的制作依托于相关的电脑软件，在制作时只需要配合数位板（在数字雕刻中一般使用数位绘图板来代替鼠标，精确控制笔刷的力道和走势）等创作工具，在任何可以使用电脑的环境下都可以进行雕刻的创意制作。目前，在数字雕刻领域，比较成熟的应用有 ZBrush、Mudbox 这样的可以模拟自然雕刻的软件，其中应用比较广泛的就是 ZBrush。这个软件在规划的初期就从传统雕塑中吸取了很多雕刻方法和思维方式，如其中的 ZSphere 建模，就与传统雕塑中的模型骨架制作有着异曲同工之处，ZSphere 建模能够方便地建立模型大的结构、动势和比例关系。传统雕刻与数字雕刻的区别见表 1-1 所列。

表 1-1　传统雕刻与数字雕刻的区别

	传统雕刻	数字雕刻
材料	泥土、陶土、木材、石材、金属	数字黏土
工具	雕刻刀	数字软件、数位板、压感笔
复制方法	翻模复制	3D打印
存在方式	展厅、仓库	数据格式

1.1　ZBrush基本知识

ZBrush 是由 Pixologic 公司开发推出的一款三维雕刻软件。软件诞生于 1999 年，最初软件开发者将 ZBrush 定位为一个类似于 Photoshop 软件的带有 2.5 维功能的绘画软件。Brush 是"画笔"的意思，ZBrush 就是 Z 轴画笔。单从名称上就可以对 ZBrush 有一个大致的了解，既然是画笔，那么就可以用来绘画。ZBrush 的功能也是在于绘画，但这不是一般意义上的绘画。绘画是在平面上，在一个二维的空间中表现事物，通常二维空间用 X、Y 两个坐标轴向来表示，再加上一个空间深度上的坐标 Z 的话，就成为三维空间，而 ZBrush 的绘画特点，就是多了在 Z 轴上的绘画。在 3 个维度的空间上进行绘画，其实就是雕刻。ZBrush 就相当于在空间中设置一种数字化的黏土，通过软件工具的推拉捏挤来塑造形体结构，这款软件很好地模拟了传统泥塑雕刻的制作技术。目前 ZBrush 已逐渐成为一种行业的标准，为数字造型设计带来了革命性的影响，如图 1-5、图 1-6 所示。

图 1—5

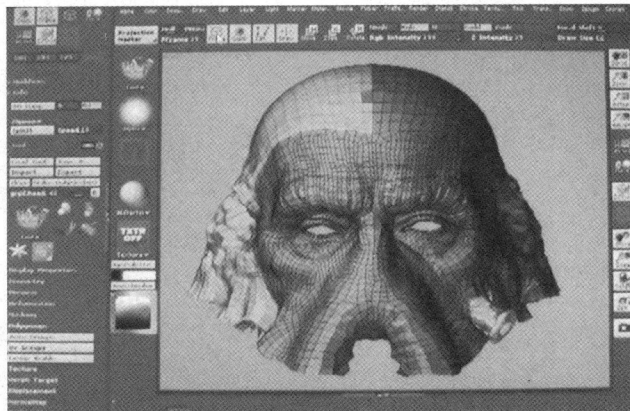

图 1—6

　　ZBrush 将雕刻的三维空间堆叠与二维绘画的涂抹有机地结合在一起，这种2D（二维）与3D（三维）相结合的建模方式，是一种大胆且具有创新意义的软件设计思维，改变了早期传统三维行业中建模依靠对某个或某些点、线、面进行操作的制作模式。传统三维行业中建模速度缓慢，操作时对模型对象形体的把握也不够直观，而 ZBrush 对三维模型的制作效率有了几何级的提升，让建模真正成为一种艺术创作，可以不受数字化工具和软件技术的制约。

　　三维的特性是可以让二维的绘画做出三维的效果，也就是说，只要你会画画就可以快速上手做出模型。配合绘图板的三维制作过程变得不再枯燥乏味，而是有了童年时玩橡皮泥一样的乐趣，甚至随便涂抹都能产生有趣的造型。可以说，ZBrush 不仅仅是三维造型方式的转变，更是创意制作的催化剂。

　　目前3D打印产业方兴未艾、如火如荼，三维的数字雕刻制作已与打印输出无缝衔接，只要在 ZBrush 中最终导出通用的obj格式模型，就可以在3D打印软件中识别并对其进行分层、内部填充、支架构建，并快速成型。因此，很多高校都开设了与 ZBrush 相关的数字雕刻课程。如图1-7、图1-8所示。

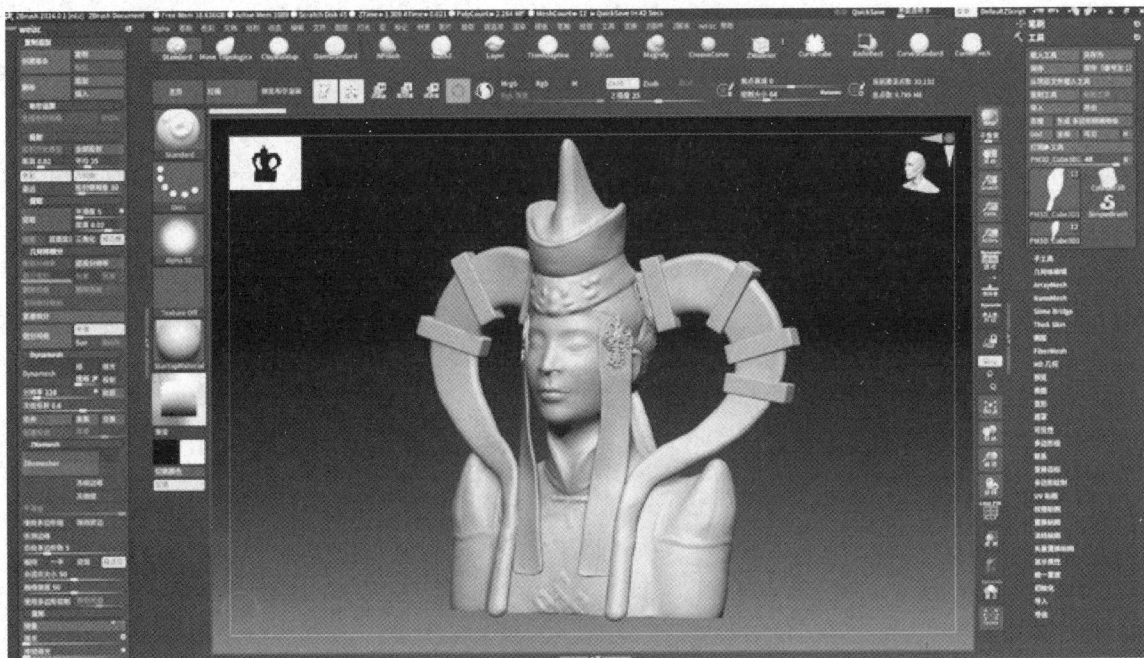

图 1—7

图 1-8

1.1.1 ZBrush 概况

制作 ZBrush 自定义用户界面

ZBrush 是一个强有力的数字艺术创作工具，它已经成为世界领先的特效工作室和全世界范围内的游戏设计师的一种标准。ZBrush 擅长于高多边形的内容制作，具有极其优秀的功能和特色，可以极大地增强设计师与艺术家的创造力。

在建模方面，ZBrush 是高效的建模器。它进行了相当大的编码优化改革，并与一套独特的建模流程相结合，可以帮助设计师和艺术家制作出令人惊讶的复杂模型。无论是低分辨率模型还是高分辨率模型，制作者的任何雕刻动作都

ZBrush 界面、视图、
窗口操作

可以以所见即所得的方式进行反馈，并且可以实时进行渲染和着色。对于绘制操作，ZBrush 增加了新的范围尺度，可以让制作者给基于像素的作品增加深度、材质、光照，以及其他复杂精密的渲染特效，真正实现了 2D 与 3D 的融合，模糊了像素与多边形之间的界限。ZBrush 是目前从事数字雕刻、建模方面的首选软件，它独创性的 ZSphere 建模方式，类似于实体雕塑中对骨骼的搭建，让建模变得生动有趣。ZBrush 的建模工作流程已经成为 CG 软件业发展的重要方向。如图 1-9、图 1-10 所示。

ZBrush 视图的基本操作　　　　制作 ZBrush 自定义用户界面

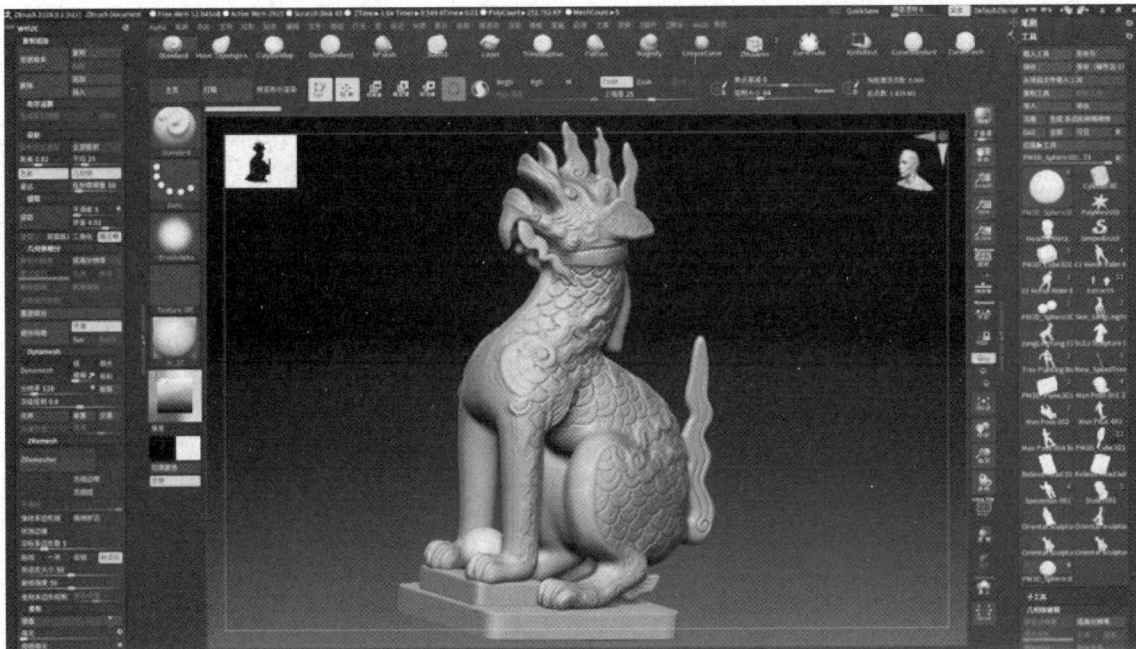

图 1—9

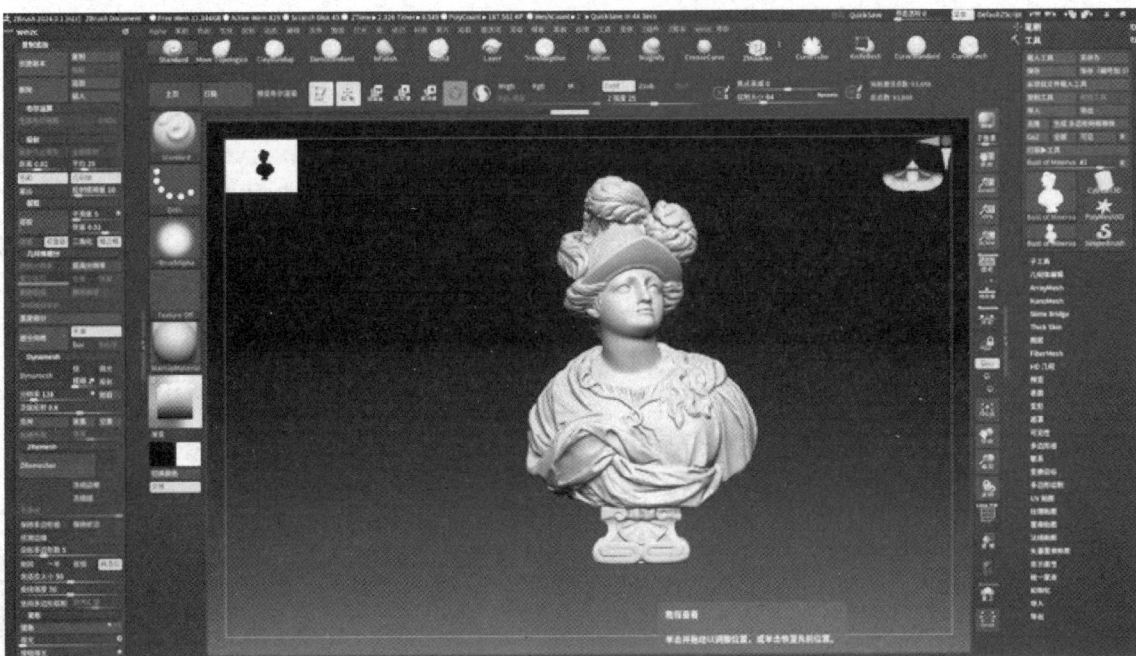

图 1—10

1.1.2　ZBrush发展历程

　　ZBrush的出现，带来了一场3D造型的革命。它完全颠覆了传统三维设计工具的工作模式，将3D空间绘图这种全新的设计理念呈现在广大设计师面前，强大的雕塑建模功能和颜色绘制功能能够满足艺术家和设计师的创意需求，让数字艺术家能够将更多的精力投放到设计和创作上，开创了数字雕塑软件的先河。如图1－11所示。

图 1—11

经过 20 多年的发展，ZBrush 经历了从青涩到成熟的发展过程。随着软件更多功能的开发，版本也在不断更新。目前，ZBrush 已然成为游戏和影视数字特效中比较重要的辅助工具之一。

1999 年 11 月，Pixologic 开发推出的一款跨时代软件——ZBrush 首次亮相，好评如潮，并在 CG 领域赢得了各国权威媒体的热捧。

2004 年 4 月 10 日，ZBrush 2.0 版本正式发布，ZBrush 软件逐渐成为专业人士的"必备软件"。ZBrush 2.0 根据世界领先的特效工作室和全世界范围内的游戏设计者的需要，提供了极其优秀的功能和特色，极大地增强了设计者的创造力。

2007 年 8 月 7 日，Pixologic 推出 ZBrush 3.1 版本。该版本的 ZBrush 拥有领先的 3D 雕刻、绘画和纹理功能，设计师可以更加自由地创作自己的模型，还可以使用更加细腻的笔刷塑造出如皱纹、发丝、雀斑之类的细节，并且可以将这些复杂的细节导出为法线贴图或置换贴图，让几乎所有的大型三维软件，如 Maya、3ds Max、XSI、Lightwave 都可以识别和应用。如图 1－12、图 1－13 所示。

图 1—12

图 1—13

2010年8月9日，Windows平台的ZBrush 4.0版本正式发布，同时发布了MAC平台版本。软件最大的特色就是让使用者以最快的速度进行建模的相关工作。艺术工作者可以不用花费太多的时间在技术方面，而是将精力主要用于创意性的工作上。ZBrush 4.0也借鉴了许多其他优秀的三维软件（如Maya、Cinema 4D和Modo）的优点。在新版本中，你不仅可以实时在ZBrush和其他3D软件之间共享模型，还可以将在ZBrush中创建的色彩贴图、法线贴图及置换贴图应用于其他3D软件中。这一功能让ZBrush在动画、游戏和影视领域成为不可或缺的工具。

ZBrush兼具2D软件的易控性和3D软件强大的塑形功能，所以业界又称之为2.5D软件。它整合强大的绘画、雕塑和纹理工具，再结合使用者自身的创造力，能以超乎想象的方式塑造出复杂、高品质的图形，可以快速高效地表达出使用者的创意。

ZBrush 2020有了更多优化和升级，采用新的XTractor，HistoryRecall和DecoCurve笔刷扩展了雕刻笔刷库，帮助用户充分地开发出具有独特的设计。该版本为全新版本，可为用户带来前所未有的使用体验，其不仅保留了旧版本的优点和特色，还提供了许多强大的新功能，并在各个方面都进行了优化，让软件更加稳定。ZBrush 2020扩展了MorphUV功能，用户可以在ZBrush中查看模型的展开UV布局，让模型2D展开视图并进行雕刻和绘画，并将所有更新应用于3D模型，也可以在不使用Mask的情况下同时为一只狗的前后腿增加体积或在多个独立的网格上移动顶点。如图1-14、图1-15所示。

图1-14

图1-15

1.2 ZBrush特色功能介绍

本节内容将详细介绍ZBrush的软件特性，以及近年来的一些新增功能，为读者学习本书后面的知识打下基础。

1.2.1 GoZ

GoZ实现了ZBrush和其他软件之间的互联。当用户正在另一个3D软件中工作，若需要将创建好的模型导入ZBrush中，使用ZBrush中的雕刻与绘画工具以使几何图形的真实感达到更高水平时，只须选取模型网格并按下已安装在软件中的GoZ图标来启动ZBrush，并向其输入网格物体。一旦模型进入

ZBrush中，用户即可将几何物体多边形细分到十亿级的数量，并选用ZBrush软件中内置的各种笔刷进行雕刻与绘制。当增加完想要的细节之后，只要单击一下按钮，就能创建纹理贴图、法线贴图、置换贴图。用户的模型以及所创建的全部贴图将随即被发送回原来所使用的3D程序之中，刚才所创建的所有贴图会自动链接到相应的材质系统，此时，ZBrush所实现的所有结果都能够准确无误地直接呈现在初始软件环境的几何形体上。

用户能够用建模、纹理绘制和渲染进程为中心的GoZ系统，自由创建从有机形体到硬表面物体的任何东西的模型，从而将迟缓的操作变为实时的操作。ZBrush能让艺术工作者与其想象力同步进行创作，GoZ实现了多软件环境的协同，进一步延展了ZBrush的能力和流动性。

GoZ目前支持的应用软件有Maya、Cinema 4D、Modo、3ds Max。如图1－16所示。

图 1—16

1.2.2 雕刻笔刷

ZBrush给使用者提供了上百种可以用于模型雕刻的笔刷，如图1－17所示。这些效果逼真的笔刷可以让用户雕刻数百万甚至十亿级多边形的模型，感觉就像是在黏土（泥塑作品）、木头、石头或金属等任何表面上进行雕刻一样。通过使用各种笔刷，用户会发现ZBrush已经具备了与真实世界相类似的雕刻效果，例如在泥塑时用刮子刮去泥土，用拍板拍平泥塑或用手指抠去部分泥土等效果。

ZBrush 常用笔刷（1）　　　　ZBrush 常用笔刷（2）　　　　ZBrush 常用笔刷快捷键的设置

图 1—17

模拟真实的雕刻工具并不是ZBrush笔刷的唯一目标，ZBrush笔刷还可以和其他功能结合，如对称、重复和数以百计的自定义控制选项，甚至可以雕刻像布料缝合线、机械的硬边等细节。当使用ZBrush的动态范围笔刷时，用户可以完全掌握模型表面，唯一的限制就是个人的想象力和创造力了。

1. 延迟鼠标（Lazy Mouse）

在用ZBrush雕刻时，使用延迟鼠标（Lazy Mouse）的功能，即可以让笔刷的笔触柔和而精确地划过模型表面，使雕刻笔触形成光滑流畅的曲线，在特定参数设置下，还能实现特殊效果。Lazy Mouse设置可以让用户按照需要，快速轻松地创建任何风格的笔触，让创作变得轻松、简单。如图1－18、图1－19

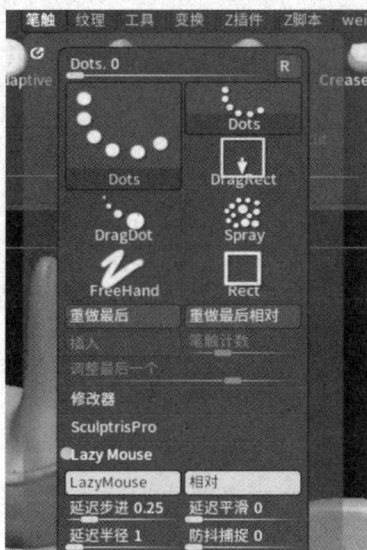

图 1—18

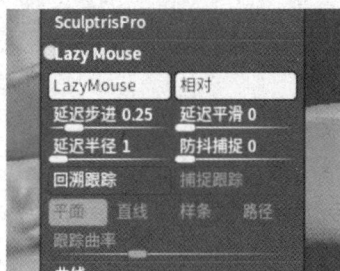

图 1—19

所示。

Lazy Mouse在ZBrush工具栏笔触（Strokes）界面中，如果用户需要使用Lazy Mouse，就需要先激活Lazy Mouse按钮（快捷键为L）。

Lazy Mouse的作用主要是平滑笔触。如果没有开启Lazy Mouse，那么很难让笔触非常光滑。在有些特定的情况下，比如说有些器皿的花纹雕刻就需要使用Lazy Mouse命令来绘制流畅的线条。

2. 笔触（Strokes）

在ZBrush中我们通过各种笔触类型，确定在使用ZBrush画笔进行绘制时画笔的变化方式及状态。根据选择不同的笔触组合，能够得到变化丰富的制作效果。DragRect（拖曳矩形）笔触是ZBrush一个非常常用的笔触，使用画笔在画布中拖拉，笔触沿鼠标的起始点进行缩放；可以将Alpha上的黑白纹理信息完全复制到模型表面。如图1-20所示。

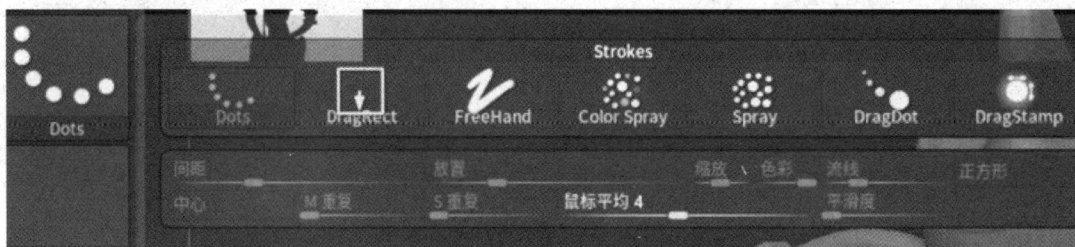

图 1—20

3. Alpha

Alpha可以理解为ZBrush笔刷的笔头，可以说它直接影响雕刻的效果，让用户完全控制模型表面的变形方式，从而创作出逼真的木纹、鳞片、羽毛等效果。图1-21所示是ZBrush 2020内置的Alpha库。用户还可以根据需要制作自定义Alpha。

图 1—21

4. 可编辑笔刷曲线

ZBrush中的Curve控制组中可以调节笔刷的形状。单击Curve控制组的Edit Curve按钮，可以打开笔刷的编辑曲线，系统默认情况下雕刻笔刷在中心时强度最强，然后向四周逐渐减弱，通过曲线控制组就可以调节笔刷从中心向外围衰减的强度。如图1-22所示。

5. Focal Shift（曲线图控制表的焦点偏移功能）

所有的曲线图现在都有一个独特的滑杆Focal Shift，它可以使曲线控制点偏移，这样就不用一个点一个点去做调整。Focal Shift的滑杆有双重的作用，当你在画2.5D模型时，它控制的是AlphaAdjust的曲线，当你是在编辑3D模型时，它调整的是编辑时的强度曲线。ZBrush的光标显示了两个圆圈，标示着目前强度的设定。

通常笔刷的曲线控制是折叠起来的，直接点击可自动打开曲线控制图，它在操作中支持Undo/Redo/Reset功能，在不用时点击Close将其关闭。

（1）添加曲线控制点，调整设置，如图1－23所示。

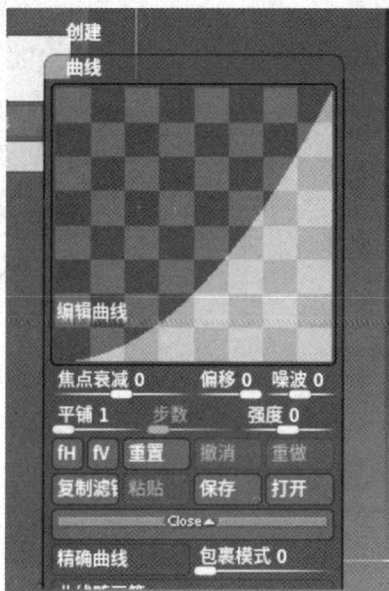

图 1—22

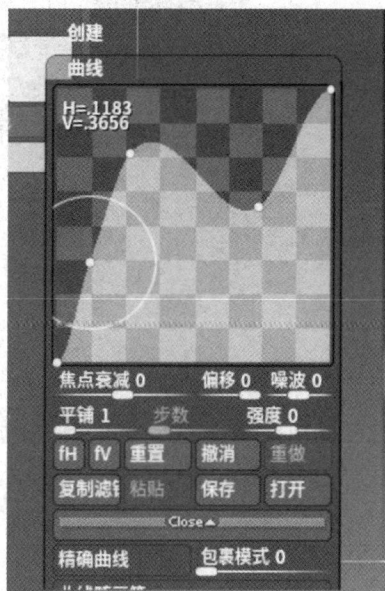

图 1—23

（2）通过Noise调节设置。

AccuCurve锥化：锥化曲线，使笔刷锥化。

Wrap Mode包裹模式：类似maya 3D等软件里面的UV。当我们给它一个数值的时候很容易明白。

Curve By Pen曲线笔：当我们使用手绘板的时候，最好勾选这个选项，因为其对我们的手绘板有个相当好的修改过程。

Zero Curve零曲线：当我们在勾选Curve By Pen的时候，该曲线就相当于最上面的Edit Curve了，所以要修改笔刷曲线的时候，应该修改的是这个。

Pen Curve曲线笔：针对手绘板的压力的一个设定，还可以在手绘板自带属性里面设置。

1.2.3　多边形着色（Polypaint）

多边形着色（Polypaint）功能可以使用户无须事先指定一张纹理贴图，直接在模型表面绘画，然后再创建纹理贴图。在模型表面绘制的颜色可以转换到

ZBrush 中布尔运算

ZBrush 绘制贴图与渲染

贴图上。与标准纹理的绘制流程相比，Polypaint 有明显的优势。如图 1－24 所示。

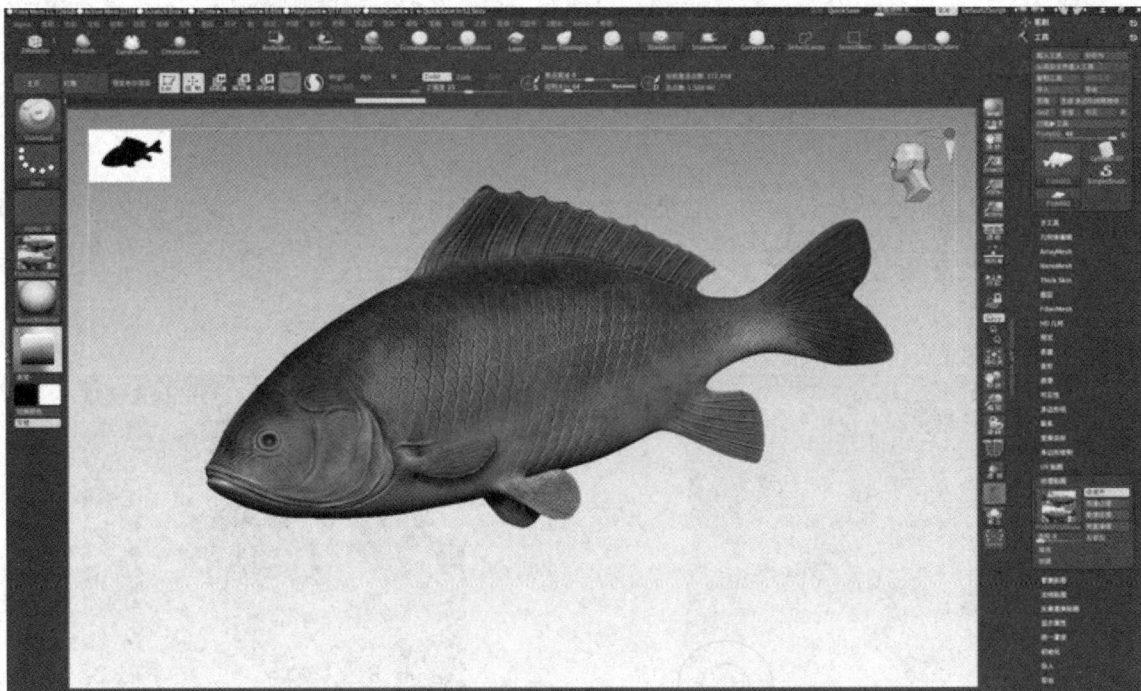

图 1—24

　　首先，用户无须事先设定纹理贴图的分辨率，如果你发现在某个区域中需要更多的细节，可以将当前的表面颜色直接转换到一个新的、更大的贴图上，而不需要返工再绘制一个新的、更大的纹理贴图。如图 1－25 所示。

图 1—25

同样，用户也不必为模型事先展开UV。如果对当前的展开效果不满意，只须创建一个不同的UV展开，然后将表面颜色转换到贴图上。在绘制过程中，可以将模型的UV删除，以释放系统资源，从而操作更高精度的模型。使用Polypaint功能，可以把所有的颜色细节直接绘制到模型的多边形上，当纹理绘制完成后，再将颜色细节转换到纹理贴图上。

1.2.4 姿态调整

ZBrush一直以方便著称于业内各领域，模型师不需要在多个软件中编辑塑造模型，只需要在ZBrush里就可以完成从最初的建模雕刻到改变姿态和最终渲染，而且速度之快让人为之惊叹。3.0版本引入了行动线的概念，行动线可用于当前模型某一部分的移动、缩放或旋转调整，非常方便。如图1-26所示。

图1-26

1.2.5 Z球建模（ZSphere和ZSphereⅡ）

ZSphere（Z球）是ZBrush软件区别于其他三维软件最为独特的建模方式，这种建模方式与传统多边形建模方式有很大的不同，传统建模方式主要是以调整模型的点、边、面来改变物体造型的；而ZSphere（Z球）建模方式则是以大小不一的球体与球链组合成模型，通过调整它们来实现物体基本形态的搭建，然后再转换为网格物体进行细节雕刻，最终生成电影级别的模型。这种建模方式更具人性化，其优点主要体现在便于调节、形体概括能力强以及工作效率高等方面，所以ZSphere建模已然成为一种趋势。单击Light Box，选择默认的蝎子模型，在视图文档中拖拽出来，按T键进入编辑模式，按下Shift＋A键，模型的Z球结构就显示出来了，如图1-27所示。

Z球是可以随意调整的，切换 🖌 "绘制"命令为 🔁 "移动"命令，改变Z球的造型。在Tool（工具）菜单中选择ZSphere（Z球）工具，可以改变Z球的位置和形态，如图1-28所示。

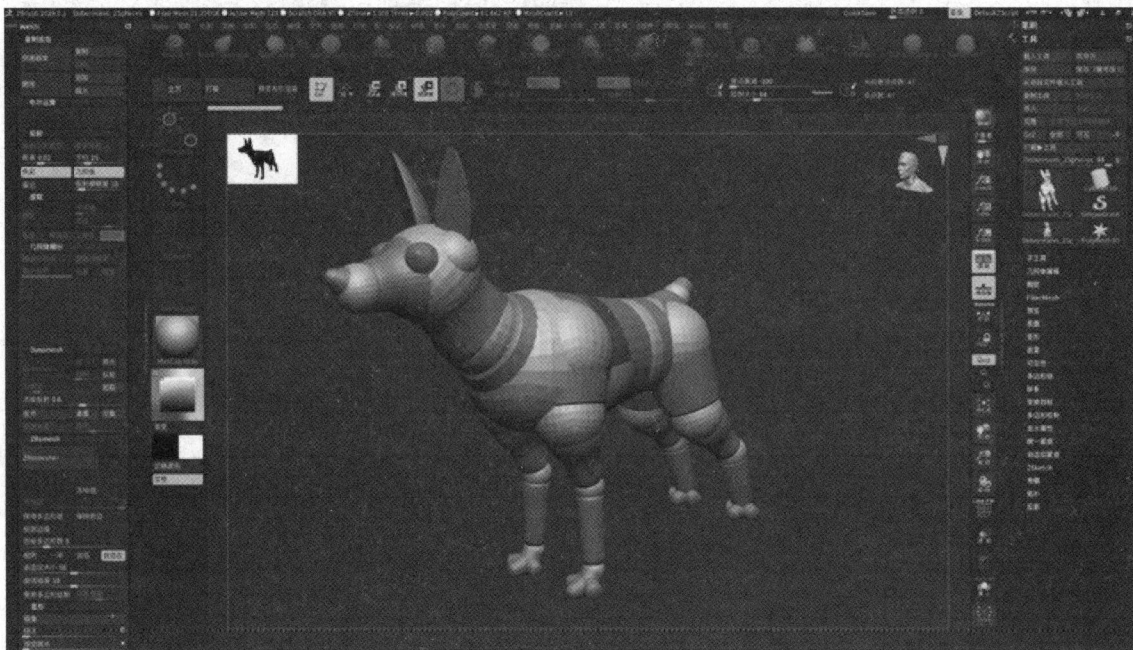

图 1—27

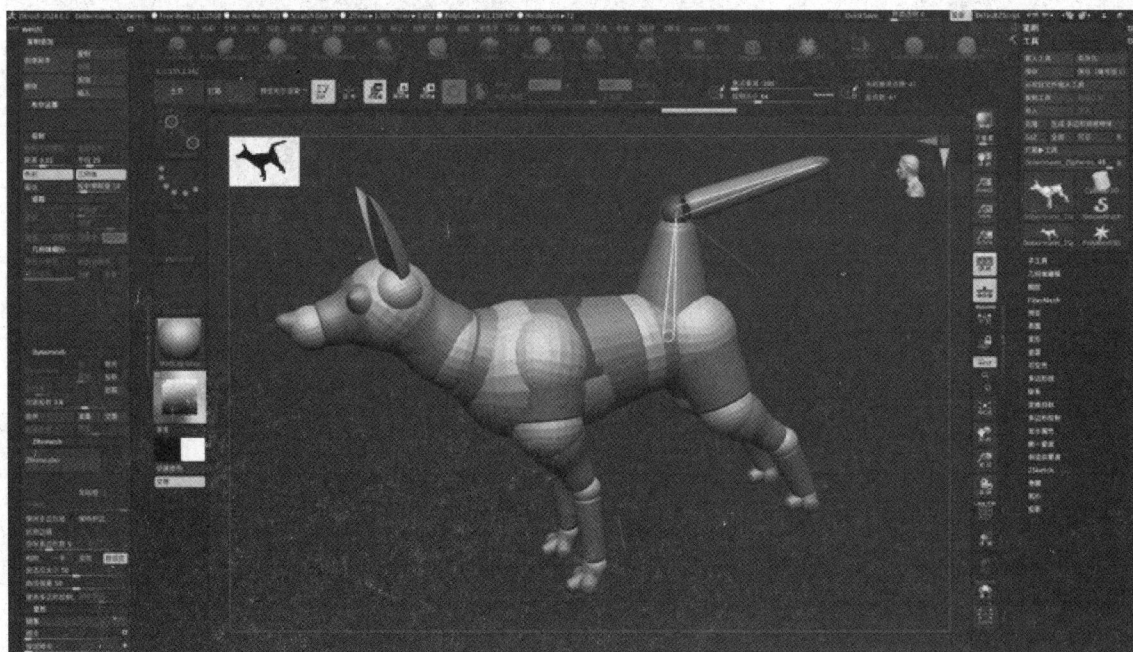

图 1—28

1.2.6　3D图层（3D Layer）

　　Photoshop的用户都知道图层的概念，在Photoshop中可以创建许许多多的图层，在每一图层中又可以分别编辑图像信息。ZBrush中的3D图层，也可以简单理解成Photoshop中的图层，但它和Photoshop中的图层有一定的区别。ZBrush可以让用户实现非线性的工作流程。艺术家能够同时在多个不同的阶段雕刻模型，可以为模型建立一个细节"层"，并在其中添加一些细节，如爬行动物的皮肤和鳞片，然后关闭细节"层"，继续完善模型的基本形体结构。

例如要使一块甲胄上带有更多的破损效果，那么只需要调整图层的强度值来达到想要的雕刻强度，不同的强度值所呈现的结果也是不同的。如果用户不想在同一网格上看到破损效果，只需要关闭该图层即可。

图1-29左边是基本模型，右边是打开"子菜单"层的模型控制。

当然，用户也可以调整图层的强度值来达到想要的雕刻强度。图1-30所示强度值分别为0、0.1、0.5、1、3的不同结果。

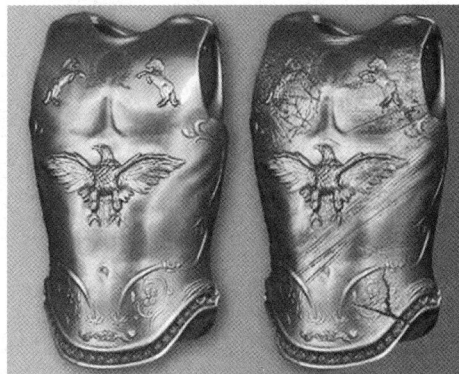

图 1—29

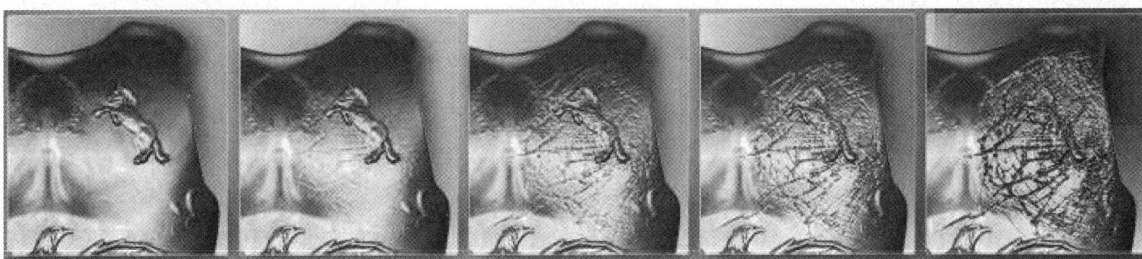

图 1—30

层子菜单是工具菜单的一部分。

Tool：Layers子菜单管理层。每层都在Tool：Layers的列表中，层的功能是放置一个单独的基本几何网格。层功能允许创建新的基本多重工具在不同基本网格和网格控制层之间。层能够用来测试关于模型的想法，而不会影响到模型。图1-31就是巧妙运用ZBrush的3D图层制作出来的作品。

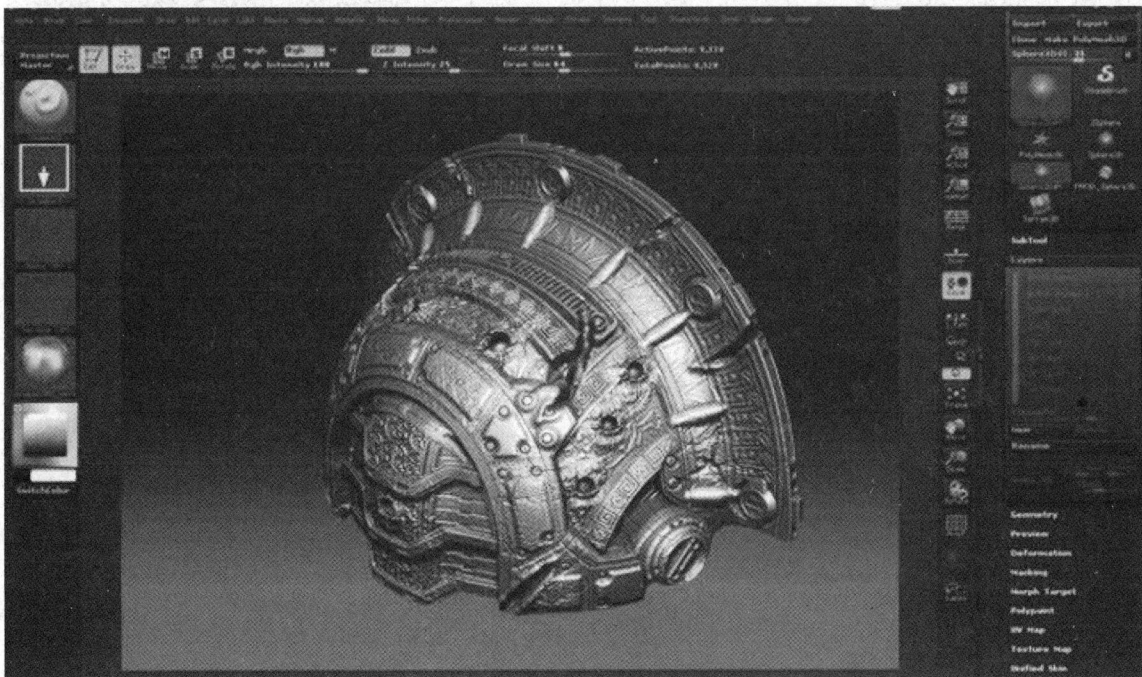

图 1—31

1.2.7 材质

ZBrush作为比较专业的数字雕刻与绘画软件，能够制作出高质量的3D模型，包括模型的颜色贴图和材质属性。不同材质可以改变照明在表面上的反应，以便模型表现出光泽、凹凸、反射、金属性或透明效果。ZBrush提供了许多预置材质帮助用户控制调整模型，除此之外，用户还可以从外部导入材质在ZBrush中使用，以创建新的材质。

那么，经常会有一个场景模型中的材质表现是多种的，如何把不同材质赋予在SubTool的每一个模型上，后面将详细介绍。

① 打开ZBrush软件，单击LightBox按钮，选择DemoSoldier．ZTL按住鼠标左键拖拽出人物模型，在SubTool面板中可以看出它有多个层。如图1－32所示。

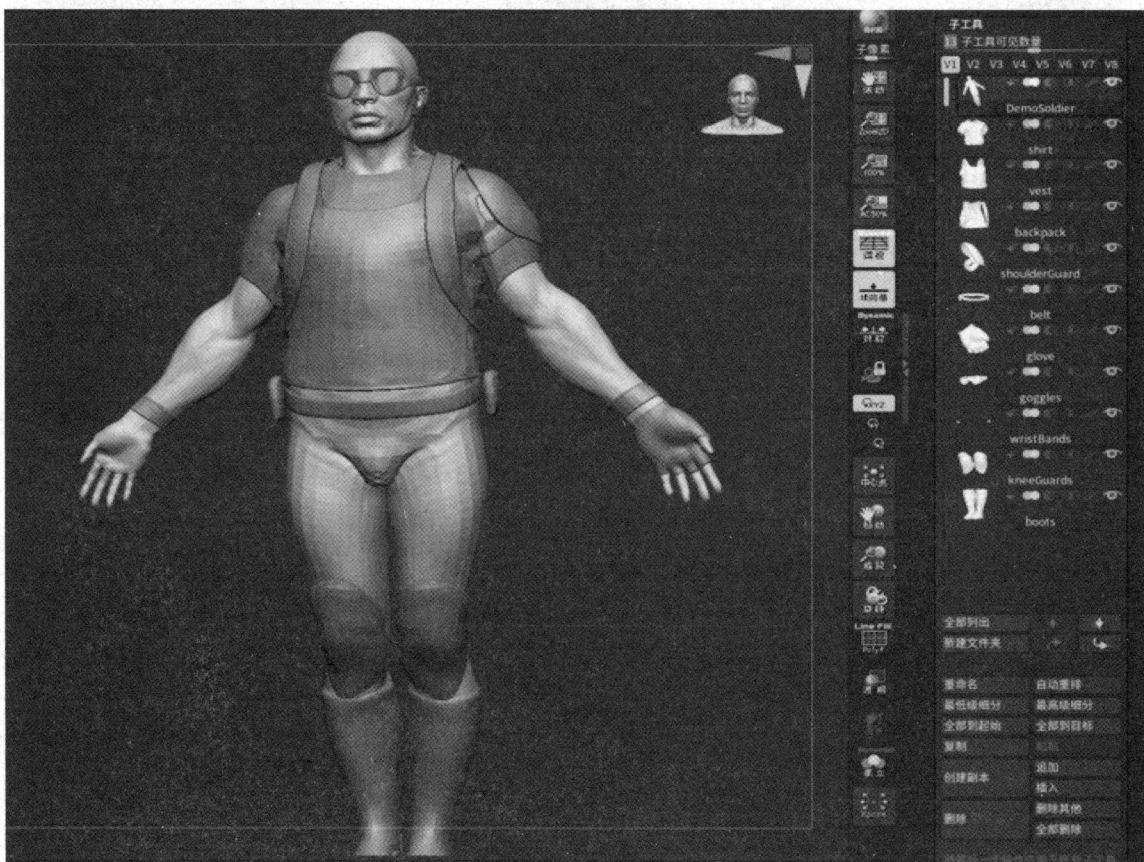

图 1－32

此时，选择一个所需材质，所有的子工具（SubTool）层将会填充所选择的材质，即可以给子工具中不同的层填充不同种类的材质。

② 关掉工具栏的Zadd（Z添加），开启M按钮（Material Channel）。

Mrgb（材质及颜色）：在Zadd（Z添加）按钮开启时选择此选项，可以将材质元素与颜色元素同时绘制出来。

RGB（颜色）：在Zadd（Z添加）按钮开启时选择此选项，绘制时只有颜色元素。

M（材质）：在Zadd（Z添加）按钮开启时选择此选项，绘制时只有材质元素。如图1－33所示。

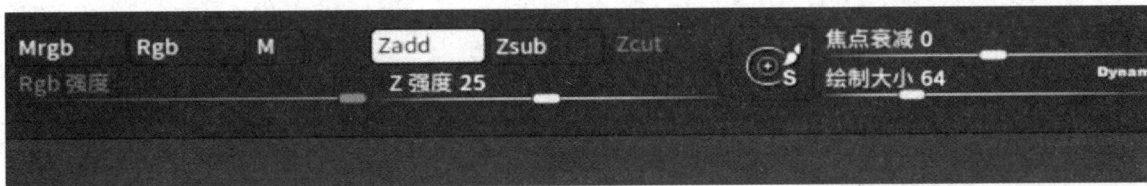

图 1—33

③ 选择物体，给当前SubTool赋予不同的材质，选择Color菜单里面的填充（Fill Object）按钮即可。如图1－34所示。

图 1—34

1.2.8 子工具（Subtools）

子工具可以将单一的（逻辑上）网格物体看成许多独立的物体。子工具的出现改变了ZBrush早期版本不能同时编辑多个模型的弊端。这一功能的出现，为数码艺术创作者带来了极大的方便。

子工具对物体模型的拆分，类似于Photoshop中层的概念，不同的图层在操作时互相不会产生影响。在ZBrush制作过程中随时可以使用"追加、插入、复制、粘贴、提取"等命令在子工具层中增加更多的模型。不同的子工具层之间也可以通过组或隐藏显示的方法进行拆分，也可以对拆分的模型进行合并操作。

例如，使用Polygroups（多变形组）功能可以将单一模型分裂为几个不同的部分，但SubTool功能可以让用户操作每一个组成部分，就像是一个单独的网格，下图所示为利用在SubTool层制作的模型。

1.2.9 网格提取（Mesh Extract）

网格提取是一种快速提取方法，ZBrush在软件中有着广泛的应用，它可以为当前模型创造新的部件。使用现有的几何形状，用户可以快速、轻松地创建一件外套、一个头盔或一副手套，或者是某些于主体模型结构上有相似性的形体。网格提取功能一般是通过遮罩的方式孤立出一个模型的局部，然后使用"子工具—提取"命令对遮罩区域的形状进行网格的提取。后面可以对提取网格的边缘进行修饰，以获得平滑而平坦的边界。

1.2.10　纹理映射（Texture Projection）

以下将介绍纹理映射技巧。

步骤1：场景中有一个黑人的头像模型，注意首先要确定模型的面数不宜过低，并按住Shift键将模型转到全正面的角度。点击"纹理"菜单，在弹出的下拉菜单中选择"导入"按钮，为模型找到一张合适的脸部图片，后面将使用这张图片上的色彩信息，来进行模型脸部皮肤色彩的映射。选好贴图之后，点击"纹理"菜单中的"添加到聚光灯" 按钮，将这张图片添加到场景中。此时会出现一个用来调节图片的工具环，使用调节环中的"缩放" 按钮，将图片调整到和背后的人物模型大小一致。如图1—35、图1—36、图1—37所示。

使用纹理映射（1）

使用纹理映射（2）

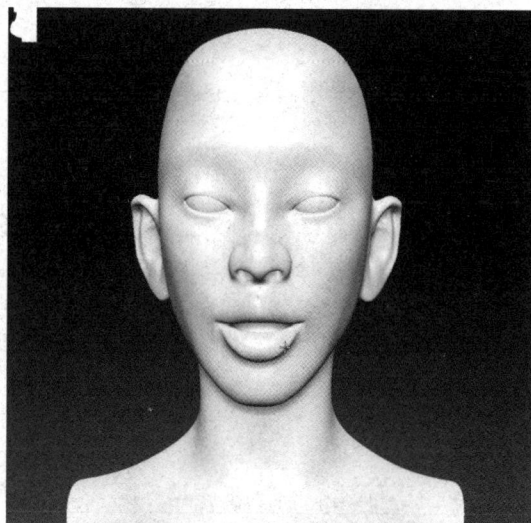
图 1—35

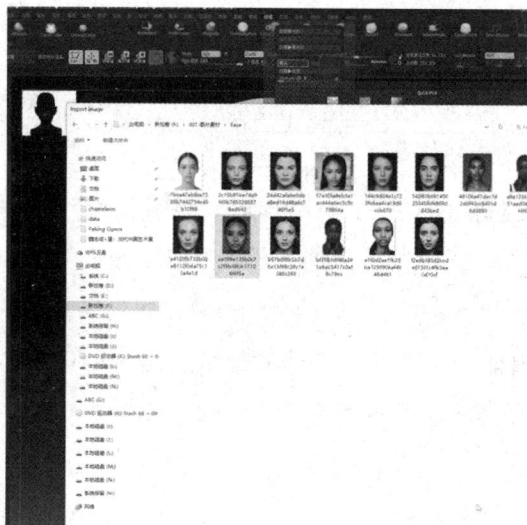
图 1—36

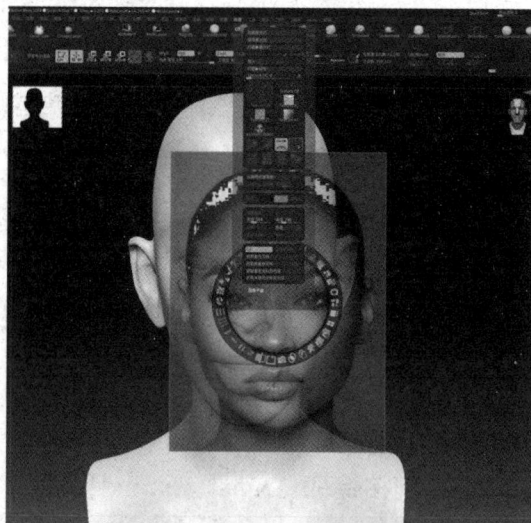
图 1—37

步骤2：此时比较模型和人物脸部的图片，会发现有很多位置不能完全重合。使用调节环中的"微移" 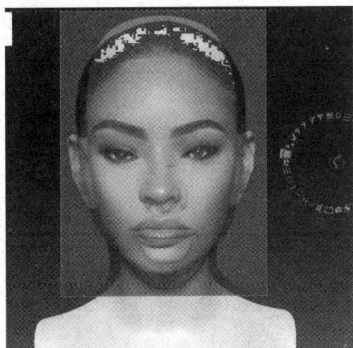 按钮对照片图像进行一定范围内的涂抹变形，使图片能够和背景的模型对位。如图1－38、图1－39、图1－40所示。

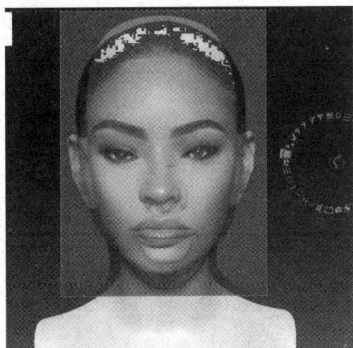 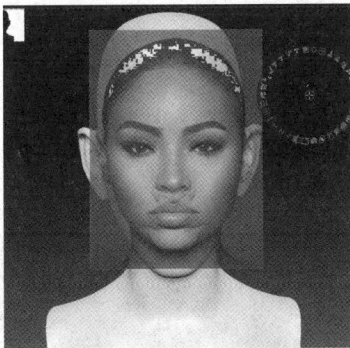 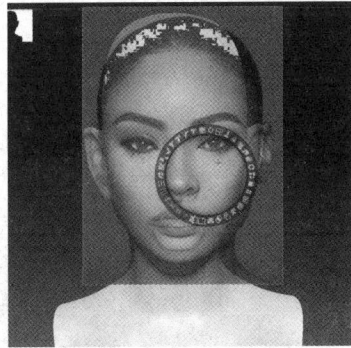

图 1－38   图 1－39   图 1－40

步骤3：当前面的照片图像和后面的人脸模型基本对好位置后，就可以进行纹理的映射了。此时点击键盘上的Z键，取消图片调节环的显示，然后使用标准笔刷，将笔刷的Zadd **[Zadd]** 功能关闭，打开Rgb **[Rgb]** 按钮。调节好笔刷的大小，在模型上进行涂刷，此时照片图像上皮肤纹理的色彩就被映射到模型脸上了。当纹理投射完毕后，在纹理菜单中再次点击"添加到聚光灯" 按钮，取消图片在场景中的显示。如图1－41、图1－42、图1－43所示。

  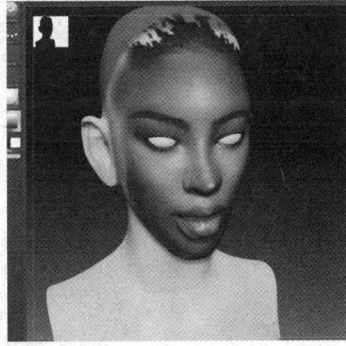

图 1－41   图 1－42   图 1－43

步骤4：注意这种纹理的映射是从模型的正面投射，旋转模型，根据已经映射到模型上的皮肤色彩，再吸取皮肤上的颜色，使用涂刷的方法来绘制人物皮肤上没有映射到的地方，并最终完成模型贴图的绘制。如图1－44、图1－45、图1－46所示。

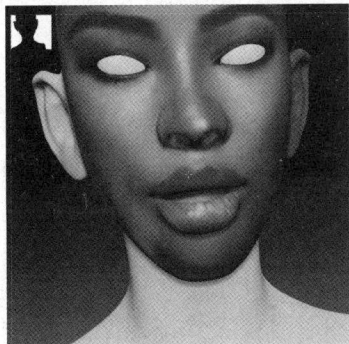 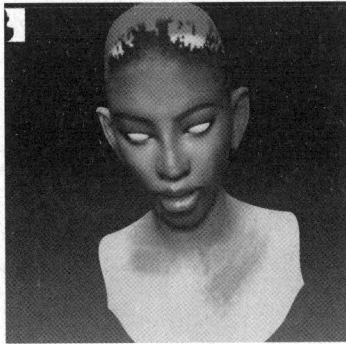 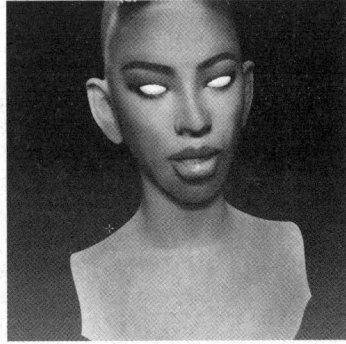

图 1－44   图 1－45   图 1－46

1.2.11　变形（Deformations）

使用ZBrush内置的变形功能可以让用户对三维网格轻松应用扭曲、拉伸、弯曲及其他各种变化。在ZBrush当中，有超过20种的强大变形类型，其中的弯折、S弯折、倾斜、S倾斜、平面化、球体平面、扭曲、锥化、挤压、噪波、膨胀、气球式膨胀等变形工具都是非常实用的建模方式。这些变形方式可以应用于X、Y、Z三个轴向。用户可以通过该功能快速变形出多种复杂的造型。这些变形都是基于数学运算产生的，用户可以使用上述功能制作相关效果。如图1－47所示。

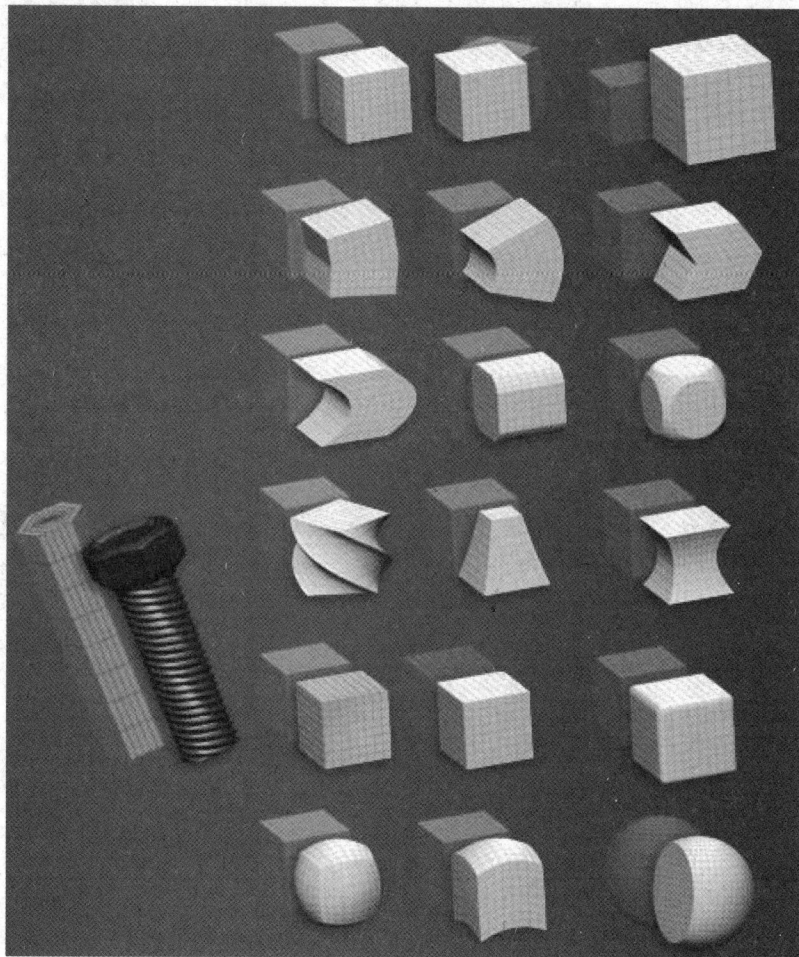

图 1—47

1.2.12　HD细分雕刻（Geometry HD）

Geometry HD在ZBrush软件中能够弥补Geometry应用时的不足，扩展雕刻细节，包括计算置换贴图的细节。当普通的细分级别达到最高时，就会导致机器反应迟钝，运行不稳定，毕竟电脑的配置、性能都是有限的，这时候可以结合Geometry HD功能将模型继续进行细分，减少空间占有量。3.5版本之后的Geometry HD功能在原有的基础上又进行了改进，不仅能够雕刻细节，还能够输出细节值。

HD雕刻是ZBrush 3.0版本新增加的功能，在ZBrush 4.0中有更加完善的改进，它允许模型拥有十亿以上的多边形网格数量。HD雕刻技术实际上是Subdivision雕刻技术的延伸。在使用HD雕刻时，首先要将模型细分，当提示已经无法细分时可以使用HD细分，如图1－48所示。

图 1—48

此时单击 **DivideHD** 按钮即可细分HD雕刻，细分级别的多少要由计算机的配置决定。

SculptHD Subdiv 2 ：HD细分级别的控制。级别越高，所显示模型的表面范围越小，级别越低，所显示模型表面范围越大。

Sculpt HD ：按A键可以激活该按钮，此时它会以光标当前位置为圆心，向外延伸一个等半径圆形作为一个雕刻的区域。在该区域中用户可以高精度雕刻。

通过Geometry HD雕刻，用户可以很容易地把一些细节及高精度纹理应用到模型上。

虽然Geometry HD细分可以雕刻巨量多边形，但也有几个不足的地方：如不能局部显示，不能用3D层，上色和雕刻就不方便了；如果使用Geometry HD细分就再也不能删除Geometry HD细分和以前的细分，所以用不用要视情况而定。

1.2.13　参数化物体（Primitives）

ZBrush工作流程的一个方向是让用户通过组合一堆小物体创造出极为复杂的场景，该场景最终效果可能是由数百万甚至是数十亿个多边形组合而成的，但软件仍然能够实时渲染。ZBrush中包含了许多复杂的3D参数化物体，配合其强大的遮罩和变形系统，形成了特有的参数化物体。该系统可以让用户从一个参数化物体开始，生成无限种类的复杂形状，如图1－49所示。

参数化物体拥有多种属性，如图1－50所示，用户可以通过调整参数改变其初始状态，以便对将要雕刻的参数化物体进行宽泛的形状控制，例如快速且方便地将锥体修改为人物躯干或轮廓。总之，用户通过使用ZBrush强大的曲线功能，可以制作出很多形状。

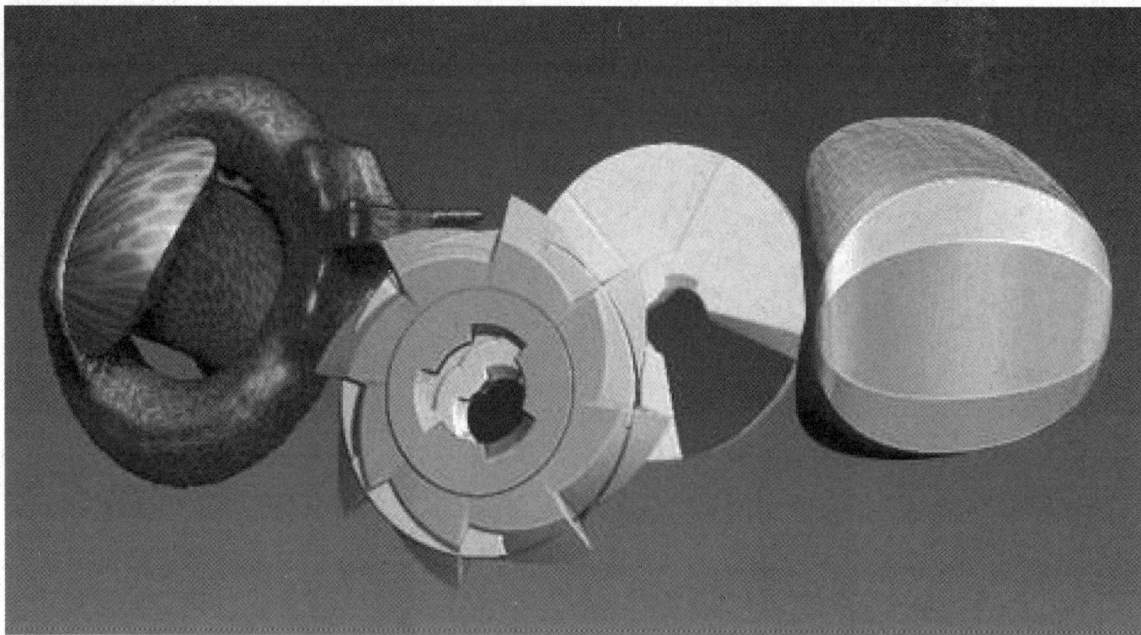

图 1—49

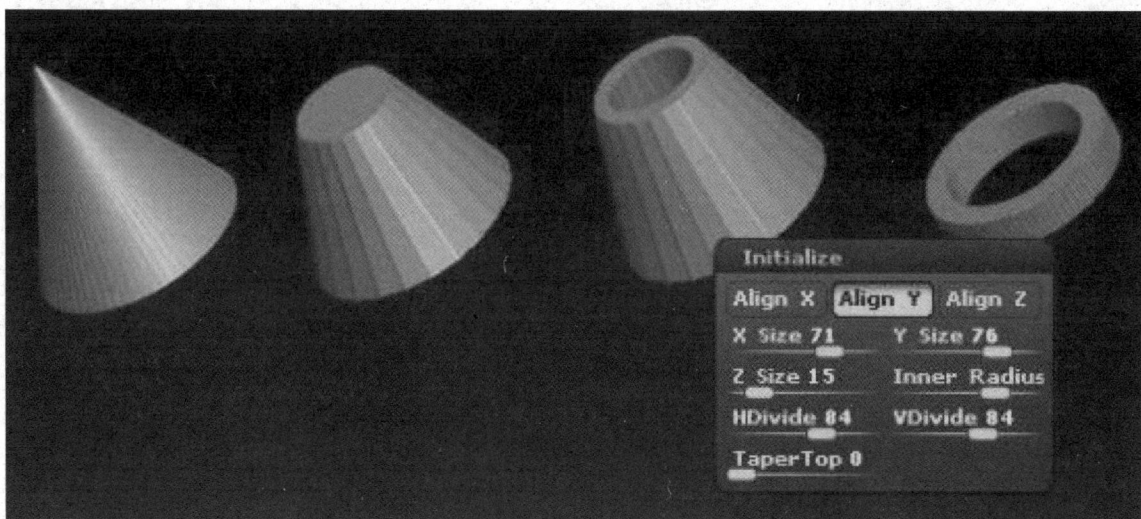

图 1—50

ZBrush 内置的曲线功能是一个强大直观的编辑功能，这也是 ZBrush 参数化物体的基础，通过编辑一个参数化物体的曲线，用户可以创建无数形状，例如让柔和的表面和硬边效果相混合。用户还可以沿着曲线增加更多的控制点，以使形状变得更加复杂。

1.2.14　法线贴图（Nomal Map and ZMapper）

ZMapper 是 ZBrush® 2.0 推出的免费法线贴图插件。使用 ZBrush 革命性的多级别精度和新型的照明工具——快速光线跟踪器，ZMapper 可以在几秒内产生适用于任何游戏引擎的法线贴图，不过 3.5 版本以后 Zmapper 就取消了。

ZBrush 内置的 OpenGL 查看器可以让艺术家直接预览法线贴图效果，并且可以查看模型的线框、法线、切线和UV接缝，从而帮助艺术家快速找到问题并排除故障。

　　ZMapper插件的界面非常简洁易用，而且提供了相当完善的功能来帮助制作者操控法线贴图，使用ZMapper的专家选项可以轻松生成各种法线贴图。例如，艺术家可以创建切线空间贴图和世界空间贴图，可以反转红色通道、交换红色和绿色通道，还可以通过设置法线和次法线等其他选项来预览模型的切线效果。

　　ZMapper还包含一些可以提升法线贴图质量的选项，用户根据游戏引擎的需要调节相应的设置。ZMapper还具有一些独特的功能设定，例如借助高精度细分表面来快速而简单地创建法线贴图等。下面概述ZMapper的基本用法，以帮助用户对其有一个初步的认识，具体如下。

　　① 创建一个低精度模型，利用ZBrush的多级别细分功能生成一个高精度模型，然后对其进行雕刻，得到一个细分的低分辨率模型。

　　② 启动ZMapper插件，为低精度模型生成一张法线贴图。通过比较低精度和高精度模型几何体之间的差距以及凹凸贴图的细节，最终得到一张法线贴图，如图1—51所示。

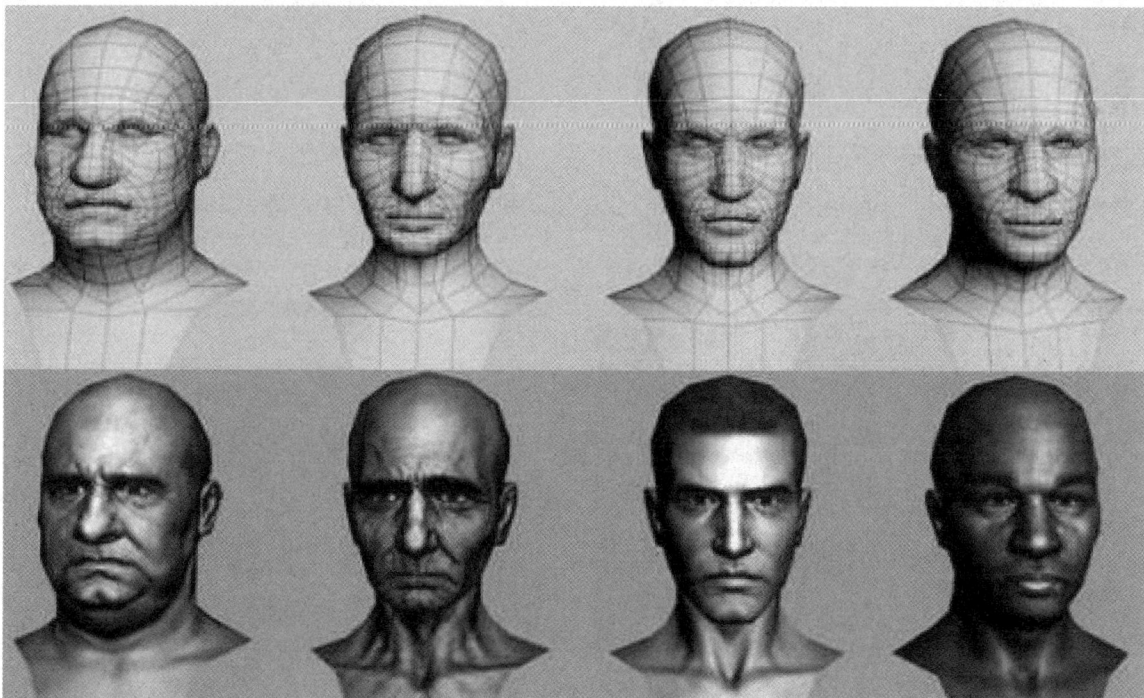

图 1—51

1.2.15　Z插件

　　ZBrush包括众多优秀工具，但想要加快ZBrush的工作流程，提高工作效率，插件也是必不可少的工具，也正是这些插件让ZBrush变得更加强大。

　　1. UV大师

　　创建UV贴图也许是一件很烦琐的工作，即便你熟悉流程，初接触CG时，仍会很迷惑。ZBrush的UV大师相对简化了UV制作的流程，同时还允许制作者随意切分UV接缝。相对于传统的手工分UV的方式，UV大师的效率明显提高了很多，这也是ZBrush软件非常有特色的部分。如图1—52所示。

2. 减面大师（Decimation Master）

减面大师（Decimation Master）是非常有用的内置工具，用来降低高分辨率模型的多边形数量，用户只须预处理网格或者收集SubTools，明确需要的点、多边形数或下降百分比，然后点击Decimate按钮。

减面大师在降低模型多边形数量的同时，保留模型的形状和细节，有助于将超高分辨率的ZBrush模型进行渲染、导入到游戏引擎、3D打印等。如图1－53所示。

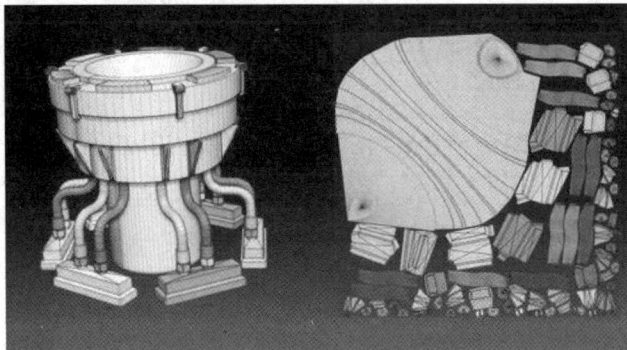

图 1－52

图 1－53

3. GoZ

GoZ通常和ZBrush一起安装。初始化GoZ的时候，它会自动检测其他已有的DCC应用程序并安装相关的插件。作为两者之间的管道，GoZ作用于ZBrush和其他应用程序之间，其中包括Maya、Modo、3ds Max、Cinema 4D和Photoshop。如图1－54所示。

图 1－54

4. ZBrush to KeyShot Bridge

ZBrush to KeyShot Bridge 可以让ZBrush与基于CPU的实时渲染器KeyShot无缝对接，适用于KeyShot任何的独立版本，对KeyShot for ZBrush精简版同样适用，可以直接将ZBrush模型导入KeyShot中，包括模型颜色、UV、材质球、模型层级等。如图1－55所示。

图 1—55

5. ZTree

从名字也能看出，这个插件可以帮助构建树形结构，然后通过树枝和树叶将树的结构形态充实起来。起初可以通过简单的Z球链开始，也可以使用预先提供的其中一片落叶或一棵针叶树，ZTree会自动扩展指定的分支，并根据菜单面板里布局的规则添加二级分支，直到产生一整棵大树，同时还可以很方便地修剪树枝和添加纹理。如图1—56所示。

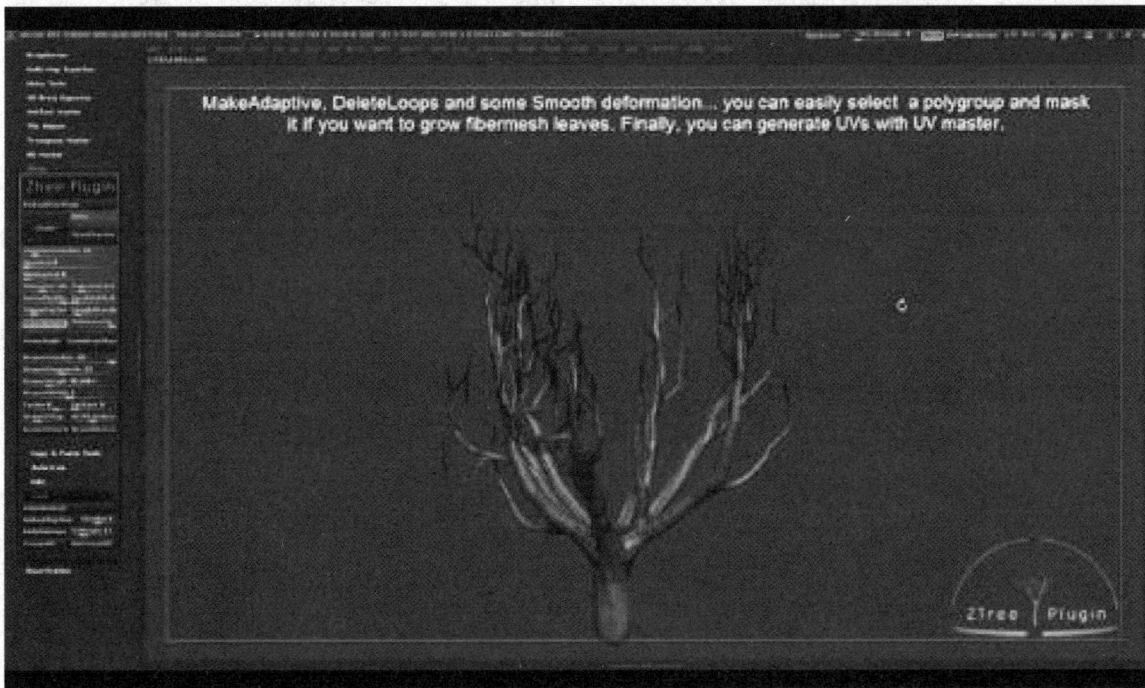

图 1—56

6. Terrain Tools

Terrain Tools 这是一种全新的插件，目前仅 Windows 可用，其提供了很多工具用来创建逼真的地形。它在 ZBrush 的 2.5D 工作区内部运行，利用笔刷添加丘陵和山谷、梯田和河流，以及利用滤镜来雕刻不同类型的地形侵蚀。

完成 2.5D 地形图像之后，Make 3D 按钮会提取高度贴图，生成位移的平面，接着便可以正常雕刻或者导出到其他应用程序进行添加纹理和渲染。如图 1－57 所示。

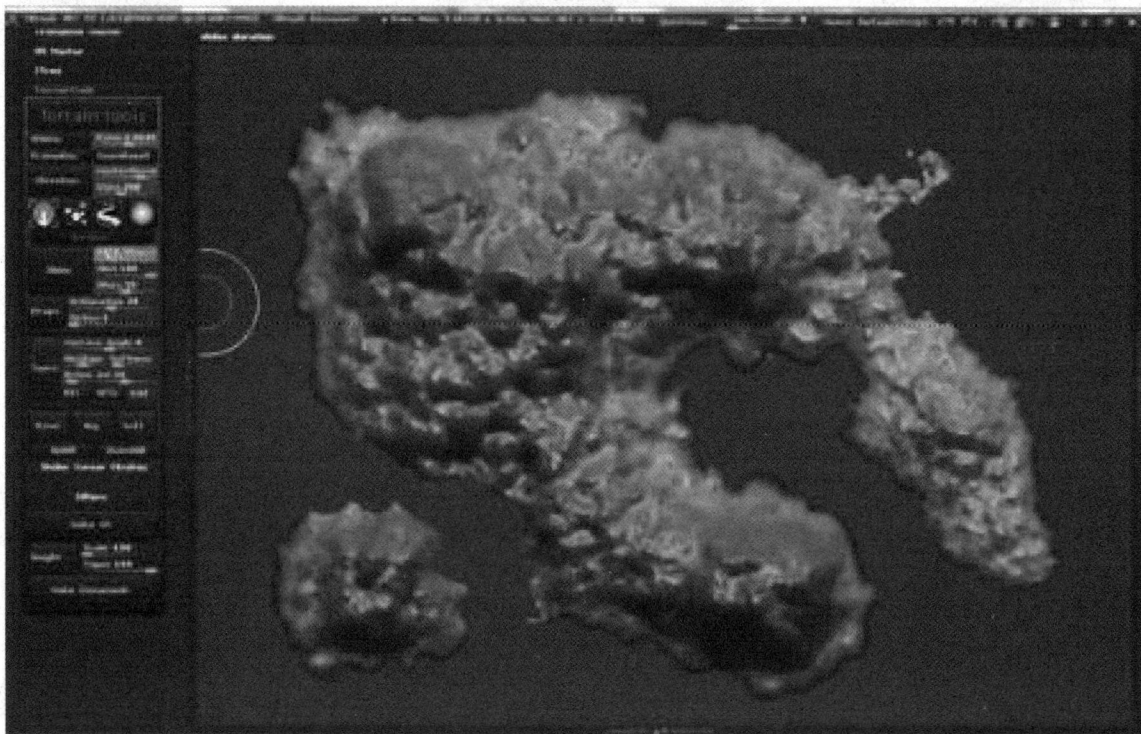

图 1—57

7. Nicks Tools ZBrush plugin

艺术家 Nick Miller 将很多工具和脚本放到一起，自动化一些 ZBrush 流程，并添加了一些新功能。工具集包含 10 个工具和 9 个其他脚本，通过一个菜单面板即可访问。有些主要功能能够帮助加载和保存特定的项目，批量重命名，设置个性选项，一键降低所有模型级别等，是一个能够提高操作效率的插件。

8. Nano Tile Textures

Nano Tile Textures 这个插件由 Pixologic 公司的创意开发经理和数字雕刻家 Joseph Drust 创建，能够让用户创建无缝的瓷砖纹理，可实现高达 8K 的分辨率。使用 ZBrush 的 Insert Mesh object 和 NanoMesh Brush，雕刻重复的模式，然后 Nanotile Textures 会渲染出各种瓷砖通道——法线、环境光遮蔽、色彩、高度、凹凸等——继而可以用在 ZBrush 或其他 3D 应用程序里的纹理和置换模型中。如图 1－58 所示。

9. Z Scene Manager－Exoside

如果用户雕刻的是带有很多独立元素的巨型模型，或者机械模型的话，图层会非常多，那么可以使用 Z Scene Manager－Exoside 插件。它能很好地管理模型层级，而且插件菜单是单独悬浮在 ZBrush 界面上的，可以随意拖动。如图 1－59 所示。

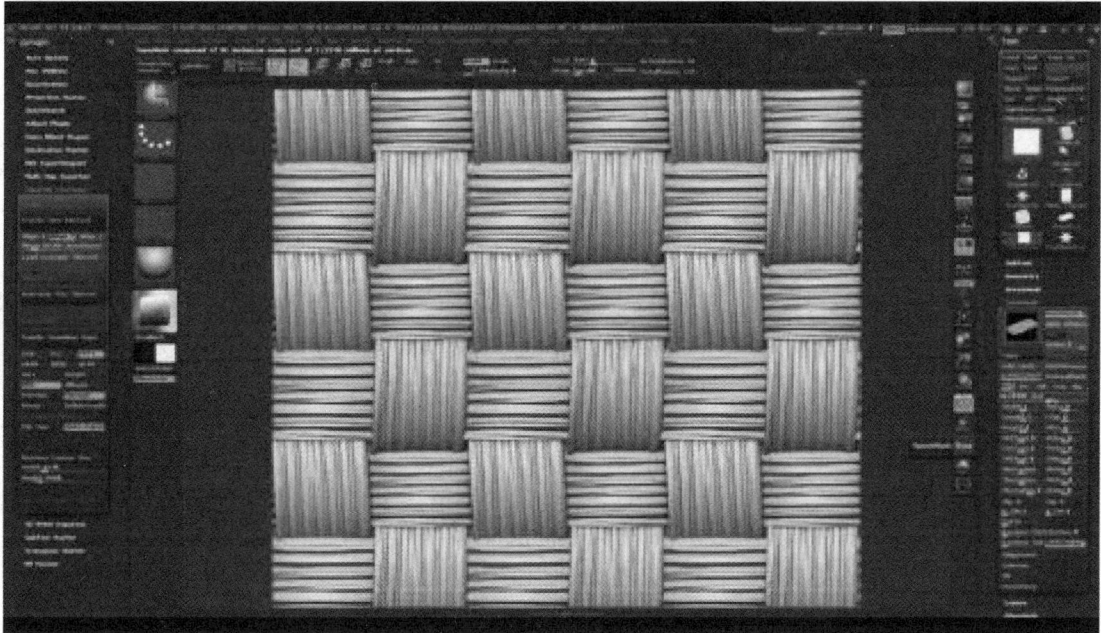

图 1—58

图 1—59

10.　Z Scripts – Eric Blondin

Z Scripts – Eric Blondin是另一款有用的插件，来自生物艺术家Eric Blondin。通过一键菜单面板有
36个功能可用，覆盖各种有用的快捷键和帮助选项。

Z Scripts – Eric Blondin包括选定的子工具，自动进入网格的最低或最高细分级别，切换动态细分，
自动翻转UV，创建颜色ID贴图和凹凸贴图，以及其他一些困扰ZBrush日常用户的小问题。

2

第2章 ZBrush 2020基础

2.1 认识ZBrush界面

ZBrush 2020工作布局及界面如图2-1、图2-2所示。

ZBrush主要由菜单栏、工具架、左右侧导航、托盘、画布、切换预设界面等几个部分组成。

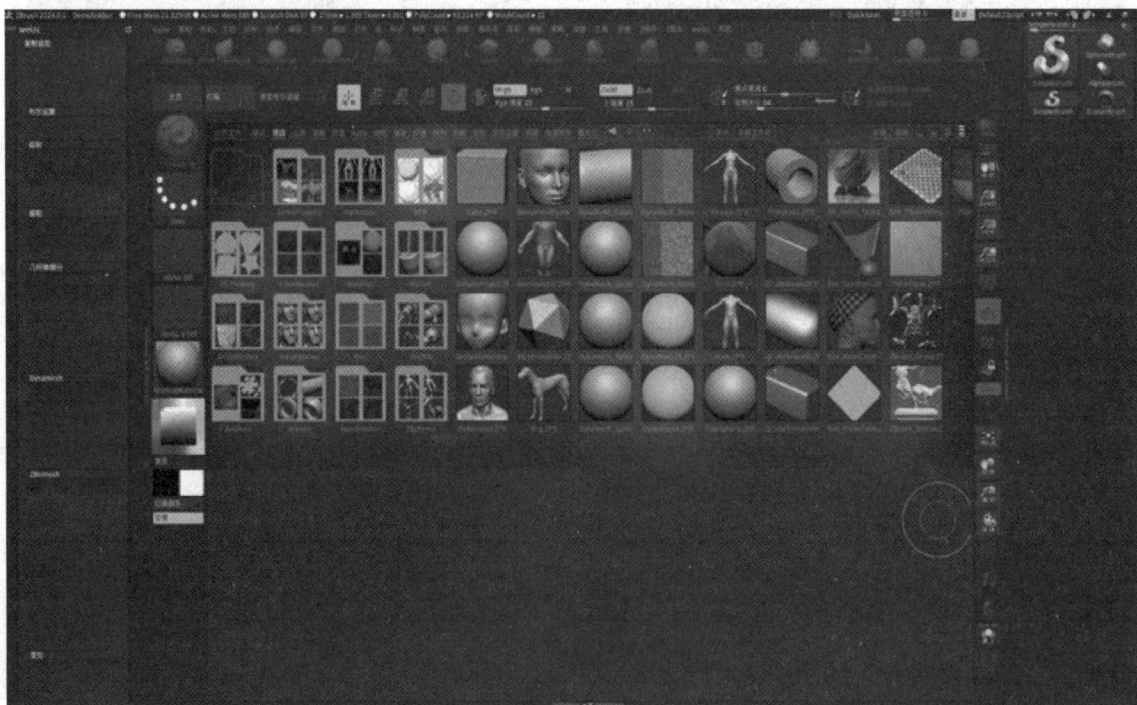

图2-1

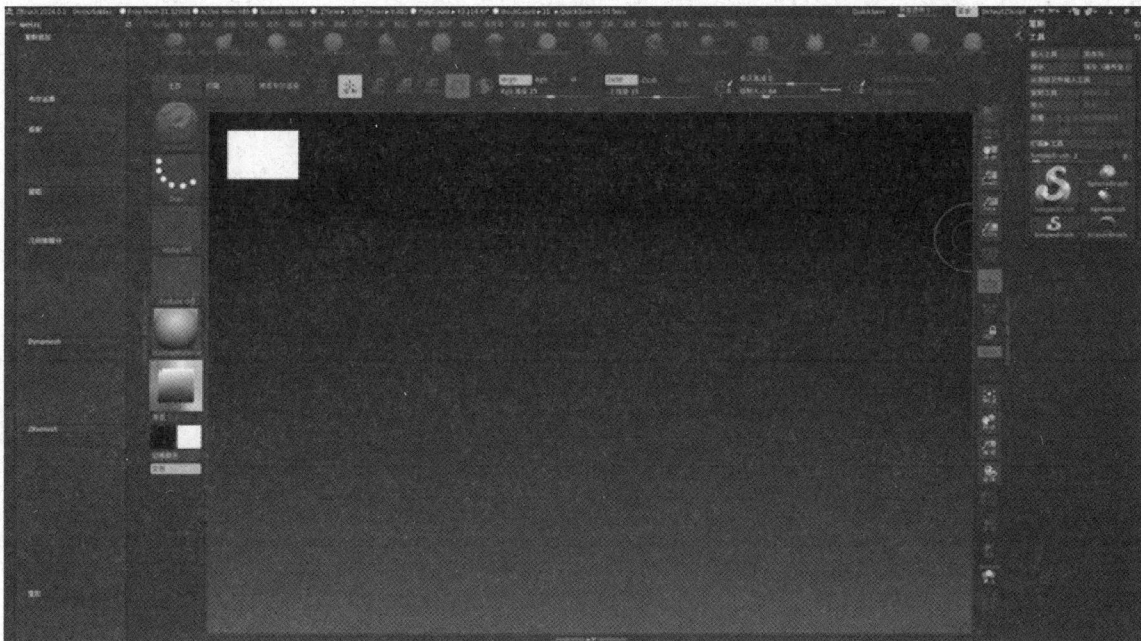

图 2—2

1. 菜单栏

菜单栏中包含所有的操作命令，按照字母A－Z的顺序排列，点击菜单选项卡可以展开。

2. 工具架

工具架中放置了一些常用工具，如编辑绘画按钮、笔刷尺寸滚动条、笔刷强度滚动条等。

3. 左侧导航

ZBrush左侧导航栏中放置了画笔、笔触、纹理、材质、调色盘等控件空间按钮。

4. 右侧导航

ZBrush右侧导航栏放置了用来控制画布显示效果的各种快捷按钮，如模型的放大缩小、移动、旋转等。

5. 托盘

ZBrush中托盘用于存放菜单栏中各项命令的下拉面板或是按钮，存在于画布的左右，在默认情况下工具面板存放在托盘便于快捷操作。

6. 画布

ZBrush界面的中心是画布，同时画布也是ZBrush最主要的部分，所有的菜单、按钮、托盘都围绕在画布的周围，ZBrush的控制按钮被设计为用户需要时它们才会被激活。它们被成组地放置在界面顶部的列表。

7. 切换预设界面。

点击切换预设界面，我们可以切换到自己喜欢的界面。

2.1.1 ZBrush的初始界面

当我们的ZBrush软件遇到重大错误时，可以使用"首选项——初始化ZBrush"（Preferences：Init ZBrush）重设还原初始界面配置以达到快速恢复的目的。一般当软件遇到重大错误的时候，想要还原界面配置，就要用到"重设"命令，所要做的事情，就是到"Preferences：Init ZBrush"去进行重设。点击"初始化ZBrush"会出现"是否要进行重置"的提问，一旦点击"是"之后，之前所做所有设置都没有了（一般是软件出现非常大的错误时才会使用此功能，最好是先保存所有文件再进行重置设置），这时候的软件界面就会回到初始设置状态。如图2－3、图2－4所示。

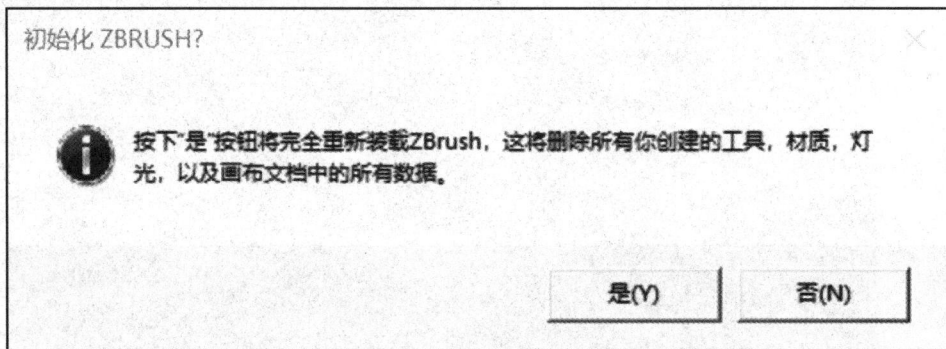

图2—3   图2—4

1. 介绍

ZBrush保存时是一个画面，要保持三维物体的可编辑性就必须保存为笔刷。

2. 物体的变换

创建物体后按"T"进入编辑模式。

旋转视图：鼠标在空白处拖动，shift＋LMB可以角度锁定90度。

平移视图：Alt＋LMB。

缩放视图：Alt＋LMB，保持按下LMB时放开Alt然后上下拖动鼠标左键。

Alt＋click：物体适中。

移动W：空白处拖动鼠标——在垂直于画布方向移动，往上即向里移动。在交叉点上拖动锁定方向，在圈内移动则使物体在画布上移动。

旋转E：圈内随意转。

缩放R：圈内等比缩放。

3. 画布

平移（Scroll）：按住空格键拖动鼠标。

缩放（Zoom）：＋－。

适中（Actual）：0。

半大（AAHalf）：Ctrl＋0。

Ctrl＋N：清空画布。

4. 物体编辑

创建新物体后，原物体不能再编辑，而是作为画面中的一个元素。

导入模型（作为笔刷编辑）：tool/import。

保存Ztool（可在ZBrush中继续编辑）：tool/save as。

导出物体：tool/export。

注意：在从max导入obj之前在preferen……/importexport里选择iFlipY、iFlipZ就是正的了。

5．界面

Tab：隐藏工具面板。

下拉菜单可以拖动到两边的空白处。

常用按钮可以按Ctrl同时拖动到画布边的空白处，Ctrl + click可以取消快捷按钮。

鼠标放在工具上按Ctrl可以显示说明。

6．模型细分

Tool/Divide（Ctrl + D）可以对模型细分。

SDiv改变细分级别，或者使用Lower Res（Shift + D）、Higher Res（D）进行切换。

一般先在低精度调整大型，描绘越细致精度越高，不要一开始就在最高精度下工作，那样交互速度和工作效率都不会很高的。

7．多边形的隐藏、显示

隐藏多边形可以加快操作速度，也可以避免对不需要编辑的部分误操作。

方法：

Ctrl + Shift + LMB拖动框选，出现绿框，松开鼠标，框外的就被隐藏。

Ctrl + Shift + LMB拖动框选，出现绿框，先放开Shift（变红框）再松开鼠标，框内的就被隐藏。

Ctrl + Shift同时点击模型，原来被隐藏的被显示，原来显示的被隐藏。

Ctrl + Shift同时点击空白处，显示所有部分。

模型显示部分多边形状态下，点击tool/polygroups/Group Visible会将当前显示的多边形作为一个显示的组，以后只要Ctrl + Shift同时点击这个组的任何一个部分就会隐藏其他组。

默认情况下，选择框要包含整个多边形才能起作用，如果按下AAHalf下面的PtSel按钮（Ctrl + Shift + P），只要选择框和多边形相交即可。

8．遮罩

Ctrl + LMB拖动出遮罩区域，遮罩内变深灰色，不再被编辑。

Ctrl + LMB拖动出遮罩区域，遮罩内变深灰色，再按下Alt，区域变白，可以减少遮罩区域。

Ctrl + click画布空白处，遮罩反转。

Ctrl + LMB在画布空白处拖动，选择框不接触物体，可以取消遮罩。

Ctrl + LMB在模型上可绘制遮罩。

在Alpha菜单里可以改变遮罩的类型。

9．上色和造型

物体原来是浅灰色，如果在调色板里改变颜色，物体的颜色同时改变。选择Color/Fill Object，可以对物体填充当前色。

画布上方按钮说明：

Mrgb：赋予当前材质和颜色；Rgb：赋予颜色；M：赋予当前材质；Rgb Intensity：透明度；Zadd：增加厚度；Zsub：降低厚度；Z Intensity：笔刷强度；Focal Shift：柔化值；Draw Size：笔刷大小。

以上按钮在画布上点右键或按空格键均可出现。

10. 利用规尺

stencil/stencil on可以显示规尺，浅色区域不能编辑。在规尺上按下右键或空格键出现操纵工具，然后可以选择相应的按钮。

Invr：反相；Stretch：扩大到画布大小；Actual：实际大小；Horiz：宽度匹配画布；Vert：高度匹配画布；Wrap mode：包裹模式，规尺贴在模型表面。

Alpha菜单下选择一个alpha图案，点击make st可以将当前图案定义为规尺。我们可以制作黑白图像，保存成psd、jpg、bmp、tif等格式作为规尺使用。

注意jpg要24bit才能使用。

11. 对称

Trans菜单中，按下＞x＜、＞y＜、＞z＜，即可进行相应轴向上的镜像操作，如果＞M＜没按下，那操作会是在同方向上。

快捷键：x\y\z。

12. trans菜单

照相机（snapshot）：在原地复制物体。

M＋箭头：mark object position，标记物体位置——可以在清空画布后让物体在原位置再次出现，快捷键：M。std：标准，在物体表面加高，笔画连续。stdDot：松开鼠标后笔刷才起作用，适用于点状。Inflat：膨胀，笔画连续。InflatDot：点状膨胀。layer：一笔连续画出等高的突起，笔画相交不会叠加。Pinch：收缩，便于表现转折较剧烈处。Nudge：类似涂抹。Smooth：平滑并放松网格。

Edit curve：编辑笔刷强度曲线；在曲线上点击可创建新控制点；拖动控制点到窗外再拖回来，点的属性变为转角，再次操作则变回光滑模式；拖动控制点到窗外，松开鼠标，控制点会被取消；控制点在光滑状态下有一个光圈，鼠标在光圈上拖动可以改变光圈大小，影响曲线的张力。

focal Shift：改变曲线衰减速度。Noise：产生随机噪波曲线，可以用来画细微的凹凸。

13. 使用Projection Master

可以应用各种ALpha图形和stroke笔画类型进行绘图。

按G键，选择colors，也可以选择Deformation，然后回车，进入绘图状态后模型角度就不能改变了。必须再按G键切换回来，pick now确定。

14. 使用MultiMarkers

在编辑物体后，没有更换工具之前按下M键，可以对物体当前的位置进行记录，然后创建新物体，进行编辑和对位。清空画布，选择工具MultiMarkers，在画布中拖出所有标记过的物体，可以分别再改变位置，这样可以在画面中加进多个物体。要编辑这些物体的形状，必须先选择Tool/make polymesh，转化为可编辑多边形物体。然后清空画布，选择新生成的物体作为工具，再次创建。

15. 使用Z球

Tool工具中选择z球，在画布中拖出大小，在绘制模式下在球上添加新的Z球；

在draw工具被激活时，Alt＋click控制球会删除该球，Alt＋click控制球间的连接球，会将子球变虚，变成影响球，不产生实体，但会影响实体的形状。

子控制球被移进父控制球时会产生凹陷效果，可以用来制作眼眶布线。

在Tool/Adaptive Skin下选preview或按A键可以预览生成的网格模型。Density：细分密度。Make Adaptive Skin：生成网格模型。

16.　在3ds Max中渲染最终结果

无论是用ZBrush画纹理贴图还是凹凸贴图，画之前最好给一个贴图，然后绘制色彩和起伏。绘制完成后，到Tool菜单下的Texture栏中找到Fix Seam按钮，按一下，可以修正贴图的接缝。如果没有给贴图，这个按钮是没有的。接下来是导出obj模型和贴图。

ZBrush导出obj：将模型精度降到最低，在Tool菜单里按下Export按钮，选择路径和obj格式，确定。

ZBrush导出置换贴图：把模型细分降到2，在Tool菜单里找到displacement栏，调整DPRes即生成置换贴图的大小，然后按一下白色按钮Create DispMap就生成了贴图，到Alpha栏里选择最后的贴图，按下Export，选择导出路径和格式，注意选择Tif格式，完成。

ZBrush导出法线贴图：步骤同上，注意要按下Tangent按钮，导出贴图是在texture栏里。

在3ds Max里导入模型：File/Import，找到obj物体，确定。在弹出来的对话框里选择single，勾选前5项，center Pivot和use materials不要勾选，出来的物体可能是翻转的，可以在x轴方向旋转180度。

对模型应用法线贴图：赋予物体材质，bump贴图通道添加Normal Bump贴图类型，在normal通道选择Bitmap，然后选择生成的法线贴图，确定。把V的Tiling改为-1，回到normal bump层级，勾选flip Green（Y），选择Tangent模式，完成。

应用置换贴图：由于Vray置换效果又好又快，所以只介绍这个方法，使用其他渲染器的请自行摸索。

对物体添加光滑1级处理，增加VrayDisplacementMOD修改器，选择2D mapping，点texmap选择置换贴图。然后用鼠标左键点它拖到一个空闲的材质球上，把贴图V方向的Tiling改为-1，blur改为最小，在output卷展栏里把RGB Offset改为-0.5。然后渲染看效果。如果发现置换厚度不合适，可以调整VrayDisplacementMOD修改器里面的Amount，渲染。

2.2　ZBrush的菜单组

Alpha：导出和处理Alpha，用作笔刷形状、镂花模板和纹理图章的灰度图像。

Brush：包含3D雕刻和绘画工具。

Color：用于选择颜色及使用颜色，或材质填充模型。

Document：用于设置文档窗口大小以及从ZBrush导出图像。

Draw：定义笔刷如何影响表面的设置，包括ZIntensity、RGB Intensity、ZAdd、ZSub以及特定于2.5D笔刷的设置。此菜单还包括透视相机的设置。

Edit：包括UNDO和REDO按钮。

File：主要是针对我们所做文件的管理。

Layer：用于创建和管理文档图层。这个选项与雕刻图层不同，通常它们只用于画布建模和插图。

Light：创建和放置灯光以照亮主体。

Macro：为了轻松地重复，将ZBrush操作记录为按钮。

Marker：此菜单是为了Multimarkers而设，Multimarkers是ZBrush的一个旧功能。

Material：Surface明暗器和材质的设置。

Movie：此菜单如需用户录制雕刻期间的视频以及让已完成的雕塑呈现出旋转。

Picker：关于笔刷如何处理表面的选项。Flatten是一个将受到Once Ori按钮和Cont Ori按钮影响的雕刻笔刷。通常在雕刻中不使用这些选项。

Preferences：设置ZBrush首选项。从界面颜色到内存管理都在此设置。

Render：在ZBrush内渲染图像的首选项。此菜单只在制作2.5D插图时使用。

Stencil：与Alpha菜单有紧密联系。Stencil允许用户操作已经转换为模板的Alpha，从而帮助绘制和雕刻细节。

Stroke：管理以何种方式应用笔刷笔画的选项，这些选项包括Freehand笔画和Spray笔画。

Texture：通过ZBrush创建、导入和导出纹理贴图的菜单。

Tool：这是ZBrush的主要部分。此菜单包括影响当前活动ZTool的所有选项。此处有Subtools、Layers、Deformation、Masking和Polygroup选项以及许多其他的有用菜单，这是需要用户花费时间最多的菜单（和Brush相比）。使用Tool菜单可以选择进行雕刻的工具以及为画布建模和插图选择各种2.5D工具。

Transform：包含文档导航的选项，如Zoom和Pan以及改变模型的坐标轴点和雕刻的Symmetry设置以及Polyframe视图按钮。

Zplugin：用于访问ZBrush中的插件。在此处可发现MD3，它可用于创建置换贴图，还可找到ZMapper和其他有用的工具。

ZScript：用来记录保存和载入的ZScript的菜单，通过ZBrush脚本的编写，ZBrush可添加新的功能。

2.2.1 Alpha菜单

1. Alpha调控板

在ZBrush中，作为遮蔽的8-Bit灰度图像被称为Alpha，是用来控制画笔形状和绘制。

Alpha菜单首先是导入、导出Alpha。导入的Alpha可以ZBrush雕塑的方法非常有特色，我们不但可以通过笔刷来模仿黏土雕塑的手法，还可以使用Alpha贴图来制造出模型的凹凸，这个很像是用凹凸贴图来表示模型表面的细节起伏。Alpha贴图经常用来制作模型的细节纹理、肌理和小的凹凸。如图2-5、图2-6所示。

ZBrush Alpha 菜单　　　　　　图 2-5

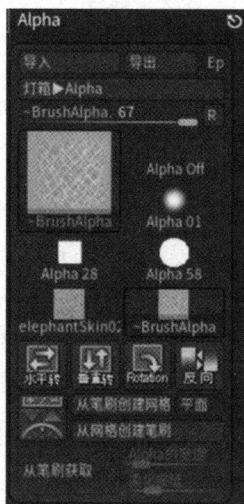

图 2—6

导入Alpha功能可以导入.Bmp，.Psd，.Jpg格式文件，可以选择多重Alpha图像并且同时载入它们，如果导入的是有颜色的图像，图像会自动转换为灰度图像。

Export（输出）功能：可以输出8 – Bit的Bmp、Psd格式图像。

Blur（模糊）功能：可以使Alpha图像变得光滑，负值使其锐化，范围值为 – 15到 + 15，默认为2。

Noise（噪波）功能：可以添加Noise到Alpha图像里。

Max（最大）功能：当前Alpha最大色调范围，像自动级别设置，它调整当前Alpha从纯白到纯黑。

Rf（光线衰减）功能：Ff光线衰减，高的设置导致Alpha当接近从中心到边缘时候迅速渐淡、

Alpha Adjust Curve（Alpha 曲线控制）如图 2 – 7所示。

2. 使用Alpha工具制作传统家具浅浮雕效果

ZBrush软件中Alpha的使用非常广泛，Alpha相当于笔刷的笔头，在雕刻过程中会经常使用到。使用PS创建Alpha这种方法操作比较简单，比较适合制作平面Alpha或网上可以找到图片加工的Alpha。同时，这种制作Alpha的方法也是我们在使用ZBrush过程中用得最多的。

步骤1：新建一个512*512的画布，如果想做长方形的Alpha，可以改成1024*512，Alpha大小一般在256～1024之间，因为到ZBrush软件中可以随意放大，所以不需要太大。如图2 – 8所示。

图 2—7

步骤2：把画布填充为纯黑色。黑色在ZBrush和Photoshop软件里面代表透明，白色代表不透明，使用Photoshop的选区、笔刷等工具制作灰度图。如图2-9所示。

图2-8

图2-9

步骤3：使用纯白色在画布上绘制图案，然后保存为psd或tga、jpg、png等格式。如图2-10所示。

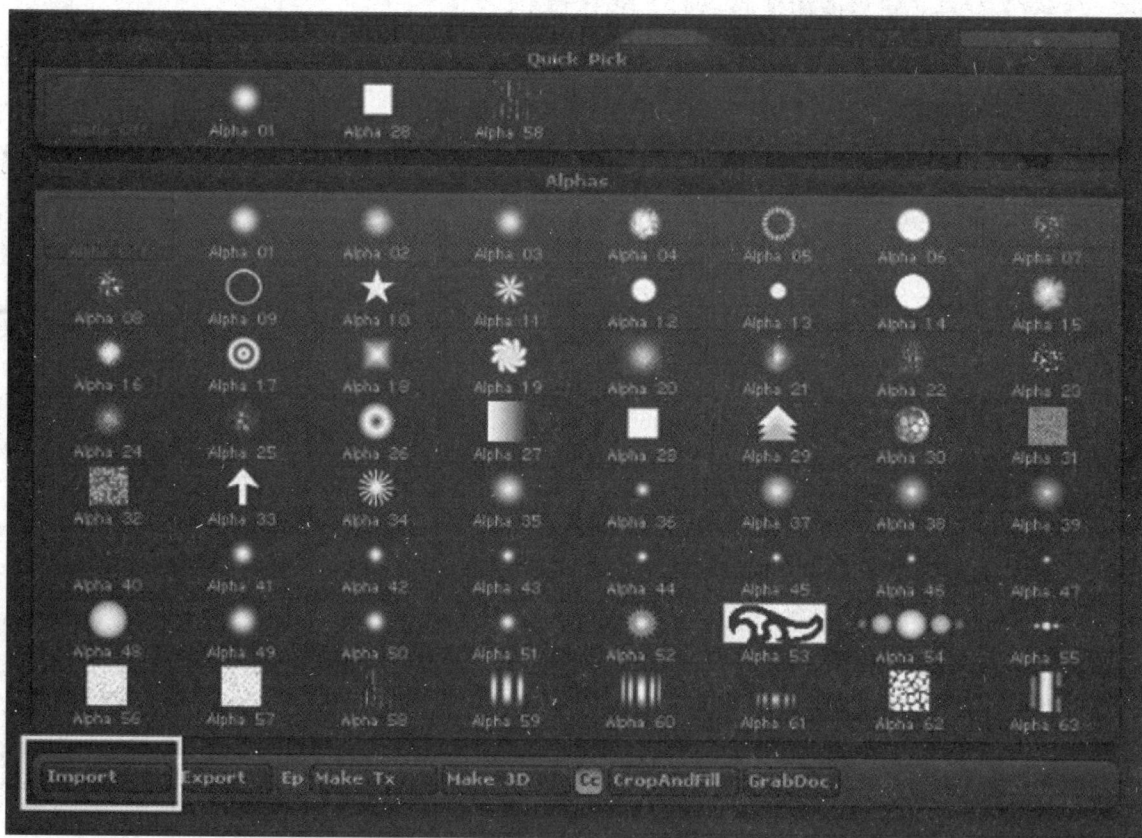

图2-10

最后Alpha制作完成之后，在ZBrush的Alpha调控板中导入Alpha图片。有关ZBrush导入Alpha图像的详细信息，可点击如何导入外部的Alpha图像。

单击Alpha选项下的Import（导入）按钮，随之弹出导入文件对话框。

为了验证我们导入的Alpha文件是否合适，以Cube3D－1为例，首先在Tool（工具）菜单下的工具集中选择Cube3D－1物体，在视图中按住鼠标左键并拖拽就可以创建出球体了，单击顶部工具架中的Edit（编辑）按钮，可使物体进入编辑状态。在"几何体编组—变形"中选中"大小"选项，选择"y"轴进行缩放，使立方体成为扁平的状态。

步骤4：单击"Tool—MakePolyMesh3D"（工具—创建多边形网格）命令，在工具集中可以看到新创建的物体，并替代了当前物体处于编辑状态。物体变为可编辑状态时，对这个压扁的立方体进行Dynamesh的操作，完成Dynamesh后再次进行ZRemesher，然后点击细分网格将网格密度升到5级。

步骤5：在笔刷菜单中选择Layer（层）笔刷，在默认值状态下，该笔刷可以让模型顶点均匀地向外凸起，同时按下Alt键可以使模型顶点向里凹陷。

步骤6：在Stoke（笔触）菜单中选择DragRect（拖拽矩形）的笔触路径。

步骤7：在Alpha（透明度）菜单中选取才生成的灰度图，也就是刚才导入的这种发散的形状，将鼠标指针滑动到多边形网格物体上，鼠标指针下会出现一个小红点。在物体形状范围内按住鼠标左键并拖动，可以看到物体的表面笔刷经过的路径出现了体积的起伏变化，这就是笔刷、笔触和Alpha相互配合使用的结果，如下图所示。如图2－11、图2－12所示。

图2—11

图2—12

3. 使用Alpha工具为雕塑添加皮肤纹理细节

步骤1：点击导入，在外部的Alpha图片素材库中导入大象的皮肤纹理灰度图，如图2－13所示。

步骤2：将雕塑好基础型的小象再次进行"细分网格"，然后再使用DragRect（拖拽矩形）笔触，在小象身体上进行皮肤肌理的绘制。下面是最终产生的效果，这种效果是纯手工雕刻很难做到的。利用Alpha对模型进行纹理的涂刷是ZBrush数字雕刻艺术中很有特色的建模手法，如图2－14所示。

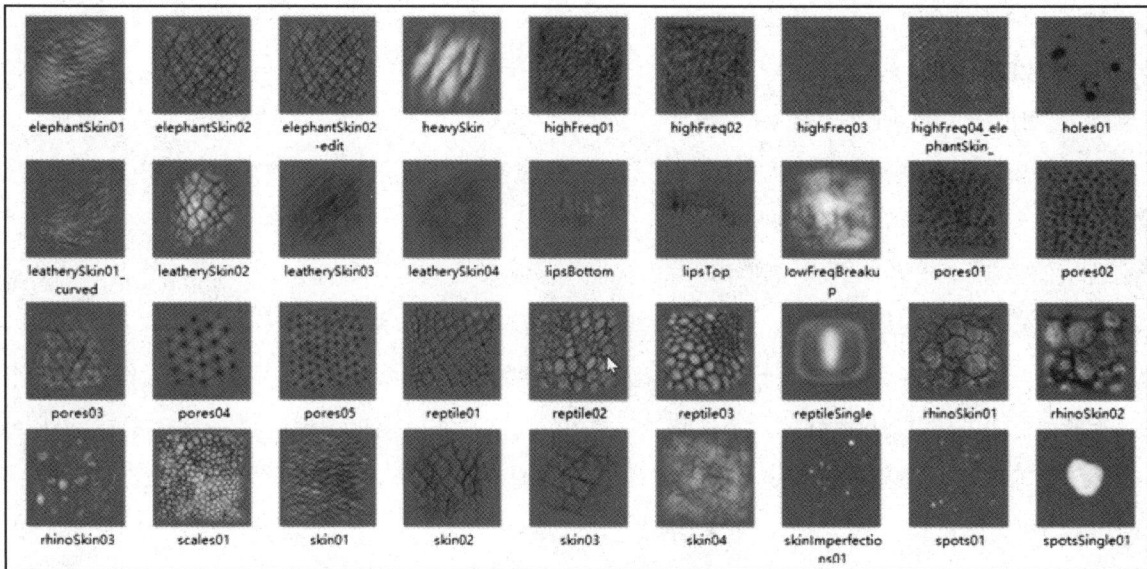

图 2—13

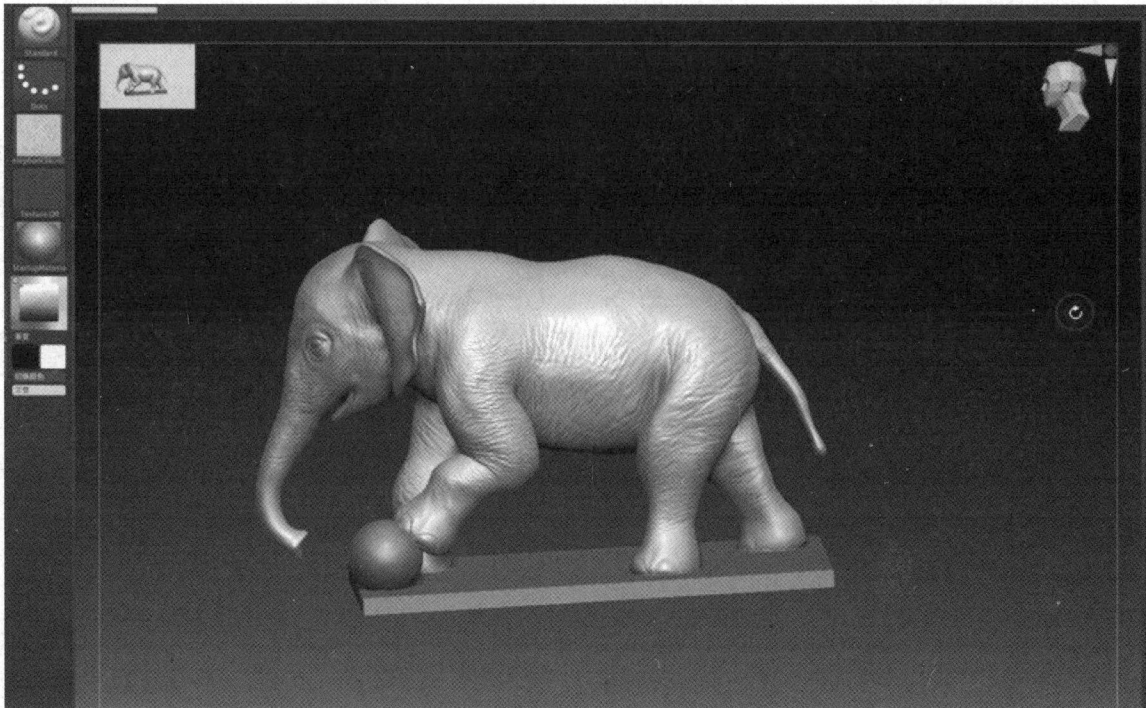

图 2—14

2.2.2 笔刷（Brush）菜单

在 brush 中每种笔刷都有 Z Intensity 强度值的调节控制，我们在进行雕刻绘制时，按住 Alt 键强度变为负值，实现反向雕刻，按住 Shift 键则会切换成 Smooth 平滑笔刷。

在 ZBrush 中，笔刷的显示模式是以两个红色的圆圈，圆圈表示笔刷在进行绘制和雕刻时实际影响的范围，而内圈是表示笔刷强度到外圈的衰减的起始位置，我们可以在 Focal Shift 选项卡中来调整内圈的大小从而控制衰减的范围，当内圈与外圈重合，即大小相等时，则没有衰减。

笔刷面板

打开 Edit Curve 窗口，在曲线上点击可创建新控制点，如图2－15所示。拖动控制点到窗外再拖出来，点的属性变为转角，再次操作则变回光滑模式。拖动控制点到窗外，松开鼠标，控制点会被取消。控制点在光滑状态下有一个光圈，鼠标在光圈上拖动可以改变光圈大小，影响曲线的张力。在曲线图中任意地方点击就可以插入一个控制点，要删除插入的控制点，直接拖拉出曲线图。曲线两端的默认点不能删除，只能在两端边缘上下移动曲线进行设置。

focal Shift：改变曲线衰减速度。

Noise：产生随机噪波曲线，可以用来表现细微的凹凸。

调节曲线后需要按下 AccuCurve 才能精确反映出曲线的效果。

Curve/FditCurve：编辑笔刷强度曲线（只有 Brush/AccuCurve 按钮激活的时候强度曲线才有效）。

Curve/WrapMode＞1可产生重复绘制效果。如图2－16所示。

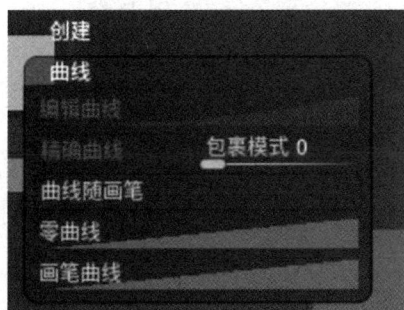

图 2—15

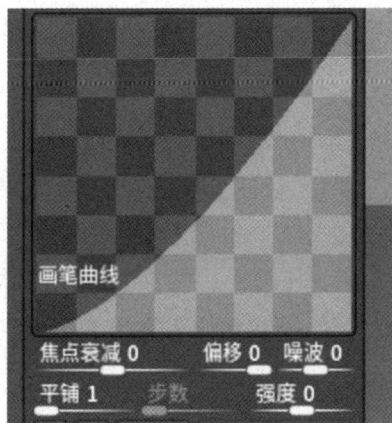

图 2—16

2.2.3 颜色（Color）菜单

Color 调控板显示当前颜色并提供数值，用户可以由此来选择颜色，还可以选择辅助色并使用描绘工具以产生混合的色彩效果。

1. 从颜色调控板选取颜色有三种方法

（1）在颜色窗口里单击和移动色块到需要的颜色。

（2）从颜色窗口中单击并拖拉到界面任何地方，鼠标显示 Pick 拾取图标，松开鼠标时将自动选择图标下面的颜色到 Color 颜色调控板里。如果不松开鼠标同时按C键也可以拾取颜色。默认情况下从画布拾取颜色时不拾取灯光和材质，如果想拾取灯光和材质，在按住拖拉时要按住 Alt 键。

ZBrush 颜色菜单

（3）还可以使用 Color 调控板里面的 RGB 滑块来直接输入数值。

2. Main Color（主色）和 Secondary Color（辅助色）

通过 Sphere、Alpha、Simple，Fiber 笔刷绘制时能够使用 Main Color（主色）和 Secondary Color

（辅助色）。

3. SwitchColor

SwitchColor 是主色与辅助色的切换开关，黑色块是辅助色，黄色块是主色，选择和使用颜色在主色和辅助色样本上单击激活颜色选择，然后在调控板上选择颜色。

4. Fill Object（填充物体）

只有在3D物体是编辑模式时 Fill Object 按钮才处于激活状态，作用是将选择的颜色填充所有的3D物体，同时可以再次选择其他颜色在物体上绘制。

2.2.4 文档（Document）菜单

ZBrush 中的 Document 调色板用于加载或保存 ZBrush 文档\导入背景图像、导出背景图像、调整画布大小和设置背景颜色。Document 常用的一些基本功能如下。

1. Open（打开）Ctrl + O

打开以前保存的 ZBrush 文档，如果打开一个新的文档而当前编辑的文档没有保存，将会出现提示"Document has been changed. Would you like to save changes"选择"Yes"则是关闭当前文档不做保存，同时打开选择的新文档；要保存当前文档和打开一个新文档，就选择取消，然后保存，再打开文档。

ZBrush 文档菜单

2. Save（保存）Ctrl + S

指定一个名称保存一个 .ZBR 的 ZBrush 文档文件，如果没有指定文档名称，默认将使用 ZBrush Document.ZBR 的文档名称（.ZBR 是一个2D属性文件）。

3. Revert（还原）

重新加载最后一次保存的 ZBrush 文档文件。

4. Save As（另存为）

将文档另存或重新命名保存。

5. Import（导入）

导入格式为 .BMP、.PSD、.PICI、.JPG、.TIFF 的图像文件作为 RGB 位图输出到打印或其他程序端口中。

6. New Document（新建文档）

打开一个默认设置的新建文档，如果当前文档没有保存，将会出现提示。

7. Back（背景）

显示文档背景（画布）颜色，从当前 Color（颜色）调控板里设置改变颜色后，再去点击 Back 按钮就可以替换为 Color 调控板的颜色：通过单击 Back 按钮并拖拉到 ZBrush 界面任何地方都可以选取当前鼠标位置的颜色作为背景（画布）的颜色。最好在绘画或添加物体之前选择背景颜色，因为物体颜色可能会混合在背景颜色的边缘里。Border（边）设置画布周边的颜色，与背景颜色操作方法一样。Half（一半）调整文档画布到当前的一半大小。Double（双倍）调整文档画布到当前的双倍大小。Pro（比例）锁定宽度和高度的比例，当单独调整一个项目时，另一项目将自动根据比例变动。Width（宽度）显示和调整当前画布的宽度。Height（高度）显示和调整当前画布的高度。Crop（裁剪）调整到新的尺寸到扩展元素，如果目前的雕塑工作溢出了空间使用它增加画布，或者有多余的空间时使用它修整边缘。Crop（裁剪）从画布的底部和右边添加和删除空间。Resize（调整大小）调整画布到新设置的大小，如果已经有元素在画布里，它将伸展或压缩以适配新的尺寸。

2.2.5 绘制（Draw）菜单

ZBrush 绘制菜单

Draw调控板包括了对当前绘图的修改和控制工具，在这个面板里可以调节工具的大小、形状、强度、不透明度和其他一些功能。还可以在这个面板调节视图中观看主体物时的焦距，如图2-17、图2-18、图2-19所示，我们可以选择18、24、28、35、50、85这些焦段来观察模型物体，而随着焦段的变化，我们观察物体的视野也会相应产生变化，不同的焦段所产生的视觉感受有很大的区别，这能帮助我们更好地把握自己所制作的模型。视角对最终渲染模型也有明确的作用。绘制菜单还包含了对视图中地平线网格的显示设置。

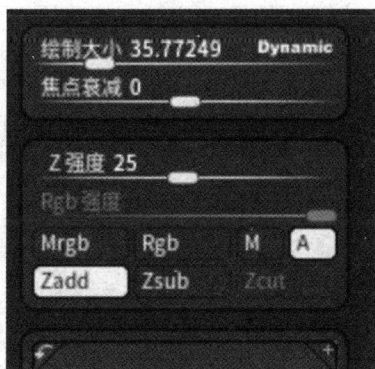

图 2-17

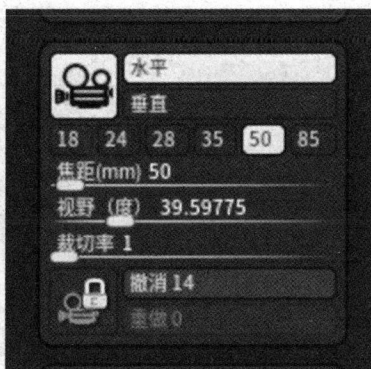

图 2-18

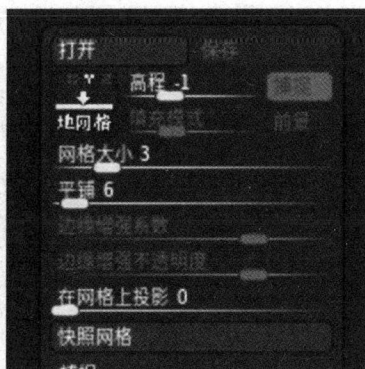

图 2-19

2.2.6 材质（Material）菜单

Material菜单下的Modifiers可调节matcap材质的显示效果。如果在modifiers子菜单底部显示2个材质球，则左边为A、右边为B。如果只有一个材质球，则所有含B的参数不起作用。Cavity detection通过表面起伏来区分两种材质，0完全显示A材质，1混合显示两种。Cavity transition确定哪种材质在凸面。0均匀混合两种材质，负值会使A材质在凸面。

IntensityA/B分别调整A、B材质亮度。

MonochromaticA/B值越大越灰。

DepthA/B绝对值越大高光区域越窄。

Colorize：当Col不为白色时，-1使平行于视线的部分呈现Col的颜色，1使垂直视线的部分呈现Col的颜色。

更换已有模型材质的方法：先选择flat Color材质，激活工具栏的M，在Color菜单下点击Fill Object，可清空当前物体的材质，然后就能更换其他材质了。

如果一个SubTool想赋予不同的材质，可先隐藏一部分，选择材质，激活工具栏中的M，在Color菜单下点击Fill Object，再显示隐藏的部分，更改材质。

用绘制的方式也可以更改部分物体的材质。

2.2.7 灯光（Light）菜单

ZBrush 灯光菜单

灯光菜单用于对场景中的模型进行布光，在ZBrush中灯光系统的布置和设置相对Maya、3ds Max等软件来说是比较简单的，因为在ZBrush中一般不能调节灯光在软件空间中精确的具体位置，但是同样能够设置多点布光的视觉效果。ZBrush中主要是通过灯光球来模拟灯光照射的视觉效果，灯光和材质、渲染这两个板块的内容是紧密结合的，以下是两点布光并渲染的实例。

步骤1：在场景中有一只事先制作好的小龙虾模型，现在要对这只小龙虾模型进行灯光的布置，并最终渲染。首先我们要在材质面板中为龙虾模型赋予 Standard Material 材质，因为在ZBrush中只有 Standard Material 材质才能被灯光影响。赋予材质以后打开灯光菜单的控制栏，如图2－20、图2－21、图2－22所示。

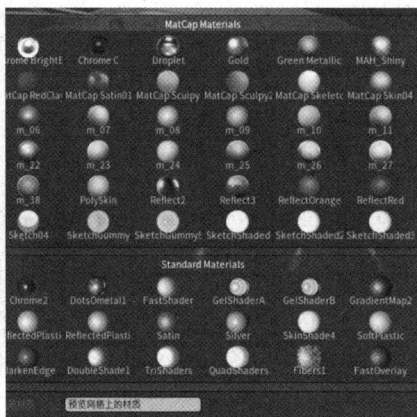
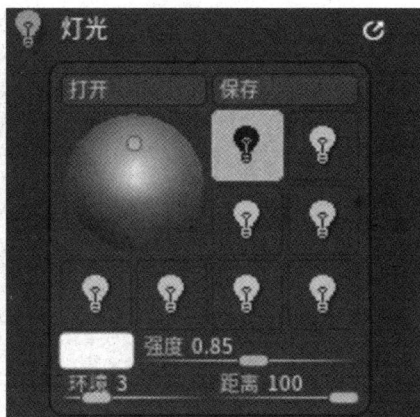

图 2—20　　　　　　　　　　　图 2—21　　　　　　　　　　　图 2—22

步骤2：ZBrush中灯光默认是照射在物体的正前上方，我们可以通过移动灯光球上的小点来改变灯光照射的角度，双击这个小点，就可以将灯光变成背后照射的效果，点击灯光颜色的色块处，选择一种橙黄色作为补光的色彩。如图2－23、图2－24、图2－25所示。

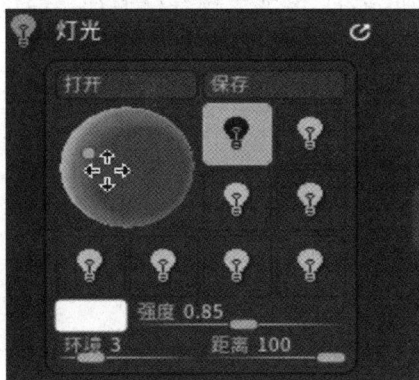
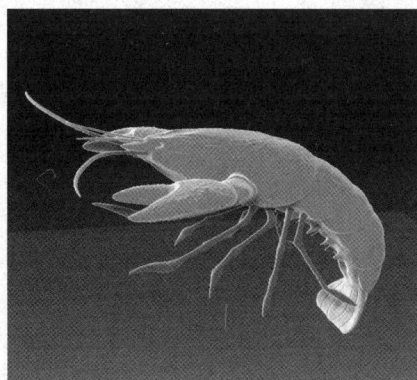
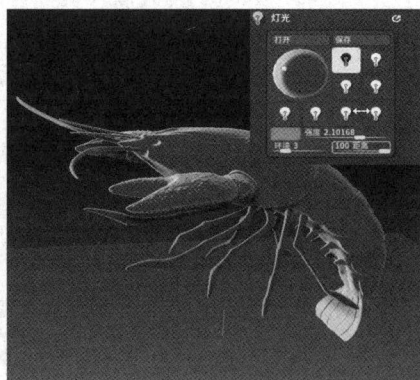

图 2—23　　　　　　　　　　　图 2—24　　　　　　　　　　　图 2—25

步骤3：点击灯光面板中的灯光图标，使灯光处于高亮的显示状态，为场景增加一盏灯光，将这盏灯的颜色设为蓝色。此时，在渲染面板中找到"BPR阴影"选项，将"角度"值调到46左右，并将"模糊"值调到3，然后点击界面上的BPR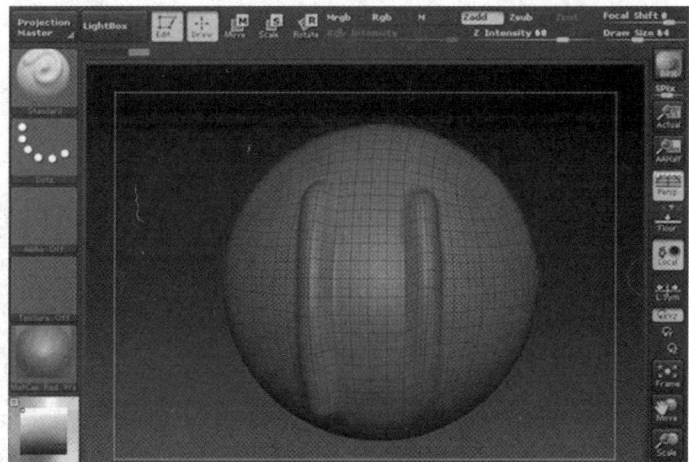渲染按钮，对场景进行渲染，就可以得到灯光柔和的画面渲染效果，如图2—26、图2—27、图2—28所示。

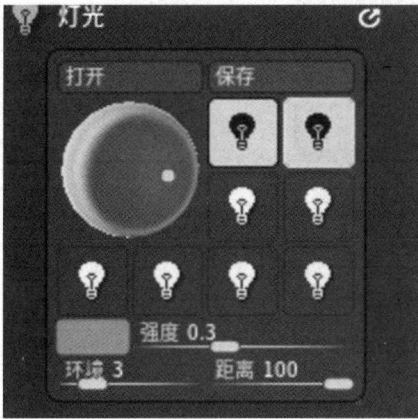

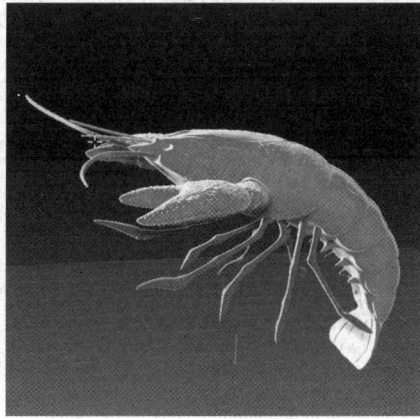

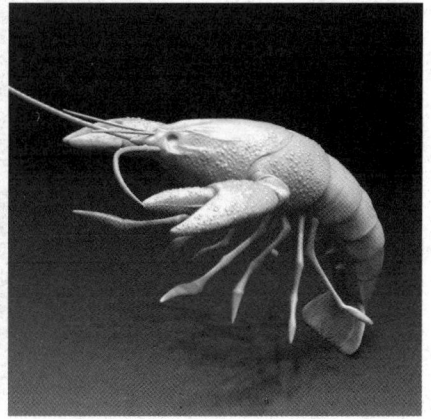

图 2—26　　　　　　　　　　图 2—27　　　　　　　　　　图 2—28

2.2.8　拾取（Picker）菜单

Picker菜单命令如图2—29所示。

Picker菜单功能是拾取颜色、笔刷方向、材质及Z强度等。在此主要来看一下"Once Ori"和"Cont Ori"工具，它们用来控制雕刻的方向。默认按钮是"Cont Ori"，在此状态下雕刻物体会根据三维模型的法线方向凸起。如果切换到"Once Ori"雕刻方向会以用户第一笔位置的方向进行雕刻突起，保持一个方向并且会改变模型的布线，如图2—30所示。

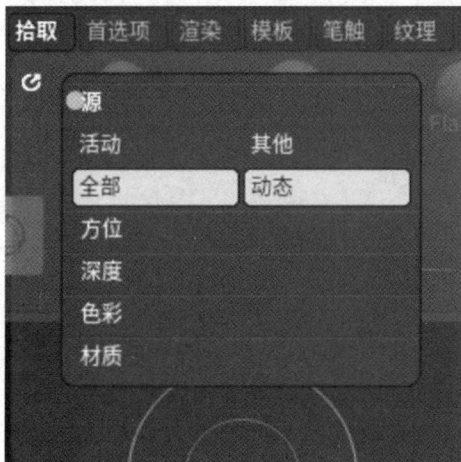

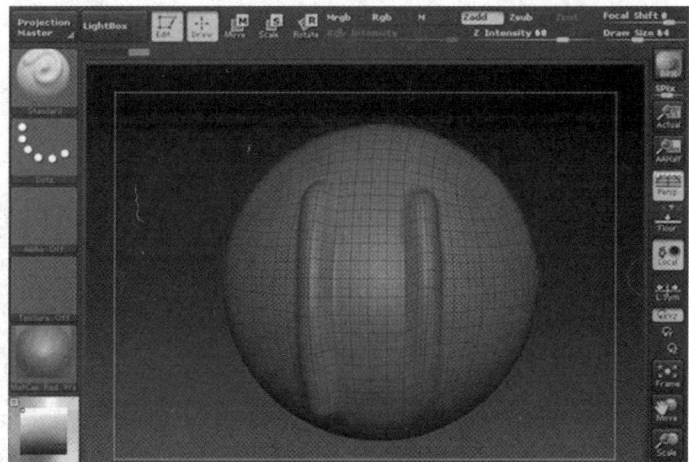

图 2—29　　　　　　　　　　　　　　图 2—30

2.2.9　笔触（Strock）菜单

Stroke（笔触）的一些参数功能，ZBrush中的笔触分为3D笔触和2.5D笔触，3D笔触可在视图中直接绘制，而2.5D笔触需要2.5D笔刷的配合才可以使用，如图2—31所示。

图 2—31

这里先对2.5D常用笔触的用法进行简单的介绍。

Line（直线分布）：在直线方向分布，如图2-32所示。

LineⅡ（直线分布Ⅱ）：在直线方向分布，分布方向是从两端向中间集聚，如图2-33所示。

图 2—32

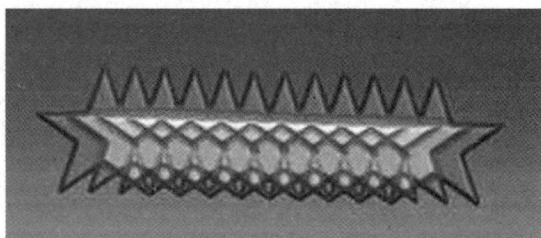

图 2—33

Grid（网格分布）：以矩阵网格方式分布，如图2-34所示。

Radial（圆形分布）：以圆形方式分布，如图2-35所示。

图 2—34

2—35

注意：2.5D笔刷不能直接用于3D模型，只有和映射大师配合才可以作用于3D模型。

2.2.10　工具（Tool）菜单

在ZBrush中，很多功能在顶部、左侧和右侧工具栏中都存在快捷方式。而Tool（工具）菜单是在工具栏中没有快捷方式的一个菜单，是一个复杂的菜单栏，需要深入了解。

首次打开ZBrush时会看到菜单右托盘上第一个菜单就是Tool（工具）菜单。单击Tool（工具）菜单下的S形的按钮，会出现3个项目栏：Quick Pick（快速拾取）、3D Meshes（3D网格）、2.5D Brushes（2.5D笔刷），如图2-36所示。

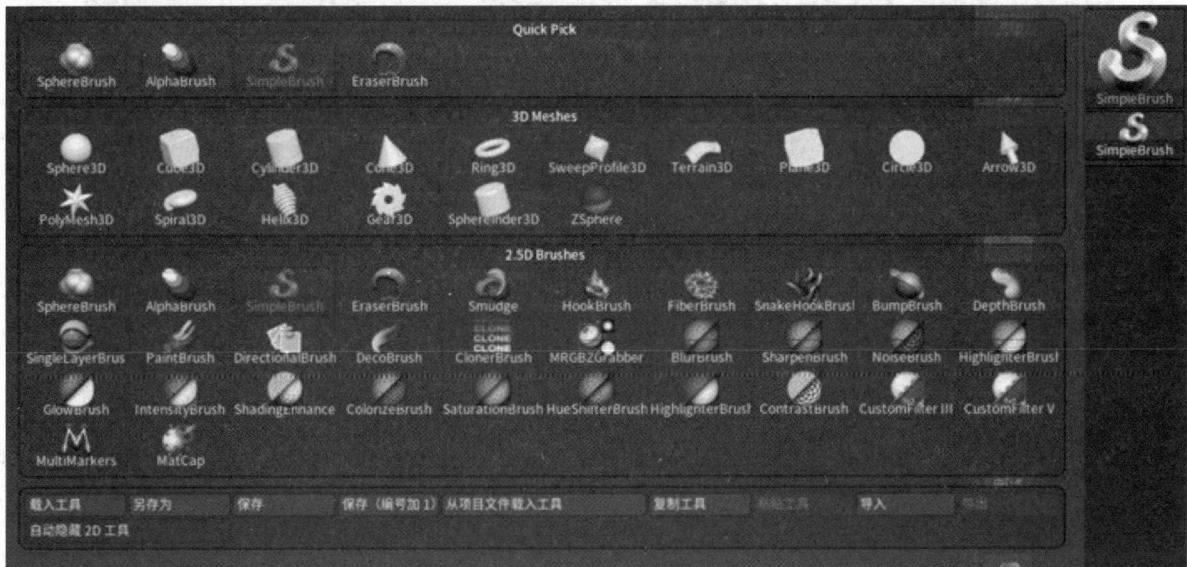

图 2—36

Quick Pick（快速拾取）：提供了曾使用和正在使用的模型，可以从该栏快速选择。

3D Meshes（3D网格）：提供了16种3D网格物体（标准几何体）。除了ZSphere工具不同外，其他的模型用法都相同，只是造型、属性和形状不同而已。

2.2.11　变换（Transform）菜单

ZBrush软件中的Transform菜单为物体提供了强大的编辑功能，本书简单介绍Transform菜单中比较重要的选项。

ZBrush 材质菜单

ZBrush 首选项菜单

ZBrush 渲染菜单

照相机（Snapshot）（快捷键Shift＋S）：在原地复制物体（不能再编辑）。如图2-37所示。

对称：Transform（变换）菜单中，激活Activate Symmetry（激活对称性）按钮，按下＞X＜、＞Y＜、

>Z<，即可进行相应轴向上的镜像操作，如果>M<没按下，那操作会是在同一方向上。当然用户也可以同时按下>X<、>Y<、>Z<键，那么它们所表示的轴向就比较复杂了，所以用户可以根据需求适当开启。如图2－38、图2－39所示。

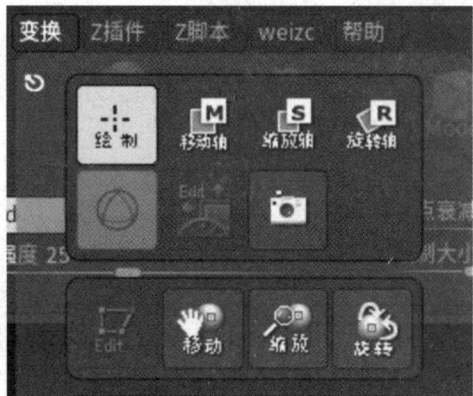

图 2—37

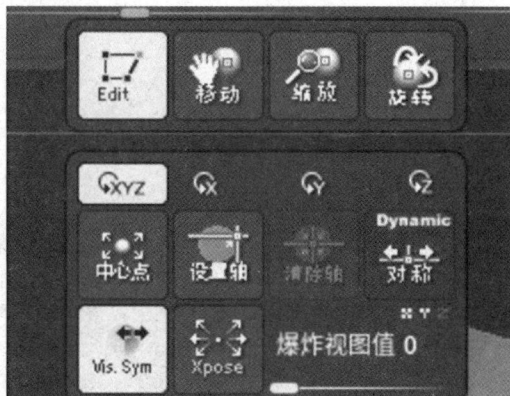

图 2—38

图 2—39

按下R按钮，以圆心辐射，>X<、>Y<、>Z<选择辐射轴向，RadialCount表示辐射笔刷的个数。

Use Posable Symmetry可以根据模型的拓扑来对称，即使模型改变了姿势也可以对称编辑。如图2－40所示。

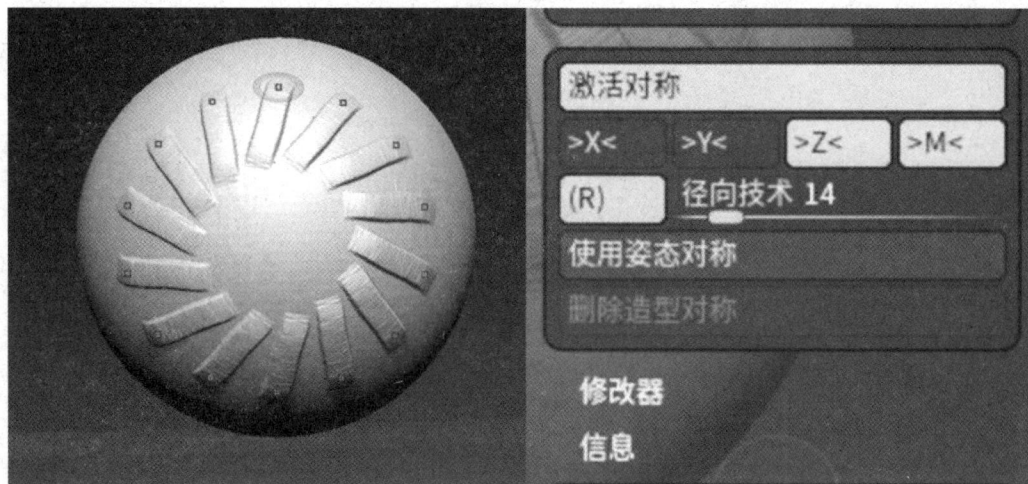

图 2—40

2.3　ZBrush 的常用快捷键

ZBrush 是一款 3D 图形绘制软件，功能十分强大，且比较复杂，除了菜单栏功能按钮，ZBrush 还提供了一系列快捷键与鼠标操作，熟练掌握 ZBrush 快捷键与鼠标操作，可以帮助用户大大节省图形创作时间。下面是快捷键与鼠标操作的具体指令及其对应的作用。

基　础

工具（Tools）F1

笔刷（Brushes）F2

笔触（Strokes）F3

Alphas　F4

纹理（Textures）F5

材质（Materials）F6

工具菜单　shift + F1

笔刷菜单　shift + F2

笔触菜单　shift + F3

Alpha 菜单　shift + F4

纹理菜单　shift + F5

材质菜单　shift + F6

显示快捷菜单（Show QuickMenu）空格

显示、隐藏浮动面板（Show/hide floating palettes）Tab

映射大师（Projection Master）G

ZMapper　Ctrl + G

填充层（Fill Layer）Ctrl + F

打开文件（Open Document）Ctrl + O

保存文件（Save Document）Ctrl + S

笔刷大小（Draw Size）S

焦点调节（Focal Shift）O

色彩强度（RGB Intensity）I

Z 强度（Z Intensity）U

透视视图（Perspective）P

笔刷大小增加 10 单位（Increase Draw Size by 10 units）]

笔刷大小减少 10 单位（Decrease Draw Size by 10 units）[

撤销（Undo）Ctrl + Z

重做（Redo）Shift + Ctrl + Z

清理图层（Clear Layer）Ctrl + N

填充图层（Fill Layer）Ctrl + F

烘焙图层（Bake Layer）Ctrl + B

放置标记（Place Marker）M

移除标记（Remove Marker）Ctrl + M

渲染所有（Render All）Shift + Ctrl + R

鼠标指针选择渲染（Cursor Selective Render）Ctrl + R

开启模板（Stencil On）Alt + H

隐藏显示模板（Hide/Show Stencil）Ctrl + H

圆形控制器（Coin Controller）空格

纹理面板 Texture Palette

CropAndFill Shift + Ctrl + F

Grab Texture From Document Shift + Ctrl + G

工具面板 Tool Palette

存储工具（Save Tool）Shift + Ctrl + T

几何体 Geometry

细分（Divide）Ctrl + D

进入低一级分辨率（Lower Res）Shift + D

进入高一级分辨率（Higher Res）D

边缘加环（Edge Loop）Ctrl + E（需要隐藏部分网格）

切入、出 HD 雕刻模式 Toggle in/out of HD Sculpting mode

A（鼠标指针放在网格物体上）

遮罩（Masking）

查看、隐藏遮罩（View Mask）Ctrl + H

反选遮罩（Invert Mask）Ctrl + I

清除遮罩（Clear Mask）Shift + Ctrl + A

遮罩所有（Mask All）Ctrl + A

Z球（ZSpheres）

预览适应的皮肤（Preview Adaptive Skin）A

激活对称（Activate Symmetry）X

绘制指示器（Draw Pointer）Q

移动（Move）W

缩放（Scale）E

旋转（Rotate）R

编辑（Edit）T

网格物体居中（Center mesh in canvas）F

显示多边形网格结构（Draw Polyframe）Shift + F

套索选择模式（Lasso selection mode）Ctrl + Shift + M

缩放面板（Zoom Palette 实际大小 Actual Size）0（数字零）

抗锯齿一半大小（Antialiased Half Size）Ctrl + 0

放大（Zoom In）'＋'（加号）

缩小（Zoom Ou）'－'（减号）

2.4　ZBrush 的基本操作和方法

2.4.1　视图的操作和物体的移动、旋转、缩放

ZBrush 是一款三维的软件，要使用三维软件，就要对场景视图中的物体进行观察，需要对物体进行环绕的观察，平移视图和缩放视图中物体呈现的大小等基本操作。这些操作是任何一款三维软件都必须具备的基本视图操作。ZBrush 的视图操作与主流的三维软件有很大的差别，这主要是由雕塑制作过程中需要频繁地变换雕刻位置所决定的。在 ZBrush 中，我们只要在视图中模型边的空白区域按住鼠标左键拖拽就可以对模型进行环绕的观察，对应于视图面板中的🔄旋转按钮；如果按住 Alt 键，再按住鼠标左键在视图中的空

ZBrush 坐标的操作

白区域拖拽，就可以对视图中的模型进行视图平移的操作，对应于视图面板中的▣移动按钮；如果按住 Alt 键，再按住鼠标左键在视图的空白区域点击，此时松开 Alt 键，就可以对模型进行视图中的缩放操作。

在 ZBrush 的早期版本中，原来的物体移动、旋转和缩放操作手柄比较复杂，需要使用特殊的操作手柄。在 ZBrush 2019 及之后的版本，对模型的位移、旋转、缩放手柄进行了优化，采用了目前主流的 X、Y、Z 操纵手柄，大大地方便了用户的操作。下面的场景是带有多个子工具的一个模型，当选择其中的一个子工具，并激活移动轴🔳、缩放轴🔳、旋转轴🔳 中任意的一个键，就会出现操纵手柄，这个手柄已经集成了移动、旋转和缩放三种功能。在激活操纵手柄之后会出现一串⚙✈📍🏠↻🔒← 图标。📌 代表黏性模式，📍 代表定位到未遮罩模型网格的中心位置，🏠 代表定位到文件原始的中心点位置，↻ 代表将已经旋转方向的坐标重新定位为原始的 X、Y、Z 方向，🔒 状态代表坐标轴已锁定，此时移动或旋转坐标轴就会移动和旋转模型物体，而🔓 状态代表坐标轴未锁定，此时可以移动或旋转坐标到相应的位置和方向。← 状态代表只对被选中的子对象进行位移、旋转、缩放，🔳 状态代表可以对所有的子工具进行位移、旋转和缩放的操作。如图 2－41、图 2－42、图 2－43所示。

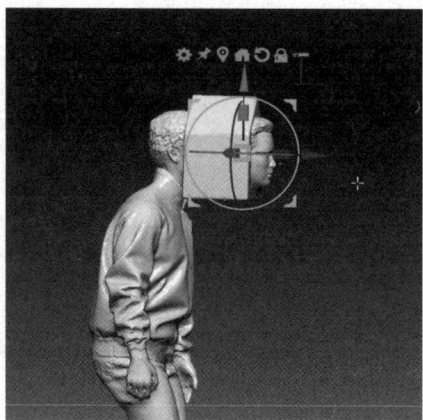

图 2—41

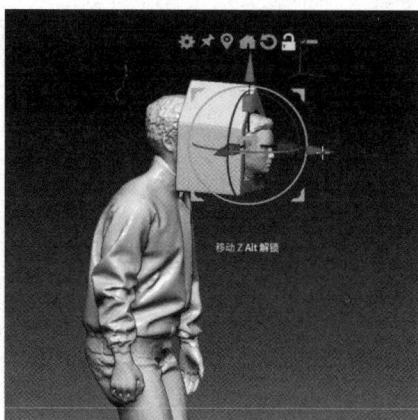

图 2—42

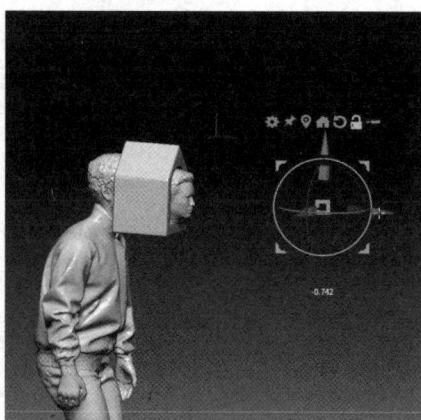

图 2—43

2.4.2　遮罩

ZBrush 遮罩与提取

　　遮罩是 ZBrush 建模中的一个重要概念，用户可以利用遮罩来限定模型中需要改变形态的位置和范围，改变模型的动态，提取模型中的结构等。

　　实例1：在场景中有一个羚羊的造型，在▣编辑状态下，按住 Ctrl 键，在默认状态下会激活 MaskPen▣模式，可以在模型的表面直接涂刷遮罩。涂刷出的遮罩是深灰色的，凡是被遮罩的区域形状不能被改变，未被遮罩的区域不受影响，如图2－44、图2－45、图2－46所示。

图 2—44

图 2—45

图 2—46

　　实例2：在羚羊造型没有遮罩的情况下，使用绘制遮罩的工具将羚羊的右前腿绘制上遮罩，然后按住 Ctrl 键在场景的空白处点击，将羚羊的全身遮罩，只让右前腿保持可编辑状态。点击旋转▣按钮，对模型的右腿进行旋转操作，使羚羊的腿部姿势符合运动的效果。我们可以使用遮罩的方法来进行模型动态的摆放和制作。如图2－47、图2－48、图2－49所示。

　　实例3：在没有遮罩的羚羊模型上，按住 Ctrl 键，绘制出一个封闭的曲线范围，然后在"工具一遮罩一屏蔽区域"菜单中点击"自动处理区域"按钮，这样就会将绘制的封闭区域填充上遮罩颜色。在"自动处理区域"按钮的右侧还有"分析区域"按钮，在绘制好封闭的遮罩曲线之后还可以点击"分析区域"，然后在要填充的遮罩内点一下，再点击"填充区域"，就可以对特定区域进行遮罩的填充。如图2—
50、图2—51、图2—52所示。

图2—47

图2—48

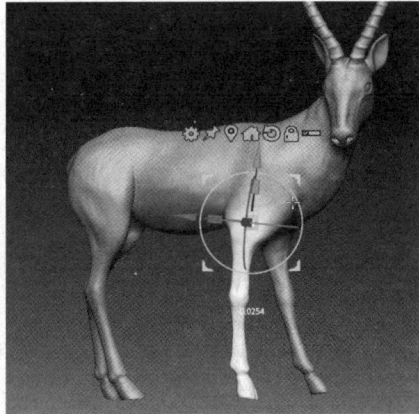

图2—49

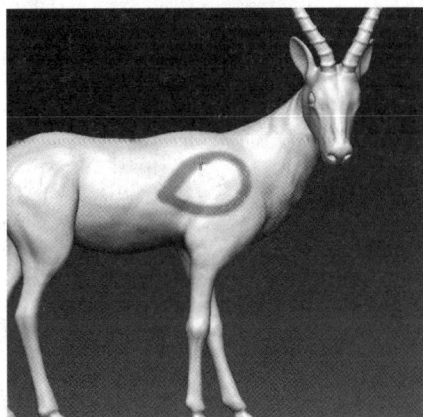

图2—50

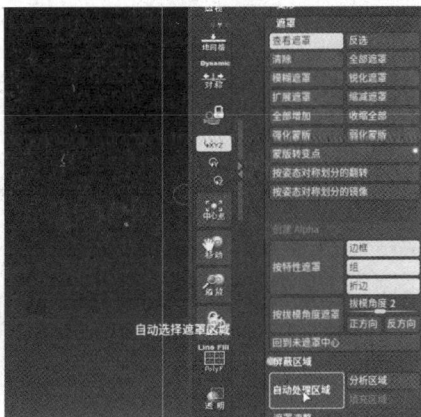

图2—51

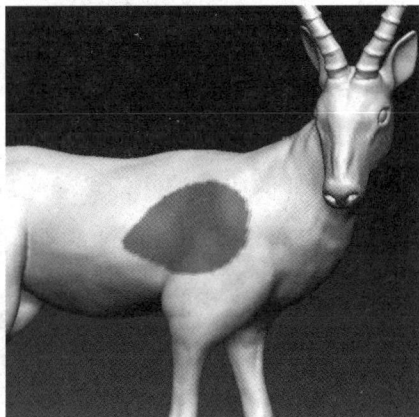

图2—52

实例4：在 编辑状态下，按住Ctrl键，点击界面上的Brush图标，从弹出的菜单栏中选择
MaskCircle 按钮，在羚羊模型上拖拽，就可以产生一个圆形的遮罩，此工具不但能绘画出正圆，还可
绘画椭圆。如图2—53、图2—54所示。

图2—53

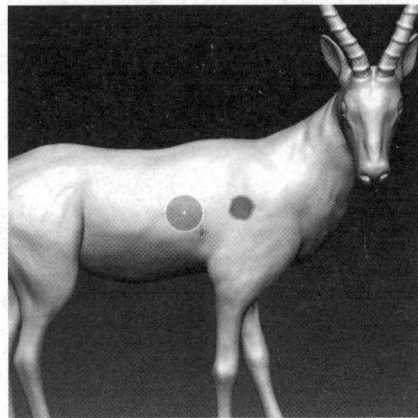

图2—54

实例5：在 编辑状态下，按住 Ctrl 键，点击界面上的 Brush 图标，从弹出的菜单栏中选择 MaskCurve 按钮，在场景中拖拽，可以产生一条一侧带有暗影的线，结束拖拽后，线的一侧就会产生 遮罩。这是用画矢量线的方式来确定遮罩的范围。如图2—55、图2—56、图2—57所示。

图 2—55　　　　　　　　　　图 2—56　　　　　　　　　　图 2—57

实例6：在 编辑状态下，按住 Ctrl 键，点击界面上的 Brush 图标，从弹出的菜单栏中选择 MaskCurvePen 按钮，使用此工具时，模型的表面会绘画出一个线状的笔痕，当结束绘制时并没有产 生遮罩。此时仍然按住 Ctrl 键，在线状的笔痕上拖动，就会依据拖动时间的长短在笔痕上产生线条状的遮 罩线。如图2—58、图2—59所示。

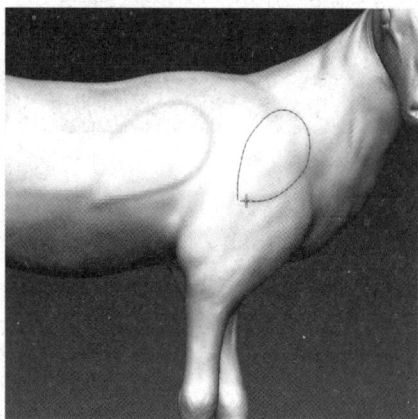
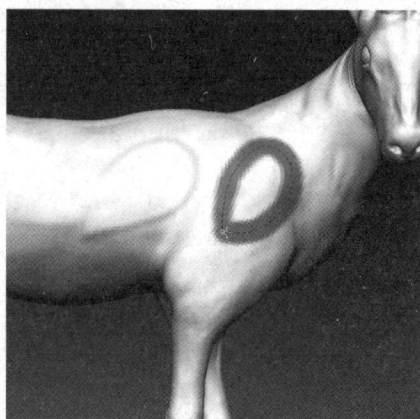

图 2—58　　　　　　　　　　　　　　　图 2—59

实例7：在 编辑状态下，按住 Ctrl 键，点击界面上的 Brush 图标，从弹出的菜单栏中选择 MaskExtrudePro 按钮，在模型上进行绘制，此时笔刷的 Stroke 笔触为圆形，会产生圆形遮罩，当结束 绘制时会出现一个以这个遮罩范围形成的带有厚度的圆形挤压模型，这个模型不贴合于羚羊身体表面的 结构。如图2—60、图2—61、图2—62所示。

实例8：在 编辑状态下，按住 Ctrl 键，点击界面上的 Brush 图标，从弹出的菜单栏中选择 MaskProject 按钮，在模型上进行绘制，此时笔刷的 Stroke 笔触为 Lasso 模式，当结束绘制时会出现一 个以这个遮罩范围形成的带有厚度的不规则挤压模型，这个模型会贴合于羚羊的身体表面结构。如图2— 63、图2—64、图2—65所示。

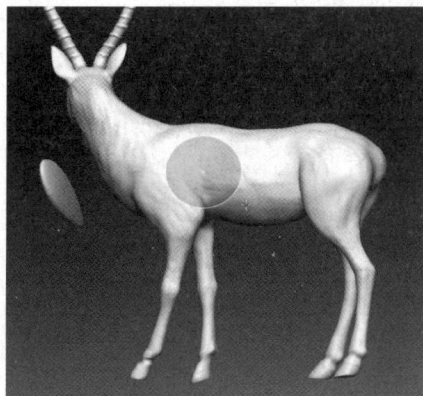
图 2—60

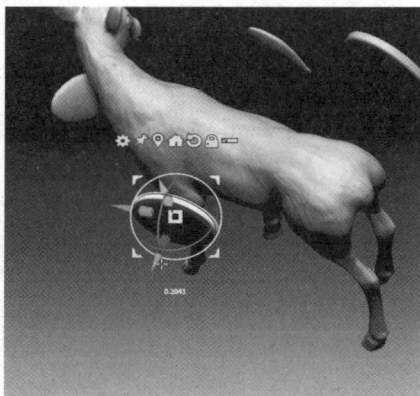
图 2—61

图 2—62

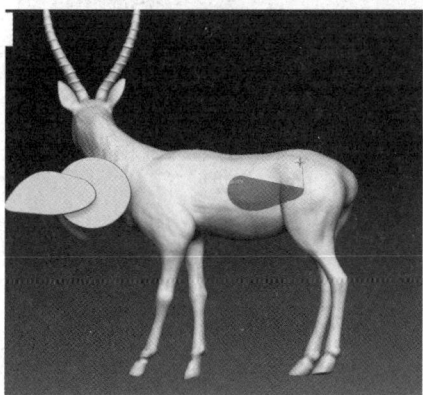
图 2—63

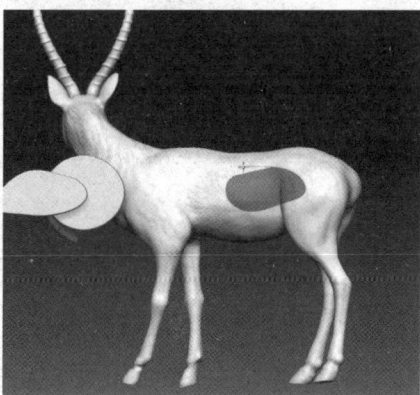
图 2—64

图 2—65

2.4.3　模型面的隐藏与显示

实例1：在场景中有一个古代龙雕塑的造型，按住键盘上的Ctrl＋Shift键，此时鼠标是框选▣模式，模型显示和隐藏的功能被激活，当使用鼠标在场景中框选时，出现绿色矩形框。当释放鼠标左键，被绿色矩形框框选的部分就被单独显示出来，未被框选的部分隐藏。再按住键盘上的Ctrl＋Shift＋Alt键，使用鼠标左键拖拽框选，出现红色矩形框，当释放鼠标左键，则在这个红色矩形框当中的模型被隐藏，如图2—66、图2—67、图2—68所示。

ZBrush 显示与隐藏

图 2—66

图 2—67

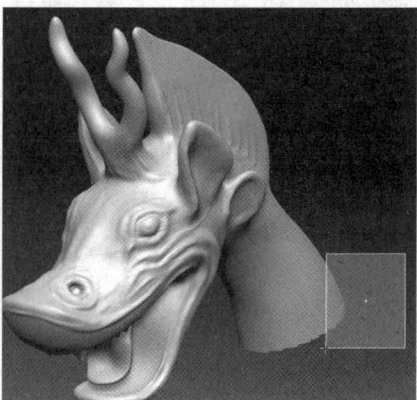
图 2—68

实例2：当完成隐藏之后，场景中只有龙雕塑的头部，此时按住键盘上的Ctrl+Shift键，在视图的空白区域再次拖拽，产生绿色框选范围，此时释放鼠标，模型原来被隐藏的部分被显示反选，原来的头部被隐藏显示。再次按住键盘上的Ctrl+Shift键，点击场景的空白处，隐藏取消，模型全部显示，如图2—69、图2—70、图2—71所示。

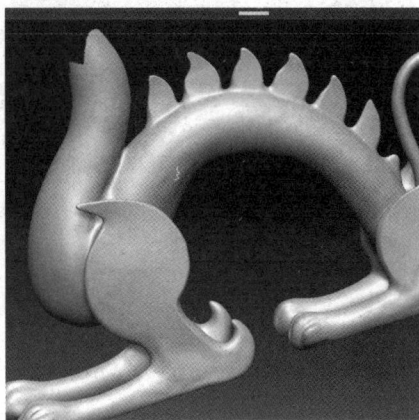

图 2—69   图 2—70   图 2—71

实例3：按住键盘上的Ctrl+Shift键，从弹出的面板中选择套索 模式，模型显示和隐藏的功能被激活，使用鼠标左键在视图中拖拽，就会出现绿色的选择区域。当释放鼠标左键，被绿色套索覆盖的区域就保留在视图场景中。再按住键盘上的Ctrl+Shift+Alt键，使用鼠标左键拖拽套索选择，出现红色的套索范围，当释放鼠标左键，红色套索范围内的模型将被隐藏，如图2—72、图2—73、图2—74所示。

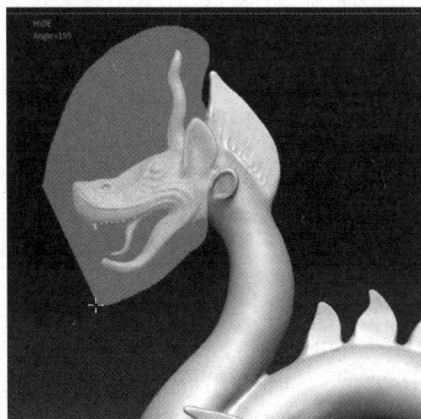

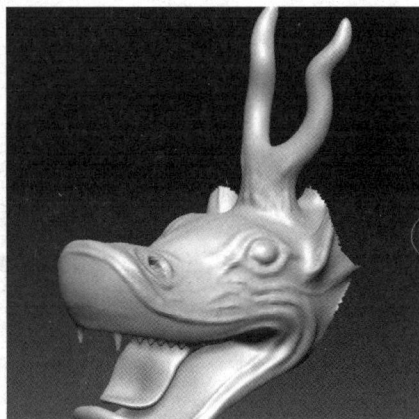

图 2—72   图 2—73   图 2—74

3

第3章　儿童人物头部雕刻

3.1　儿童头部基础模型塑造

3.1.1　儿童面部基础模型三庭五眼

三庭：下巴到鼻底，鼻底到眉尖，眉间到发髻；五眼：正面看，一个眼睛长度为单位，脸的宽度是五个眼睛，眼睛在头的长度的中间；这是标准的比例，但每个人都不一样，所以三庭五眼可以做一个测量的大概尺度。

三庭五眼是人的脸长与脸宽的一般标准比例。眼睛的宽度，应为同一水平脸部宽度的3/10；下巴长度应为脸长的1/5；眼球中心到眉毛底部的距离，应为脸长的1/10；眼球应为脸长的1/14；鼻子的表面积，要小于脸部总面积的5/100；理想嘴巴宽度应为同一水平脸部宽度的1/2，如图3－1、图3－2所示。

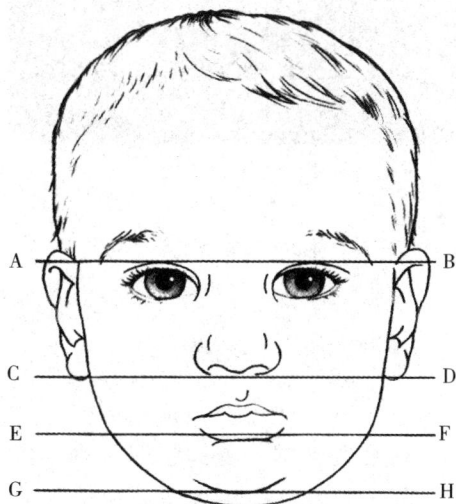

图 3－1

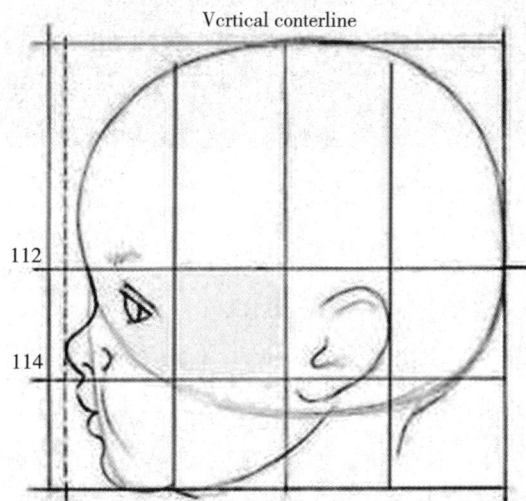

图 3－2

3.1.2 儿童面部基础模型

此次的制作项目将从一个最基础的ZBrush基本球体开始雕刻，这种雕刻方法也是最接近于真实情况下用黏土堆积一个造型的方式。ZBrush4R8之后，软件增加了Dynamesh的功能，Dynamesh的功能非常强大，它使用计算机算法将任何拉伸的网格和两个接近的网格物体进行新的布线，可以让用户自由地进行各种形状的组合和焊接，故ZBrush软件的制作过程更加接近于真实世界中的黏土雕刻。本次案例就将为同学们展示这一功能——从一个基本球体进行雕刻直到变成一个儿童人物的造型。

步骤1：启动ZBrush软件，在Tool工具中选择一个Sphere3D的球体模型，在画面中按住鼠标左键拖拽，即创建一个球体模型，如图3-3、图3-4所示。

儿童头像雕塑 1

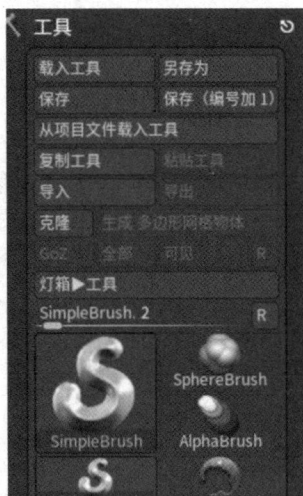

图 3—3

图 3—4

步骤2：单击顶部工具架上的 Edit（编辑）按钮，使刚才在画面中拖拽出来的球体模型处于可编辑的状态。

步骤3：单击"Tool—Make Poly Mesh3D"（工具—生产多边形网格物体）命令，将刚才创建的参数化的圆球转换为可编辑的多边形。

步骤4：按下键盘上的X键，这样就可以打开左右对称，当改变模型X轴一侧的造型，另一侧也会发生完全对称的改变，这在制作对称性的模型时十分有用。在自然界几乎所有的动物造型都基本遵循对称性的规律，所以一般做人物或动物的造型时都要在最初阶段打开X轴向上的左右对称。

步骤5：将笔刷的绘制大小调大，使用Move Topological Popup＋T笔刷■对圆球进行大范围的修改，在最初调节大型的时候建议将Move Topological Popup＋T笔刷的半径开大，后期再根据所要调节修改的内容酌情调整笔刷半径的大小。在这里我们使用了Move Topological Popup＋T笔刷，其实在ZBrush中还有一个Move笔刷，其功能与Move Topological Popup＋T笔刷的差不多，只是Move Topological Popup＋T笔刷更适合对复杂的、距离较为接近的网格进行推移的操作，这里大家可以分别尝试一下Move笔刷和Move Topological Popup＋T笔刷的细微区别。

步骤6：当我们使用移动笔刷确定了头像的下巴的位置之后，下一步就要给模型添加一个脖子，有了脖子的参照，我们就能够对头部的方向和位置有一个基本的参照。在这里要选择Standard（普通）笔刷■，按住Ctrl键在下巴的后部刷出黑色的遮罩，这个黑色遮罩的范围就是后面将要拉出的人物脖子的范围。刷好遮罩后，再按着Ctrl键用鼠标左键单击一下画布的空白处，这样遮罩就被反选了，原来黑色的区域就变成白色，这个白色区域就是可以被雕刻修改的区域，此时再次将笔刷半径调大，使用Move Topological Popup＋T笔刷对白色的区域进行整体的移动，为模型拉出脖子的基本造型，如图3－5、图3－6、图3－7所示。

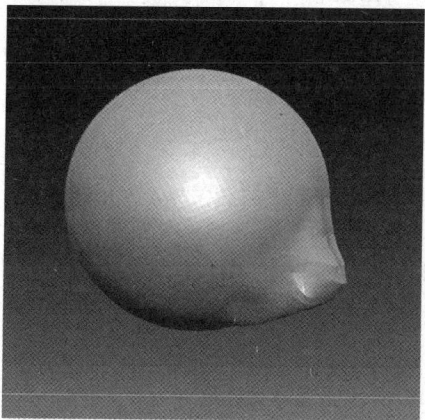  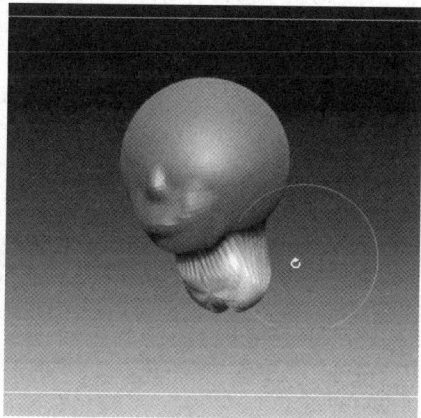

图3－5　　　　　　　　　　　图3－6　　　　　　　　　　　图3－7

步骤7：此时脖子的基本型已被拉出，大家会发现脖子部位的网格也产生了比较严重的拉伸，如果想雕刻模型脖子上的细节结构，明显网格段数不够，这时就要进行Dynamesh的操作。在右侧的工具托盘中找到"工具—几何体编组—Dynamesh"选项卡，在进行Dynamesh操作时我们一般不需要更改它的其他设置，主要更改的就是分辨率的数值，这个数值默认为128，Dynamesh的操作是根据模型的大小和分辨率这两项来确定最后分布在模型上的网格数的。分辨率小的时候，模型的面数也会比较低，当模型很小时，Dynamesh操作后网格的密度会比较低，在分辨率一栏的后面有一个小白点，当用户点开这个小白点时，模型进行Dynamesh操作后的分辨率不再受模型大小的影响，而只是受分辨率数值的影响。在这里我们将分辨率设为80来进行Dynamesh操作。操作执行后，软件会计算并重新为模型布上一层比较均匀的多边形网格。由于拖拽脖子而产生的模型拉伸问题得到了很好的解决，我们就可以继续进行更深入的雕刻了。如图3－8、图3－9所示。

步骤8：确定好脖子的造型后，我们要继续大刀阔斧地调整模型的外观造型，首先还是使用Move Topological Popup＋T笔刷将原来的圆球形两侧往中间挤压，让模型产生头的立体感。因为从解剖学的观念来看，人的头部可以基本概括为一个立方体的大结构关系，这个大的体量关系之上会有眼窝、鼻梁、

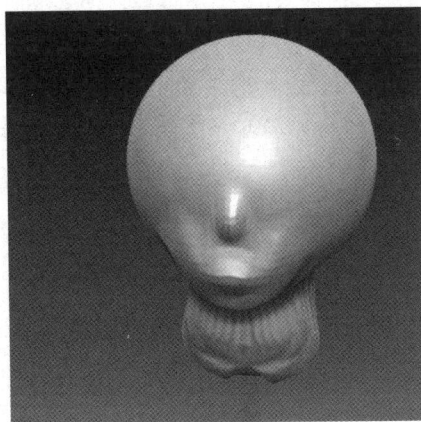

图 3—8

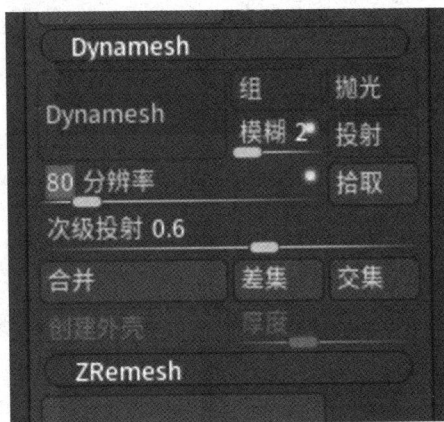

图 3—9

耳朵和嘴部的隆起这几个比较明显的结构，我们在塑造大型时也是要抓住这几个总的造型趋势来进行塑造。在这里我们使用Standard（普通）笔刷 ![Standard] 来拉出模型鼻子和耳朵的基本结构，并将模型嘴部隆起的状态表达出来，在这里的关键点是要注意笔刷的大小和力度，我们可以使用视图顶部的绘制大小滑块来调节笔刷的大小，更改Z强度的值来确定笔刷画过的地方范围的大小和凸起、凹陷的强弱。在ZBrush里调节笔刷大小的快捷键是英文状态下的"［"和"］"键。在完成上述结构后继续用Move Topological Popup＋T笔刷 ![icon] 为模型拉出一些胸部的造型，这样可以让这个雕像具有一定的完整性，如图3－10、图3－11、图3－12所示。

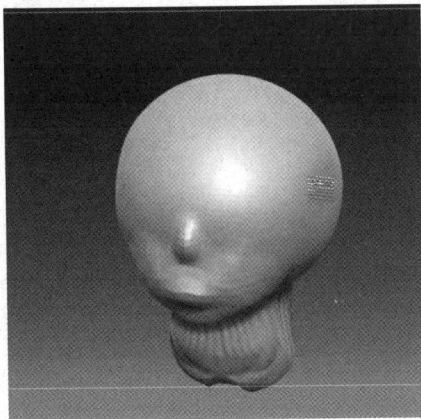

图 3—10

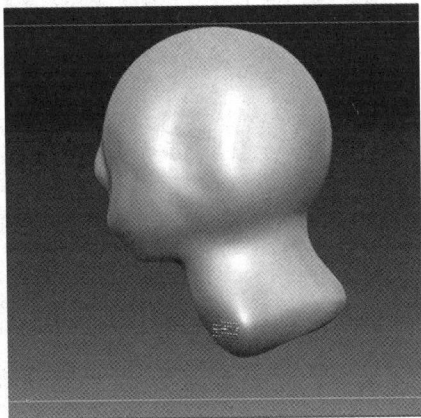

图 3—11

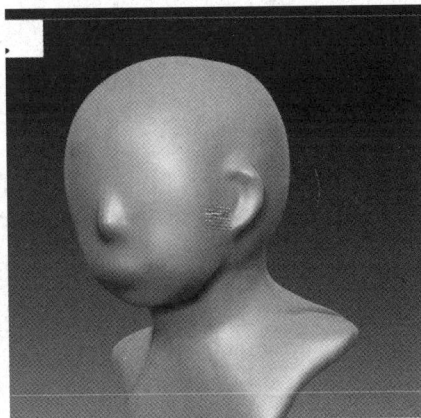

图 3—12

步骤9：此时我们已经基本完成了模型基础造型的搭建工作，画面上基本产生了一个儿童头胸造型的雏形。在后面的雕刻中我们要不断从多角度来观察和修整这个模型的大结构，让它逐渐接近我们所要雕刻的人物造型。使用Standard（普通）笔刷 ![icon] 按住键盘上的Alt键在嘴部画出凹陷下去的嘴唇缝隙的结构，再使用Standard（普通）笔刷将笔刷大小调到眼窝的大小，按住Alt键在模型上画出凹陷的眼窝结构，在画眼窝结构时最好是一次性完成，这样能保证模型结构的流畅度，并再次用Standard（普通）笔刷将笔刷大小调到眼球大小的范围，尽量一次性地拉出眼球的范围。以此方法来塑造鼻子的形体，并配合键盘上的Alt键画出人物的鼻孔造型。在这里要注意鼻孔的结构不是一个正圆形而是一种接近三角形的画面效果，如图3—13、图3—14、图3—15所示。

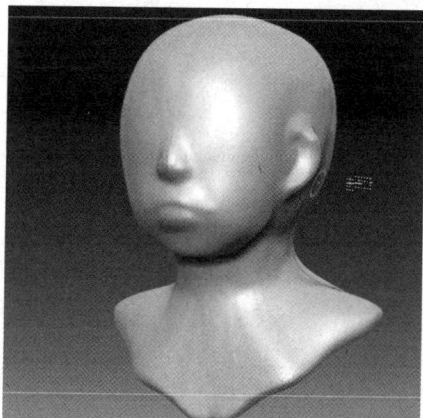 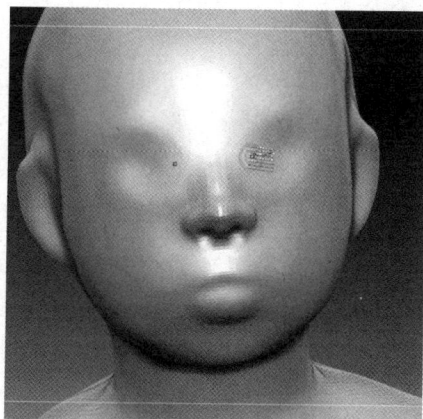 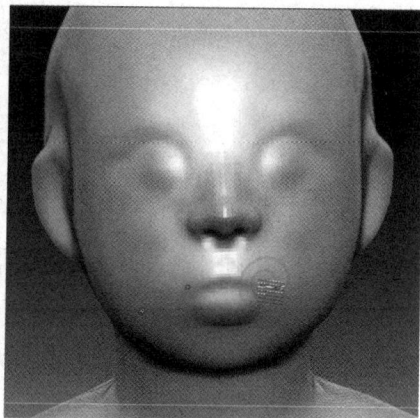

图 3—13　　　　　　　　　　　图 3—14　　　　　　　　　　　图 3—15

步骤10：此时我们已经基本刻画出五官的基本轮廓，下一步就要对面部的各个五官进行更深一步的制作，此时我们还是要进一步地修整人物模型头部的基本型。在我们的美术基础训练中，对于局部五官的刻画大家还是有一定的心得，但往往会忽视对头型的塑造，这样会导致造型的立体感不强，结构不到位，人物不像等情况。

步骤11：雕刻耳朵，在前期雕刻耳朵的时候，我们还没有考虑到耳朵后面的结构，此时我们要对耳朵后面被一起拉出的多余的形状进行凹陷处理，这个操作主要是使用Standard（普通）笔刷配合Alt键向内挤压，并配合Move笔刷做移动操作。在操作完成后我们会看到耳朵后面的结构起伏较大，此时可以按住键盘上的Shift键配合目前操作的笔刷，此时笔刷变成了Smooth笔刷，我们可以对耳朵背后凹凸不平的表面进行Smooth（平滑）操作。Smooth笔刷是ZBrush雕刻中十分常用的一个笔刷，有的时候我们平时雕刻的操作中，基本上是先雕出强烈的结构，之后紧接着就进行Smooth（平滑）操作。

步骤12：在完成耳朵后面的结构调整之后，我们要再次对模型进行Dynamesh操作，让模型表面的网格布线趋于合理。在完成Dynamesh操作之后我们还要使用"Tool—几何体编组—ZRemesher"命令，在这里打开ZRemesherde选项卡，将目标多边形数设为：4，这里的4就代表重新布线后模型的表面大约有4000个面，这样的面数比较方便修改模型整体，也可以在其他软件中进行分UV的操作，如果面数过多，那么模型分UV的操作将变得非常困难。如图3—16、图3—17、图3—18所示。

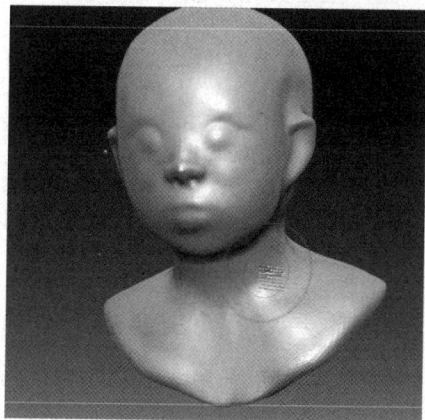 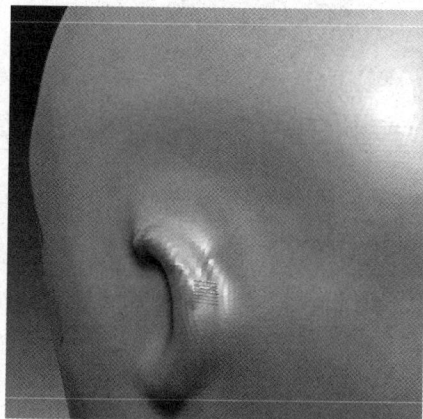 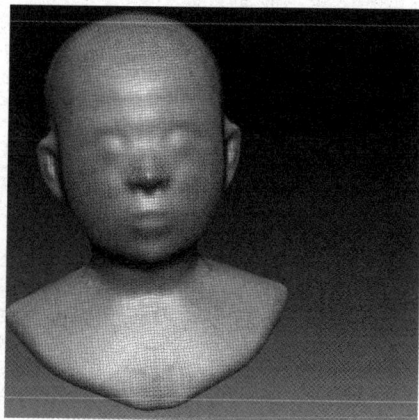

图 3—16　　　　　　　　　　　图 3—17　　　　　　　　　　　图 3—18

3.2　儿童面部五官塑造

步骤13：在这一步，我们通过对模型重新布线，并再次使用Move Topological Popup＋T笔刷对人物模型的后脑勺进行位移的微调，让整个人物更符合骨骼的解剖学关系。

步骤14：使用Slash3笔刷  刻画人物上下唇之间的缝隙，Slash3笔刷可以刻画出清晰明了的向内凹陷的线条，我们一般可以用这个笔刷来拉出模型结构突出的凹陷部位，也可以用Slash3笔刷在模型上画线确定造型位置。如图3－19、图3－20所示。

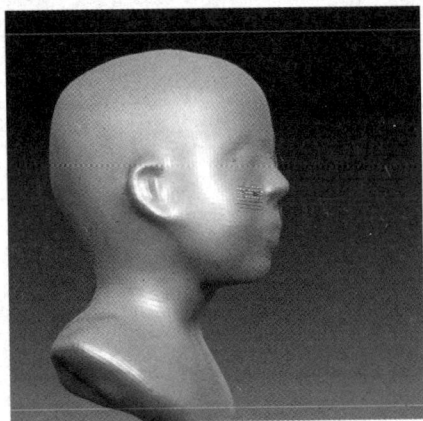
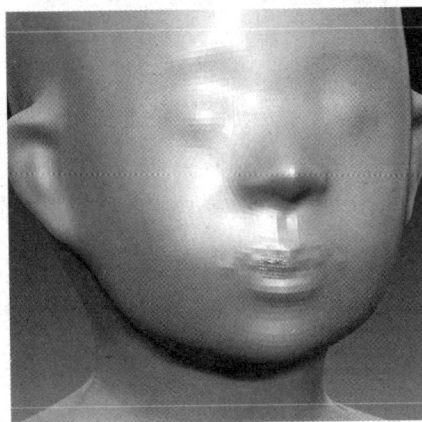

儿童头像雕塑2　　　　　　　　图 3－19　　　　　　　　　　　图 3－20

步骤15：使用Slash3笔刷、Smooth笔刷、Standard（普通）笔刷对人物模型的嘴部进行精雕，在雕刻的过程中要体会人物内部的上颌骨、下颌骨以及牙齿的内在状态，并注意保持住嘴部的弧度关系，注意上唇呈弓形特征，在雕刻的过程中注意塑造人中、唇结节等小结构。下嘴唇更加饱满，呈半圆形。在嘴部的边缘部分还有鼻唇沟和颏唇沟，这些在塑造时都要有所体现，如图3－21、图3－22、图3－23所示。

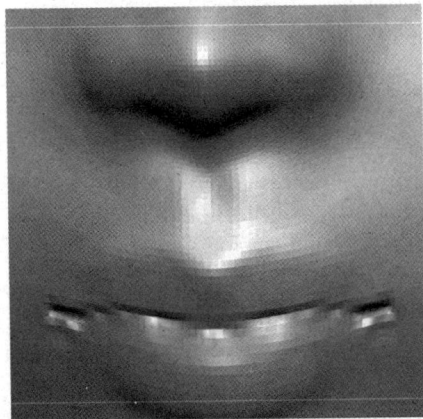
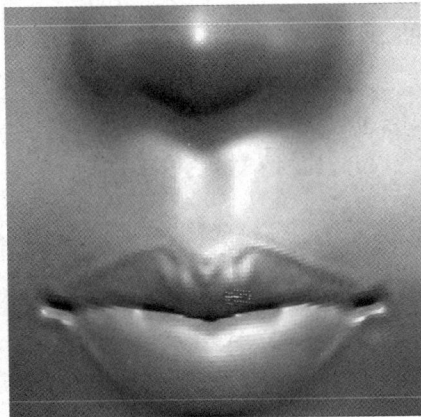
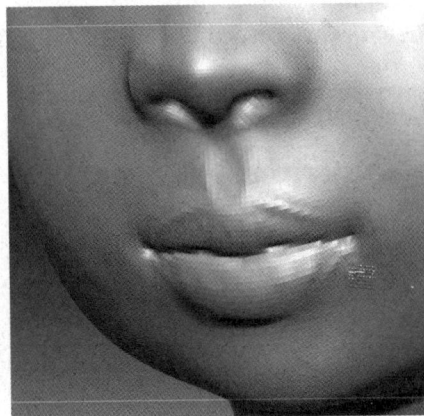

图 3－21　　　　　　　　　　图 3－22　　　　　　　　　　图 3－23

步骤16：雕刻眼睛，雕刻眼睛也是首先使用Slash3笔刷来确定上眼缘和下眼缘，这样就确定了眼部的基本形态。眼睛的雕刻要注意眼眶、眼球和眼睑这三部分，特别要注意这三者之间的关系，眼球在眼眶中，被上下眼睑所覆盖，眼缘内侧的相交处是内眼角，结构略圆，这里有泪腺（很多初学者都忽略了泪腺这个结构）。眼球的大部分被眼皮遮盖，但其球形的体积非常明显，所以建模的时候为了追求一种黏土雕塑的感觉就没有给模型额外添加眼球，而是和脸部作为一个整体来处理。这里我们采用了传统雕塑中处理眼球的方式——将黑眼球部分处理成凹陷下去的效果，在凹陷的中间用笔刷提出高光的突出部分，从视觉效果上来看这样比较接近黏土雕塑的视觉效果，如图3－24、图3－25、图3－26所示。

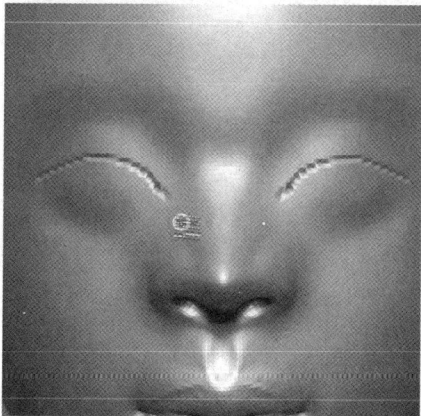 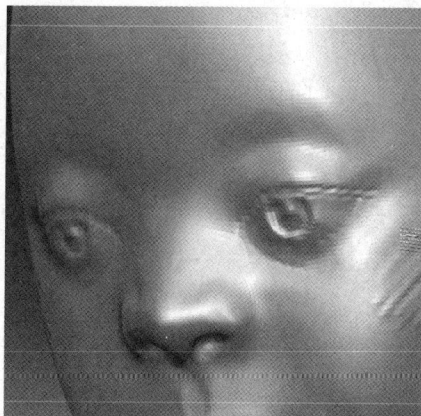 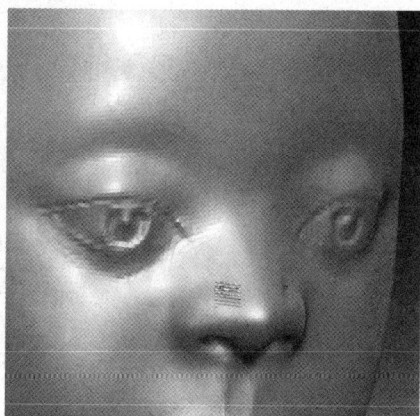

图 3—24　　　　　　　　　　　图 3—25　　　　　　　　　　　图 3—26

步骤17：雕刻耳朵的细节，前面我们只是用Standard（普通）笔刷和Move Topological Popup＋T笔刷将耳朵从模型的头部拉出一个大结构，在这里还需要继续塑造耳朵的细部造型。耳朵的外形结构大致可以分为耳屏、耳轮和耳垂几个部分，这些结构是有机自然地融合在一起的，所以在雕刻的时候应使用Standard（普通）笔刷按住Alt键将耳孔向内挤入。如图3－27、图3－28所示。

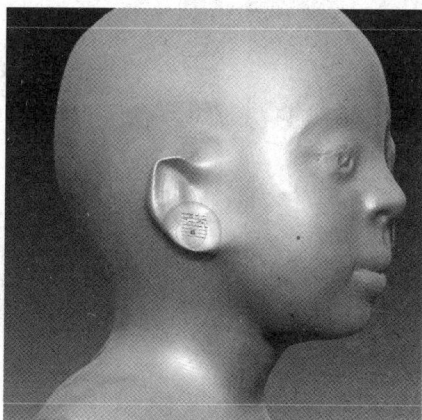 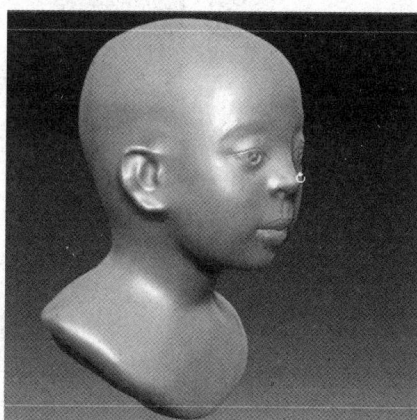

图 3—27　　　　　　　　　　　图 3—28

步骤18：此时人物的细节结构已经基本塑造了一遍，但细节还不够深入，我们可以为模型更换一种材质。点击视窗左侧的材质球，在弹出的材质选择中挑选SkinShade材质赋予模型，这个材质比较接近于人体皮肤的材质，我们将颜色也调节成肉色，这样在雕刻的时候就有很好的代入感。

儿童头像雕塑 3

步骤19：按住键盘的Alt键，将笔刷的绘制大小调小，为人物的眼球部分绘制遮罩，按住Alt键不松开，用鼠标左键单击视图的空白处，对遮罩进行反选，然后用Move Topological Popup＋T笔刷将眼球部分往内挤压，这样产生眼皮覆盖住了眼球的结构。

步骤20：使用Slash3笔刷时按住Alt键将画出比较锐利的突出线条，可以用这种线条来表现儿童眉毛的形态。在雕刻时要注意眉毛生长的一些规律，儿童的眉毛一般比较短而且淡，因此在这个模型的雕刻中不要刻意地画得太过强烈，如图3－29、图3－30、图3－31所示。

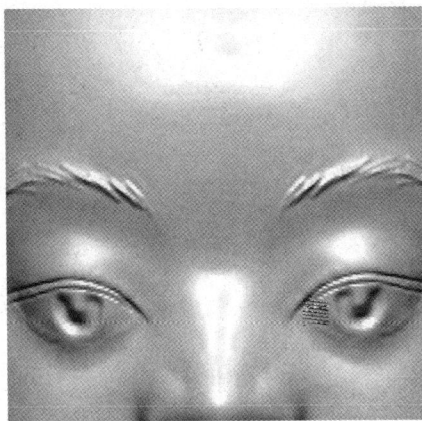
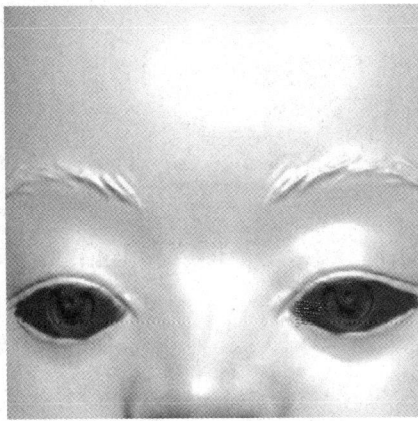
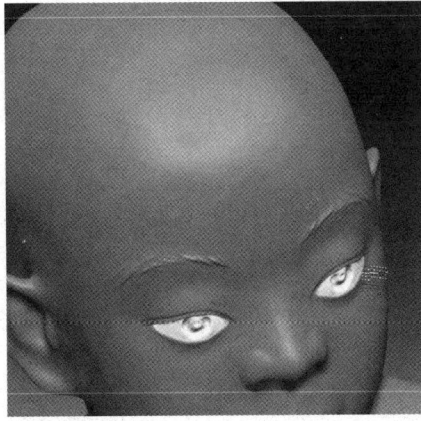

图3－29　　　　　　　　　图3－30　　　　　　　　　图3－31

步骤21：人物模型雕刻到这个时候就要注意尽量避免呆板，而是要尽量给所制作的模型人物注入一种精神上的活力，尽量传达人物此时的情绪状态。一般此时会关闭X轴的左右对称，这样在刻画时左右两边就会有细微的差别，人物就不会显得数码味太浓，如图3－32、图3－33、图3－34所示。

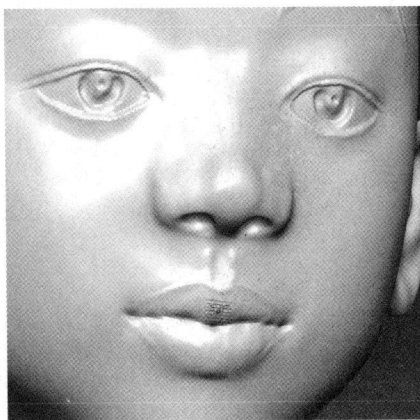
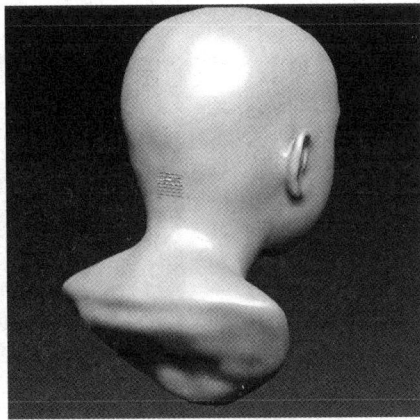
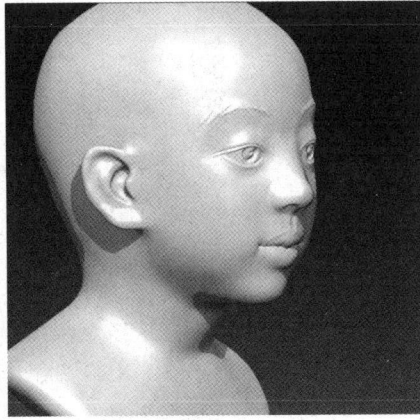

图3－32　　　　　　　　　图3－33　　　　　　　　　图3－34

步骤22：给模型人物适当加上一层用笔刷模拟出来的头发，这样人物的形态会显得更加生动。在我们的数字雕刻中，头发的塑造也是让人物变得生动的一个重要的手段。不同年龄、身份、性别、社会年代的人物发型都是千差万别的，一些初学数字雕刻的同学往往只是在意对人物骨骼、肌肉和皮肤纹理的塑造而忽略了头发传神写照的重要性。大家可以在以后的制作中留意对头发的塑造。如图3－35、图3－36、图3－37所示。

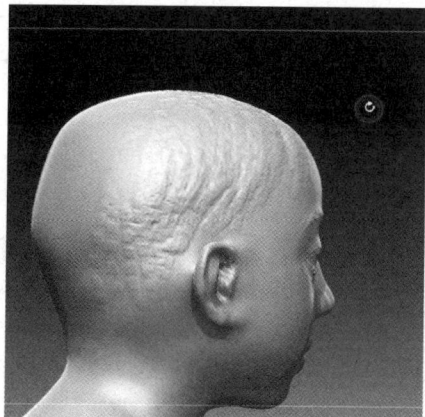
图 3—35

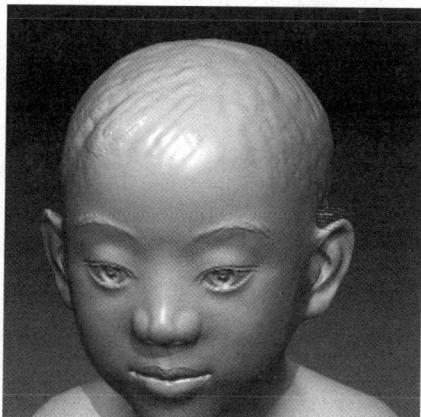
图 3—36

图 3—37

步骤23：把握住儿童脸部造型的比例关系，对五官结构的比例和位置进行微调，保证整个造型与参考图效果的一致性。使用 移动笔刷对下巴、耳朵以及头部的外轮廓进行微调，如图3－38、图3－39、图3－40所示。

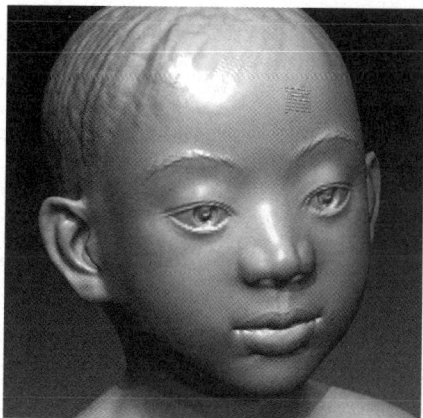
图 3—38

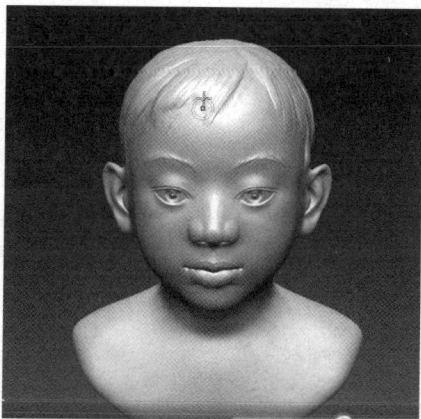
图 3—39

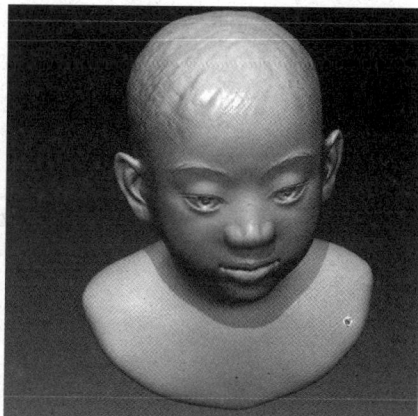
图 3—40

3.3　儿童头部细节刻画

步骤24：进行深入雕刻阶段，在这一阶段，要注意对人物细部结构的观察和理解。很多新手往往能够基本完成前面几个阶段，但往往忽略了对雕塑细节结构的推敲和把握，这会造成所塑造的形象可信度不足，细部结构含混不明。因此，需要在训练中加强细节深入的能力。此时可以先使用Dynamesh对模型进行重新动态网格，提高Dynamesh的分辨率，并配合"几何体编辑——细分网格"将模型的分辨率设置到70万面以上。此时模型的网格比较密集，适合深入塑造形体，并画出小的褶皱等结构关系。点击键盘上的X键，使用 ClayBuildup笔刷按头发的走势进行梳理式建模，在涂刷的时候要注意两次涂刷时产生的凸凹不平的地方。如图3－41、图3－42、图3－43所示。

儿童头像雕塑 4

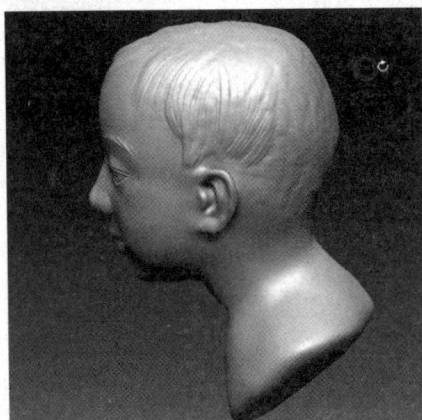

图 3—41

图 3—42

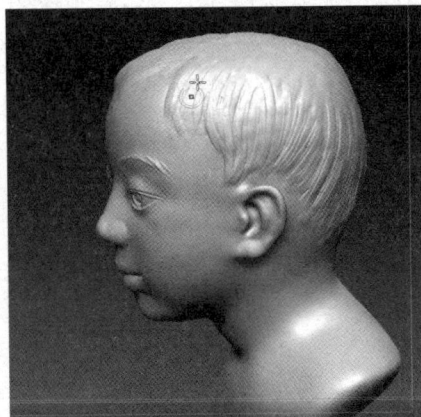

图 3—43

步骤25：使用▦ClayBuildup笔刷，将z强度降低，在人物脸部进行涂刷，对眉弓下面的眼窝位置进行微调，加深眼窝的结构，对鼻梁、上眼睑、上下嘴唇的突起处再次进行加强，适当突出人物的骨点结构。如图3-44、图3-45、图3-46所示。

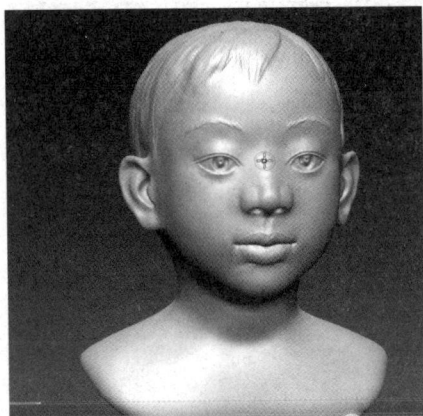

图 3—44

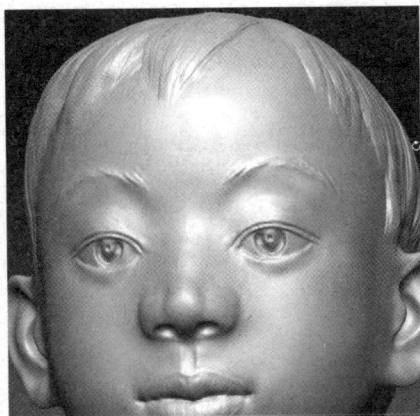

图 3—45

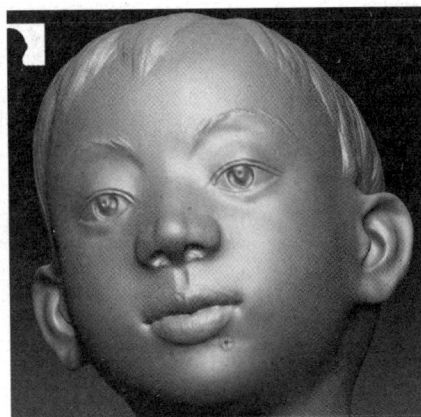

图 3—46

步骤26：在人物模型制作的后期，要着重强调人物的一些细节特征，每个人物的五官都有自己独特的结构构造。越是到人物雕刻的后期，就越是要抓住人物的细微特征。在局部做微小的细节调整，注意微妙的细节结构变化。如图3-47、图3-48、图3-49所示。

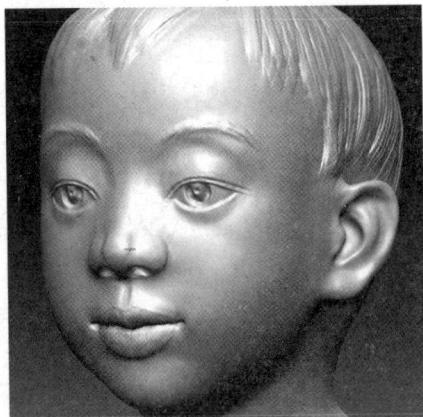

图 3—47

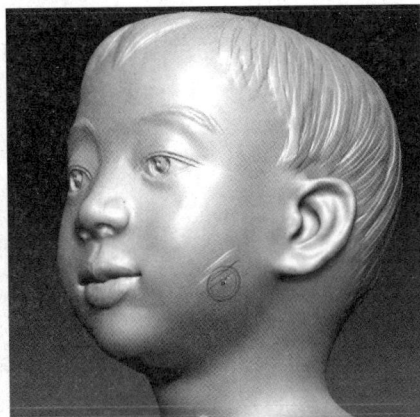

图 3—48

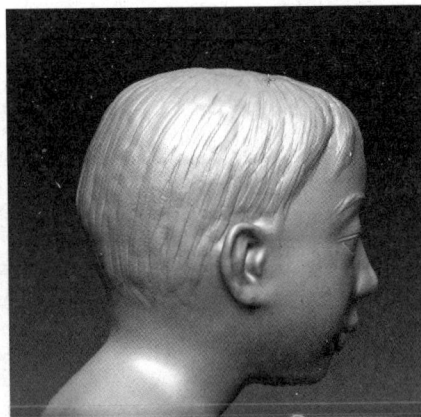

图 3—49

步骤27：点击面板上的材质图标，为模型重新设置一个材质，并在材质菜单中打开"蜡质效果修改器"将"强度"调整到63左右，此时软件会弹出要求在"渲染—渲染属性"调板中激活"蜡质预览"。按步骤操作，场景中的模型就有了一定的3S效果。此时可以点击视图中的BPR渲染 ![icon] 按钮，对模型进行渲染，并保存渲染好的图片，如图3-50、图3-51、图3-52所示。

图 3—50

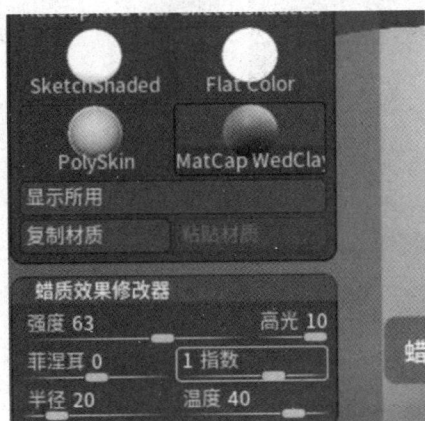

图 3—51

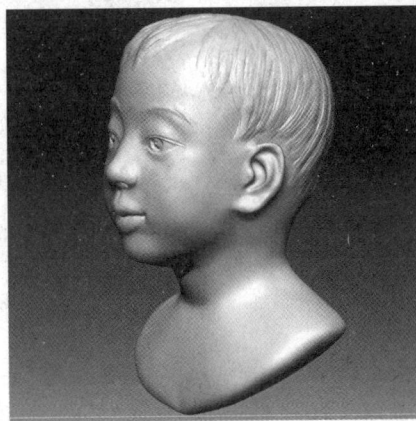

图 3—52

4

第4章　石膏像临摹

4.1　素材图片收集

修普诺斯（Hypnos，希腊语πνοs），是古希腊神话中的睡神，他是死神塔纳托斯的孪生兄弟，其母为黑夜女神倪克斯，两兄弟一起生活于冥界。每当母亲令世界落入黑夜之时，修普诺斯就会吩咐从者到大地上诱使人类入睡；当修普诺斯与其无情的兄弟相对时，其性格较为温柔，往往在人的死亡之际，给予其恒久的睡眠。只要他以神力诱使人类，就能使人入睡。而他的催眠术，是人神皆不能相拒的。修普诺斯的妻子，是海仙女中的一位帕西提亚（Pasithea）。如图4-1、图4-2、图4-3所示。

图 4—1　　　　　　　　　　　　图 4—2　　　　　　　　　　　　图 4—3

4.2　头像基本模型塑造

步骤1：打开ZBrush软件，在工具面板选择⬛图标，在弹出的卷展栏中选择⬛的sphere3D工具，在场景中拖拽出一个球体，然后点击工具面板中的 生成多边形网格物体 键，将模型转变为可编辑的网格物体。再点击键盘上的X键，打开X轴对称，使用Move Topology笔刷在X轴对称的模式下，对模型下颌的部位进行拖拽，并对颧骨部位向内挤压，使用hPolish笔刷对额头部位进行拍平，如图4-4、图4-5、图4-6所示。

石膏像临摹 1

步骤2：使用ClayBuildup笔刷在模型的头顶刷出头发的基本结构，再着重塑造人物的五官结构。这个雕像是欧洲人，所以要加强额头与鼻子的高度，此时应注意大的比例关系和尺度关系。在五官的刻画中，嘴部的难度比较大，因说话的需要，嘴部肌肉结构和走向相对鼻子和耳朵更为复杂。一般在建模的初期阶段是使用雕刻笔刷堆出大的基础结构，然后再用DamStandard笔刷、Slash3笔刷在内陷的地方画线，刻画出向内的结构，如图4-7、图4-8所示。

图4-4

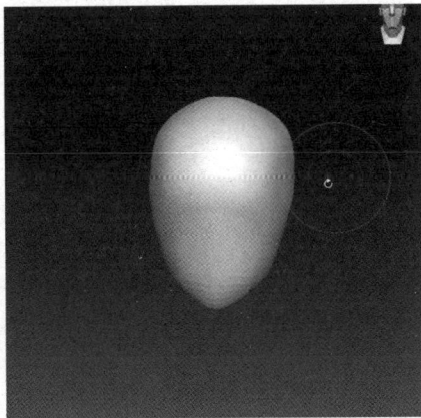

图4-5

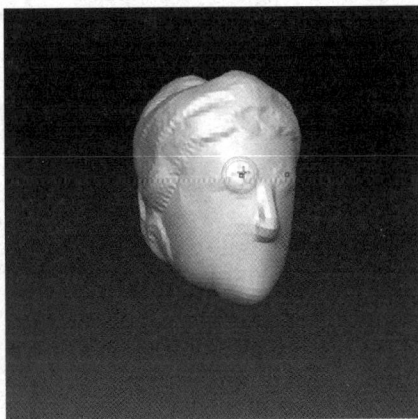

图4-6

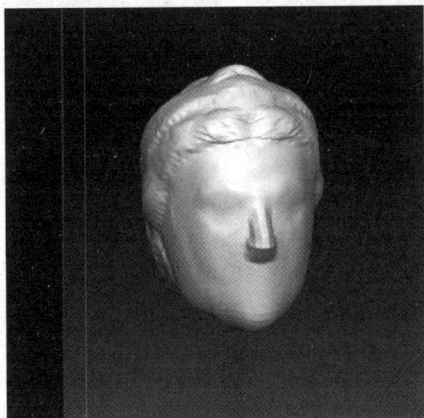

图4-7

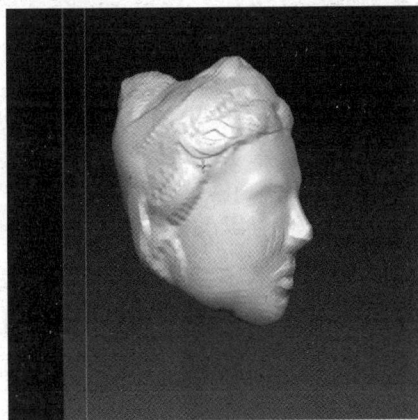

图4-8

步骤3：按住Ctrl键在女头像的脖子位置绘画遮罩，然后再使用遮罩反选的方法选中网格，使用移动工具对其进行拖拽，拉出脖子的结构。在拉出脖子之后，模型的网格会出现明显的拉伸现象。接着，在"工具—几何体编辑"面板选择"Dynamesh"命令，对模型进行动态网格，使被拉伸的地方适合雕刻，如图4-9、图4-10、图4-11所示。

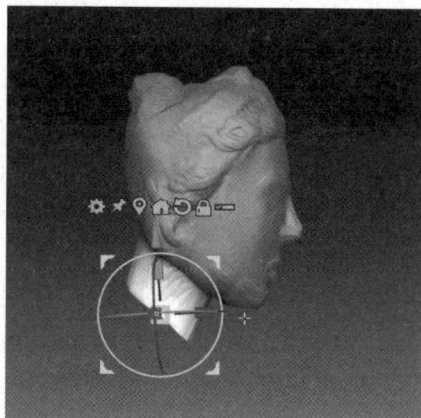

图 4—9

图 4—10

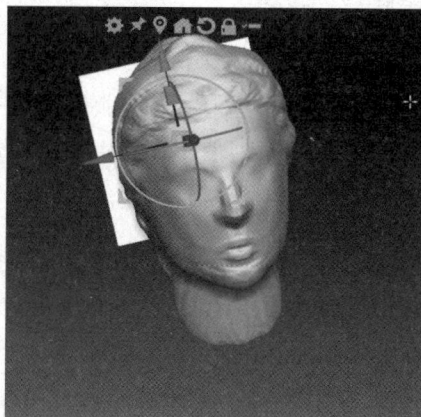

图 4—11

步骤4：对拖拽出的Plane物体进行大小的调节，并将面片物体放到头部模型的后面，比照参考图，画出心形遮罩，在子工具菜单中选择"提取"命令，提取出一个带有厚度的结构。在原素材中，这个片状结构上带有一对翅膀，如图4-12、图4-13、图4-14所示。

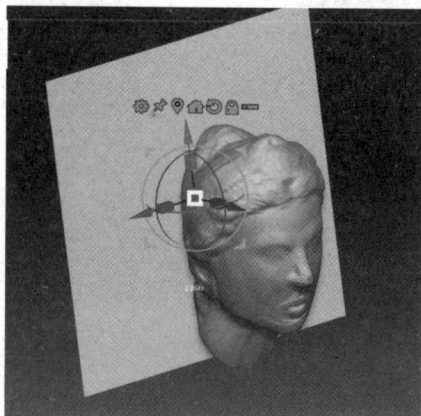

图 4—12

图 4—13

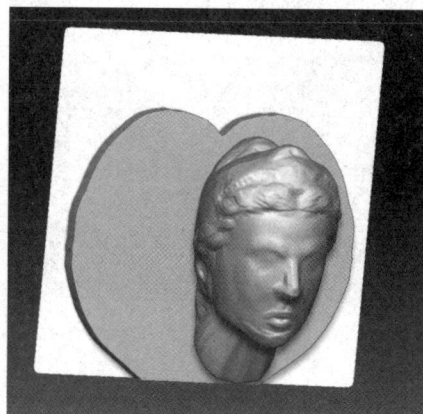

图 4—14

石膏像临摹 2

石膏像临摹 3

步骤5：使用移动🔲工具，将提取出来的片状结构与头部模型相匹配，注意两者之间的比例关系。使用Move Topology🔲笔刷调整片状结构的形态，使之符合参考图的结构关系。刚才提取出来的片状结构因为网格的布线问题，并不适合于雕塑细节，所以可以使用ZRemesher工具对模型进行重新布线，简化网格模型，并使其适合于初期雕塑建模，如图4-15、图4-16、图4-17所示。

步骤6：根据参考图在片状结构上使用ClayBuildup🔲笔刷绘制翅膀的结构，在这件雕塑作品中，翅膀是采取了浮雕的表现手法。当背后的翅膀造型基本塑造完成以后，就要处理头像和靠背之间的衔接关系了，为了保证两者之间能够很好地衔接在一起，要将两个模型进行合并处理。首先在子工具中选择上面的模型，然后执行"子工具—合并—向下合并"命令，将两个模型合并为一个。再使用"工具—几何体编辑—Dynamesh"命令，设置好分辨率，对模型网格进行重新布线。再次布线的要求是以能够充分表达模型的基础结构

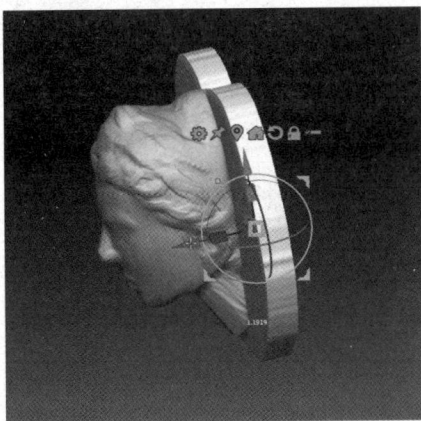

图4—15

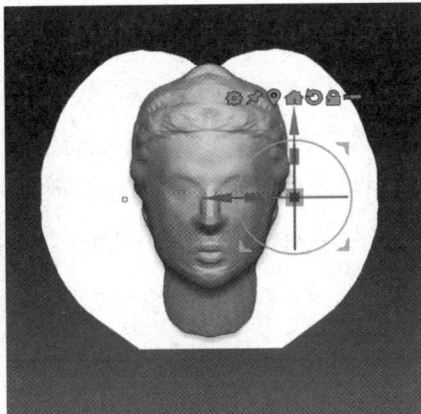

图4—16

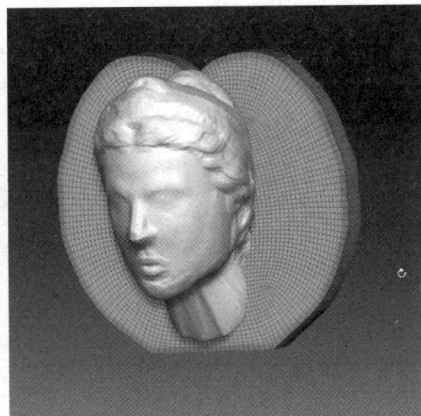

图4—17

为标准，此时的Dynamesh命令，分辨率一般不宜过低。在重新布线的模型上使用雕塑笔刷绘制人物的头发，这个人物的头发是卷发，要注意发卷的穿插关系和层次，如图4–18、图4–19、图4–20所示。

图4—18

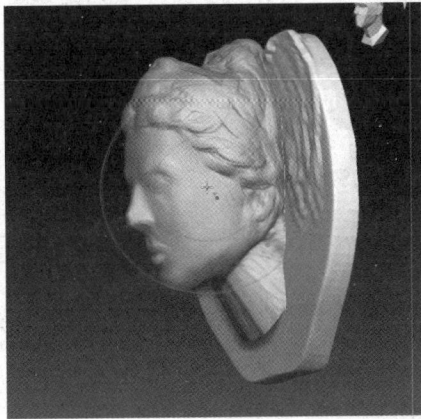

图4—19

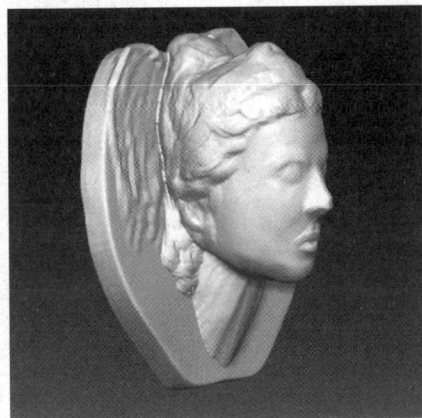

图4—20

步骤7：对人物头和脖子衔接的地方进行雕刻笔刷的涂刷与塑造，继续围绕鼻子来塑造脸部结构，这个人物的头顶还有一个面具的造型，在塑造过程中也应该将面具造型表现出来，如图4–21、图4–22、图4–23所示。

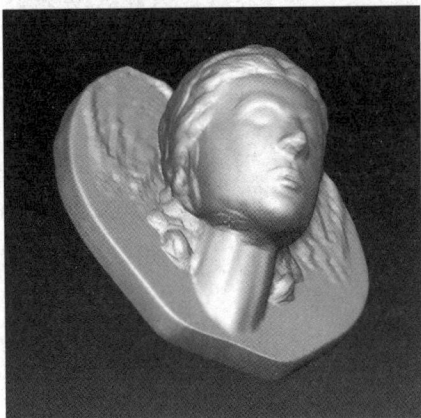

图4—21

图4—22

图4—23

步骤8：根据参考图绘制人像的头发，在绘制头发时应该注意这个人物形象是由两个脸组成的，要注意两个脸部之间头发的结构穿插关系。在塑造的过程中始终要保持结构的严谨性，如图4—24、图4—25、图4—26所示。

步骤9：因为这个石膏像有两个脸部构成，在制作好主体的脸部时，我们将对人物头部的另一个脸进行深入塑造。使用ClayBuildup笔刷刷出大的结构关系，在雕刻的过程中经常按住Shift键对模型进行光滑操作，要注意在雕刻的过程中把握住古典雕刻的古朴韵味和语言风格。如图4—27、图4—28、图4—29所示。

图4—24　　　　　　　　　图4—25　　　　　　　　　图4—26

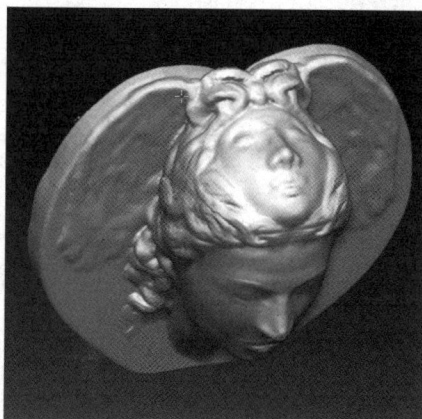

图4—27　　　　　　　　　图4—28　　　　　　　　　图4—29

步骤10：按住Alt键使用向下绘制的笔刷画出人物眼部的结构，根据人体解剖结构的关系，注意两只眼睛之间的距离。在子工具菜单选择"追加"命令，为人物模型追加一个ZSphere球体，作为人物的眼球。使用移动和缩放工具调整球体的大小和位置，并将其放置到人物眼球的位置，如图4—30、图4—31、图4—32所示。

步骤11：打开透明显示开关，此时人像处于X光显示效果，选择眼球物体，将这个球体放到合适的位置。要注意两个眼球之间的距离。放置合适之后对球体进行"复制—粘贴"操作，此时两个球体的位置是重叠的，在子工具中选择其中一个球体执行"变形—镜像"操作，将眼球复制到对侧的眼睛处，然后再根据眼球来雕刻上下眼睑，如图4－33、图4－34、图4－35所示。

图 4—30

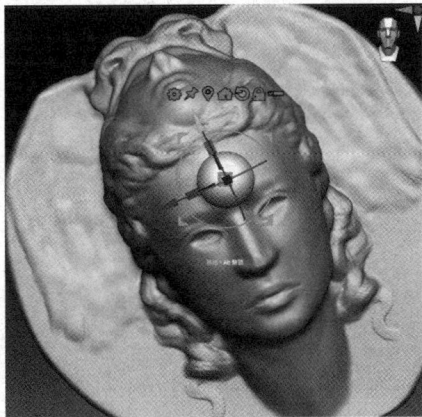

图 4—31

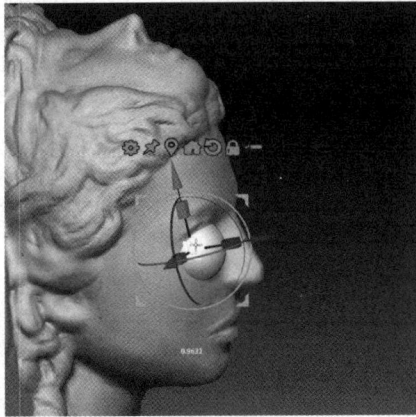

图 4—32

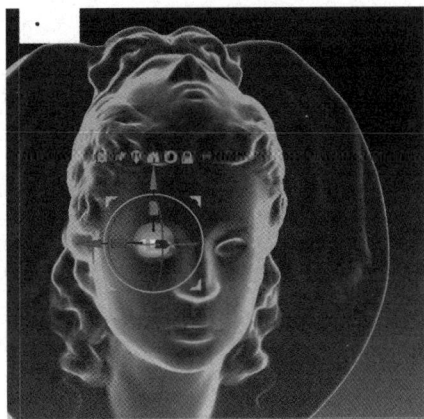

图 4—33

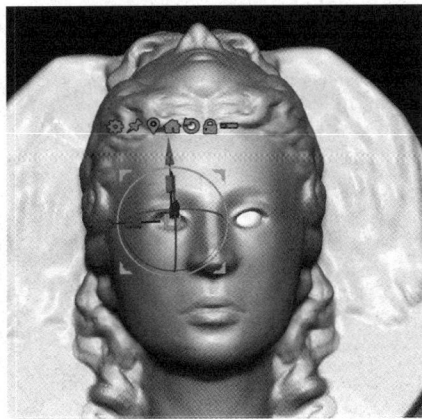

图 4—34

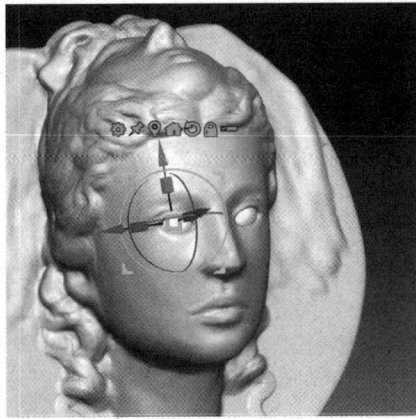

图 4—35

石膏像临摹 5

石膏像临摹 6

4.3　雕塑细节刻画

　　步骤12：点击材质图标，为模型更换一种材质，看模型的视觉效果是否符合参考图片。然后，从眼睛开始对面部五官等结构再次进行一遍梳理和雕刻。由于雕塑两侧的脸庞结构还不够饱满，此时可以集中精力，对两侧的脸部进行塑造以使整个人物的脸部更加饱满。对于头发这些比较烦琐细腻的结构还需要再次进行塑造。如图4－36、图4－37、图4－38所示。

图 4—36

图 4—37

图 4—38

步骤13：根据参考图从多个角度对模型进行深入塑造。从多个角度进行观察，并使用ClayBuildup🔲
笔刷塑造模型背后翅膀的造型，如图4—39、图4—40、图4—41所示。

图 4—39

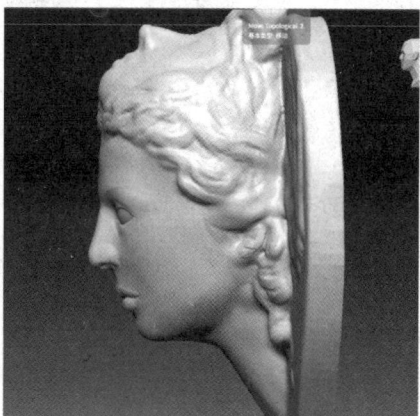

图 4—40

图 4—41

5

5.1 素材图片收集

图 5—1

图 5—2

图 5—3

5.2 头像基本模型塑造

步骤 1：首先通过纹理菜单导入参考图片置入场景中，然后再打开 ZBrush 灯箱，在灯箱中选择"项目—HeadPlanes"，再在其中选择 "HeadPlanes_Male"。这是 ZBrush 中预置好的一个制作男性头像的基础模型，这个头部模型的块面比较分明，后面就在这个基础模型上进行修改来塑

袁隆平胸像制作 1

造袁隆平的人物形象，如图5-4、图5-5、图5-6所示。

 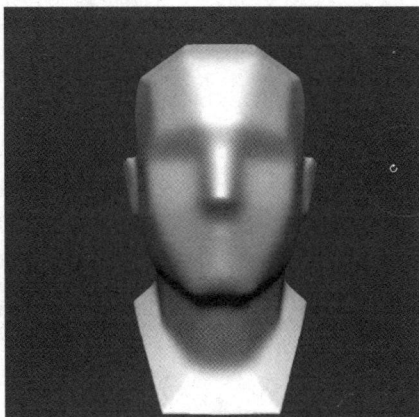 

图 5—4   图 5—5   图 5—6

步骤2：增大笔刷，按住Shift键在模型上涂刷，让模型的棱角变柔和，并从五官开始塑造人物脸部，这里主要使用的笔刷还是ClayBuildup笔刷。在塑造的过程中要注意抓住老年男性的基本特征和袁隆平这个人物形象的个人特征。在这个肖像的制作中，应着重刻画眉骨、鼻子和嘴部，这些特征都非常明显，如图5-7、图5-8、图5-9所示。

 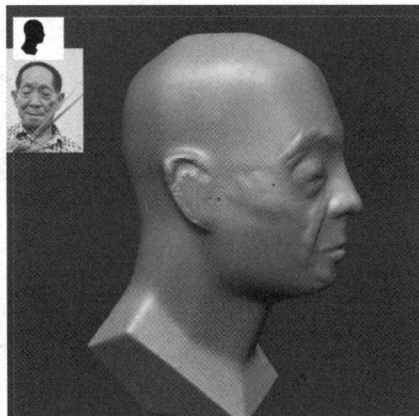 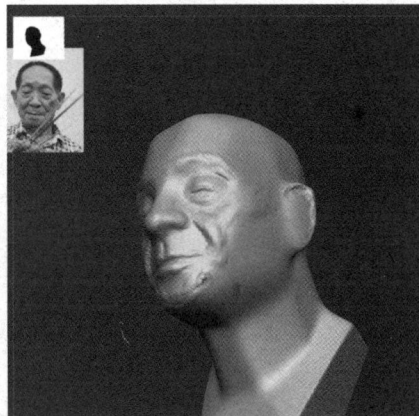

图 5—7   图 5—8   图 5—9

步骤3：当人物的基本结构基本塑造起来以后，就要着重地塑造人物的五官了，在雕塑眼睛的时候，一般会为人物追加两个眼球作为塑造上下眼睑的参考。方法是在子工具里插入一个Sphere3D物体，然后再使用移动和缩放工具，将眼球放到眼睑下合适的位置。当一个眼球放置好以后，可以再在子工具里点击"复制—粘贴"，复制一个眼球出来，此时两个眼球处于同一位置。继续在（Tool）工具面板中，选择"变形"菜单中的"镜像"功能在X轴向上进行镜像操作。这样两边的眼球位置就保持对称状态。眼球在人物雕塑中非常重要，我们可以参考眼球来继续塑造人物的面部形态，如图5-10、图5-11、图5-12所示。

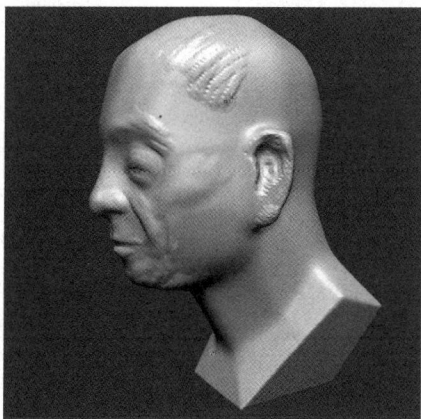
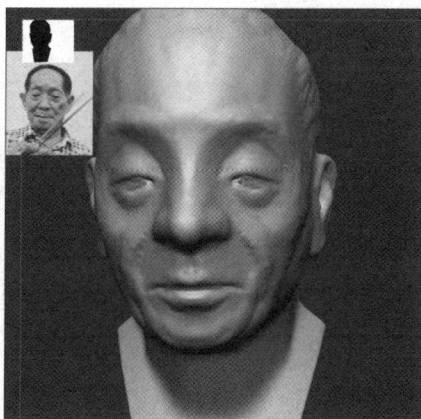
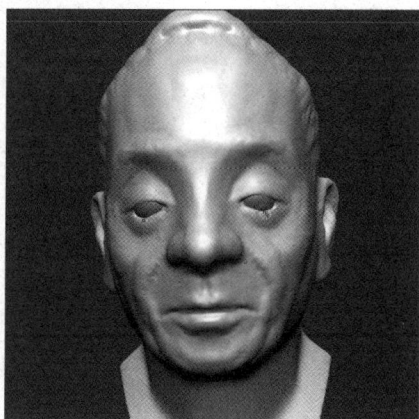

图 5—10　　　　　　　　　　图 5—11　　　　　　　　　　图 5—12

5.3　头像深入塑造

　　步骤4：在肖像雕塑中大部分同学对具体的五官刻画都比较有经验，但是如果要想塑造出人物的特征还需要注意重要的骨点和一些次要部位的塑造，比如人物的额角、颧骨和下巴。在二维的平面绘画中，我们容易忽略头顶、后脑勺、耳朵后面、下巴与脖子的连接处，这些部位在绘画中往往不会被注意，或很简单地一笔带过，但是如果要塑造一个立体的人物形象就要在这些部位更加着力刻画。这也是给大部分 ZBrush 初学者的一点经验总结——要注意哪些在平面绘画中容易被忽略的结构，这是制作出生动感人的肖像作品最重要的方面。明确清楚的五官结构对于大多数同学来说都有很长的绘画训练，而不被关注的地方才是 ZBrush 数字雕刻需要最关注的点。在这个案例中，要做好老年人皮肤的感觉，就要注意下巴这部分的结构，如图5-13、图5-14、图5-15所示。

袁隆平胸像制作 2

袁隆平胸像制作 3

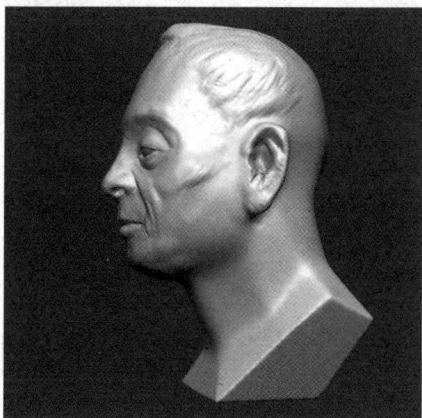
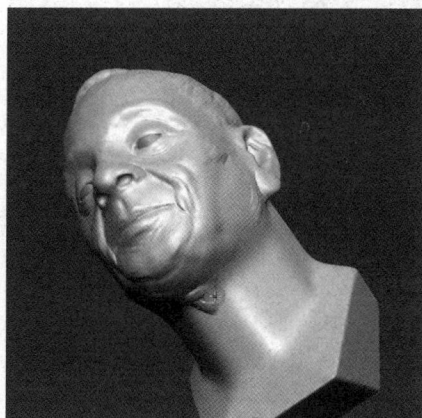
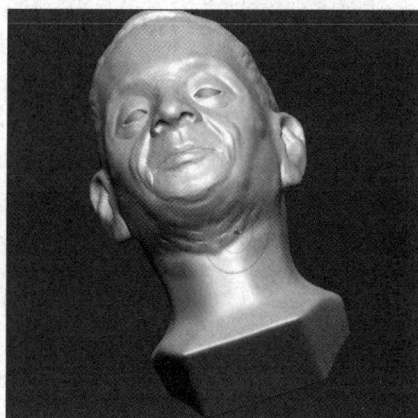

图 5—13　　　　　　　　　　图 5—14　　　　　　　　　　图 5—15

步骤5：在完成了对造型盲区结构的整理之后，我们还要顺着模型再整理一遍结构，并对人物的个人特征进行强化。这一步骤着重对人物的颧骨部位进行了刻画，如图5-16、图5-17、图5-18所示。

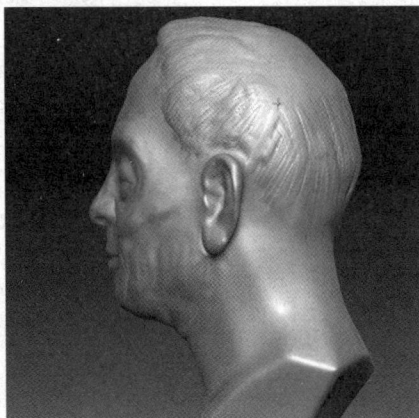

图 5—16   图 5—17   图 5—18

5.4　增加衣服制作胸像

步骤6：在制作好人物的头部造型之后，再次在子工具菜单中插入一个Sphere3D物体，使用移动🔲和缩放🔲工具调整球体的造型，使其符合人物的胸部造型及位置，如图5-19、图5-20、图5-21所示。

步骤7：使用移动🔲笔刷对这个胸部造型进行调整，让这个形体接近于人体的肩部，然后再使用ClayBuildup笔刷雕刻出人物的衣领结构.为了保持胸像边缘的平整度，我们可以按住Ctrl+Shift键，使用SliceCurve🔲工具对胸像多余的部分进行裁切，这个工具可以以直线的方式对模型进行切割，在切线的过程中，如果按Alt键，可以让切线转弯，如图5-22、图5-23、图5-24所示。

步骤8：使用移动🔲和缩放🔲工具将人物的头部和衣服的位置摆放合适，如图5-25、图5-26、图5-27所示。

袁隆平胸像制作 4

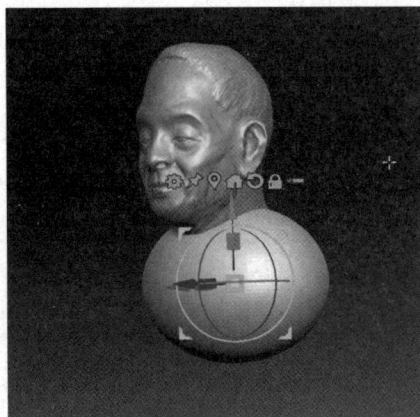
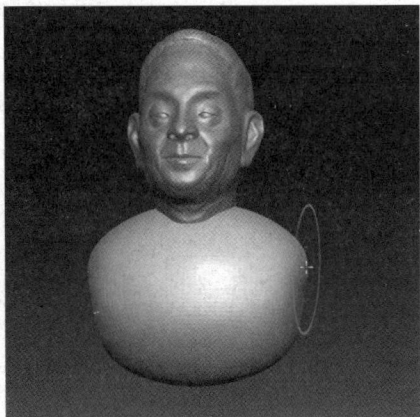
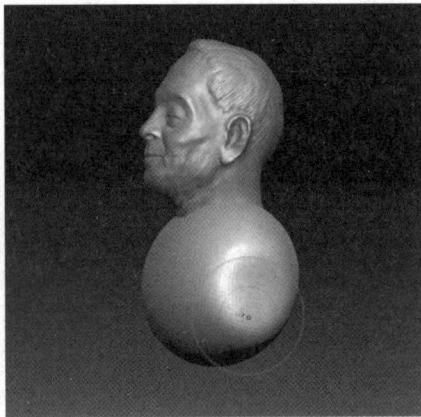

图 5—19   图 5—20   图 5—21

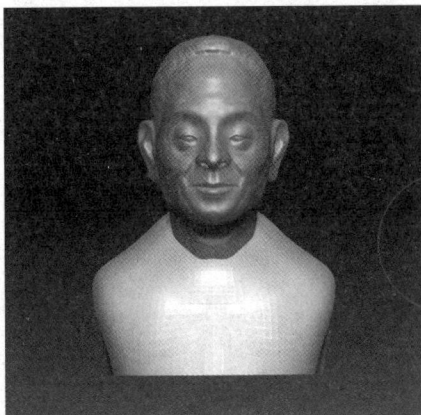

图 5—22

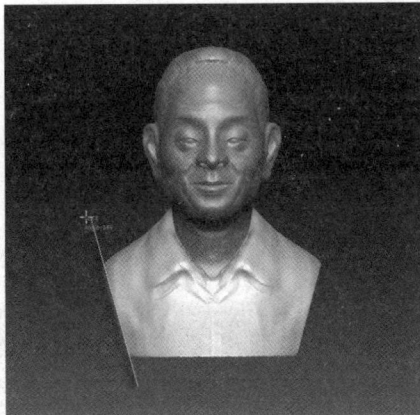

图 5—23

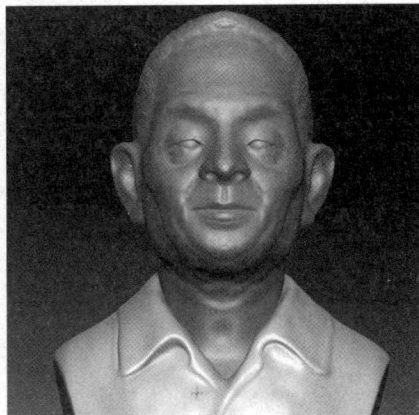

图 5—24

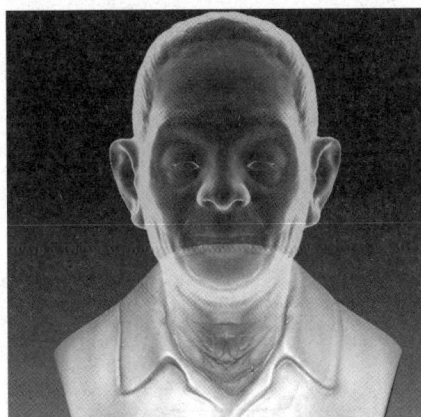

图 5—25

图 5—26

图 5—27

步骤9：在材质面板中选取 Sdandard Material 中的 dc_skin_gray 材质（Sdandard Material 是 ZBrush 中可以被灯光照亮和渲染的材质），这个材质可以表现出一种细腻柔和的质感，为材质统一填充一种淡黄色。然后在灯光面板中打开灯光设置，使用三盏灯来点亮场景，主灯为亮白色，另外两盏辅灯分别为红色和蓝色。在"文档"菜单中设置文档的尺寸为2500×2500像素，在"渲染"菜单里将"BPR阴影"的角度值调大，点击BPR渲染█按钮，对人物胸像进行渲染，并在"渲染—BPR渲染通道"菜单中选取"Compositer"图像进行保存，如图5—28、图5—29所示。

图 5—28

图 5—29

6

6.1　用Photoshop制作人物剪影图片

步骤1：关于鲁迅先生头像的雕塑是一个浮雕临摹的案例，这里所临摹的是一张非常经典的鲁迅侧面浮雕图片。首先我们将这张图片在Photoshop中打开，然后再在这张图片上面再新建一个图层，并将图层填充为黑色，以此图作为Alpha图片，如图6-1、图6-2、图6-3所示。

鲁迅浮雕1

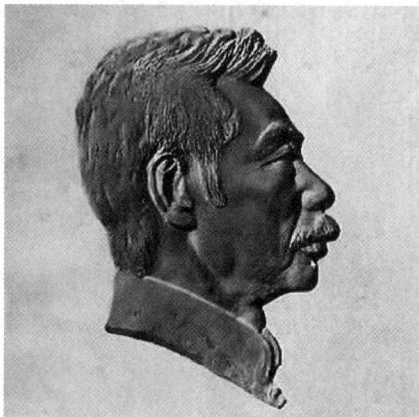

图6-1

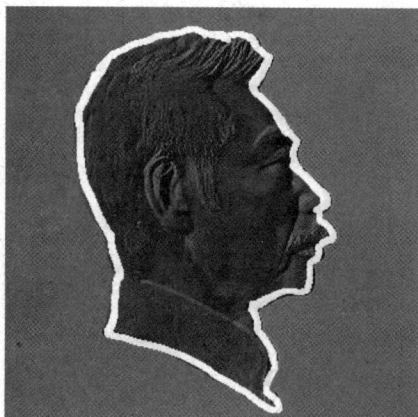

图6-2

图6-3

6.2　在ZBrush中用Alpha直接生成模型

步骤2：打开ZBrush软件，并在软件中导入这张Alpha图片，然后在Alpha菜单中选择 从笔刷创建网格，这样我们就在 ZBrush 的场景中创建了一个鲁迅头像的剪影。这个剪影是直接突出于平面的，边缘的部分比较锐利，这里我们可以使用一个拍平的 hPlish ⬛ 笔刷，这个笔触类似于实体雕塑中常用的木拍子工具，可以将高出的地方拍平，这里我们从人物雕像的额头开始拍平结构。然后再使用 DamStandard ⬛ 笔刷直接在人物上画出重要的转折结构，如耳朵、发际的轮廓等，如图6-4、图6-5、图6-6所示。

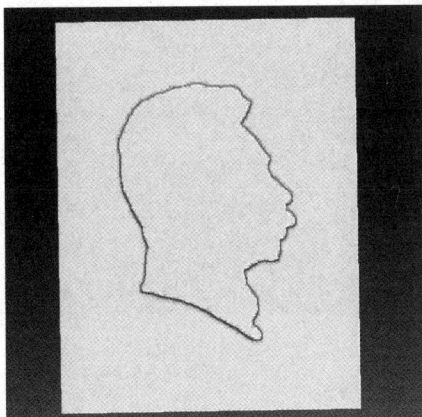

图6-4

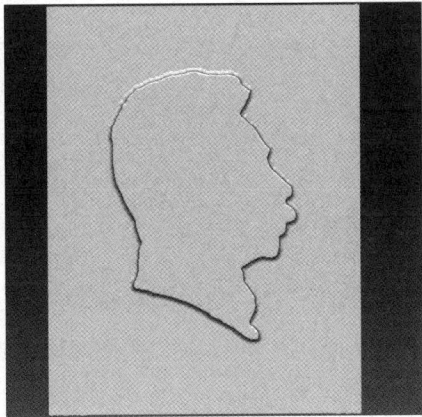

图6-5

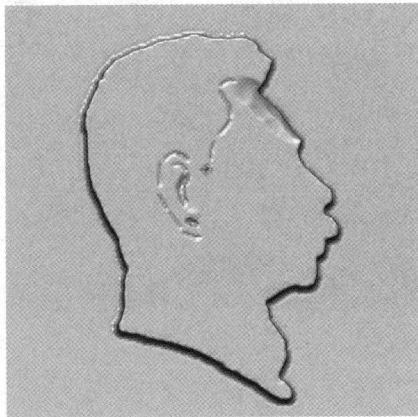

图6-6

6.3 浮雕头像大关系塑造

步骤3：根据图片资料使用 DamStandard ⬛ 笔刷、hPlish ⬛ 笔刷、ClayBuildup ⬛ 笔刷这几个工具对模型进行深入的雕刻——拍平边缘的结构、对人物的眉毛、胡须和五官进行塑造。在绘制的过程中要注意浮雕制作的基本规范——离观察者最近的地方最突出。那么根据情况，这个人物浮雕最高的地方就是人物颧骨的部位。浮雕制作的整个过程就是一个垫高和边缘降低的过程，如图6-7、图6-8、图6-9所示。

鲁迅浮雕 2

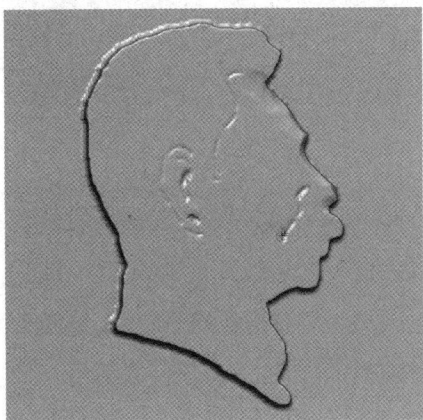

图6-7

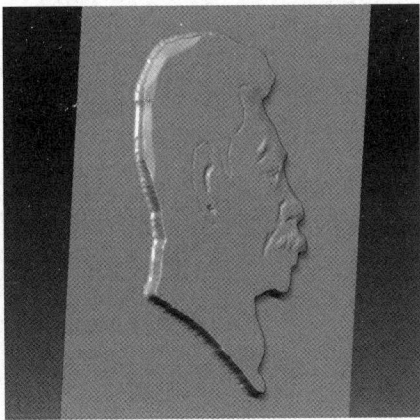

图6-8

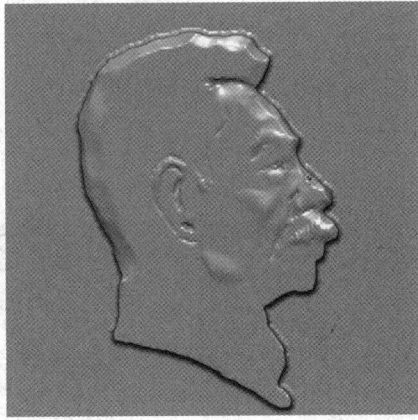

图6-9

步骤4：在深入制作人物大型的时候，眼睛、鼻子和嘴的边缘部分是浮雕制作的难点，因为这些部位位于浮雕从平面形转向立体形的边缘地带，要处理好二维和三维之间的关系，如图6-10、图6-11、图6-12所示。

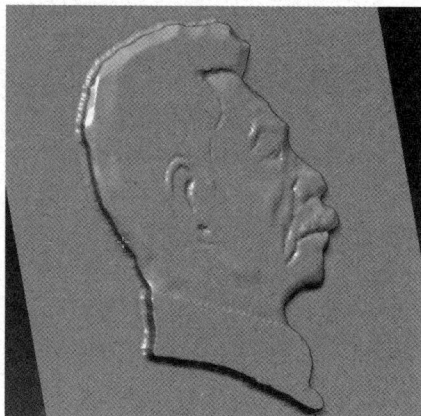

图6-10

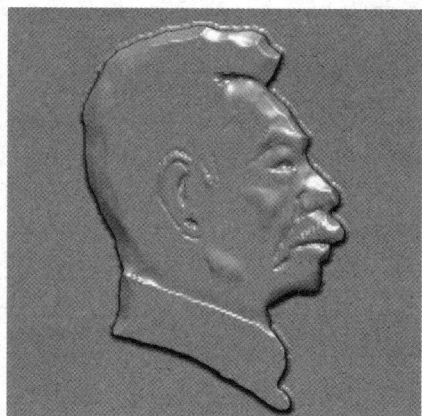

图6-11

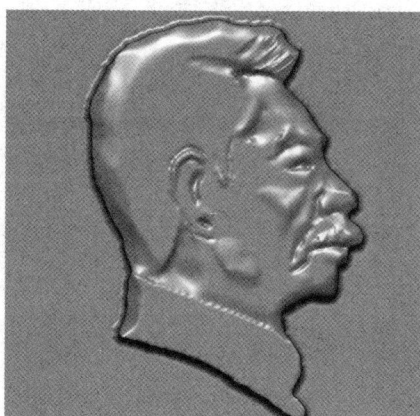

图6-12

6.4 浮雕头像深入塑造

步骤5：当塑造好人物结构的大型之后，可从人物头像的颧骨、额头、下巴等位置开始找相应的立体结构，浅浮雕着重于人物轮廓形的塑造，如图6-13、图6-14、图6-15所示。

图6-13

图6-14

图6-15

鲁迅浮雕3

鲁迅浮雕4

步骤6：使用DamStandard笔刷在人物头发的部位画出头发的细节和走势，表现出人物的发型。使用ClayBuildup笔刷在人物的面部继续绘画出人物脸部肌肉的走势，着重刻画人物的咬肌、颧骨、眉弓骨、八字胡和下颌等结构。在制作浮雕的时候要注意各部分结构的高低，要控制人物造型凸起的部分，不能过高，必须保持这件浮雕作品整体的平面性。另外，人物眼部的转折关系也是此浮雕制作的重点，通过反复的塑造，并不断用DamStandard⚫笔刷来刻画嘴角、鼻唇沟、眼睑及鱼尾纹等突出的内陷结构，最终完善人物的各个细节部位的塑造，最终要表现出鲁迅先生直率、敢于斗争、思想深刻又严厉批判的革命精神，表达出人物的气质和神韵，如图6－16、图6－17、图6－18所示。

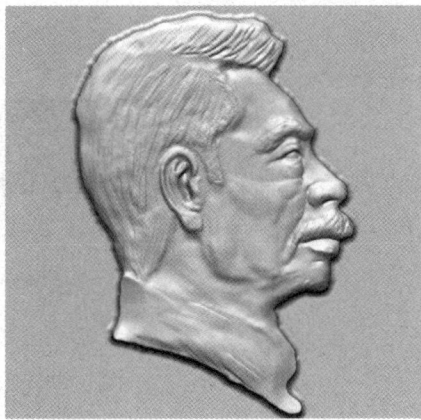

图 6—16　　　　　　　　　图 6—17　　　　　　　　　图 6—18

7

　　在制作螳螂之前我们要对螳螂这种昆虫的身体形态做一些简单的了解和把握，螳螂的标志性特征是前肢像两把"大刀"，即前肢上有一排坚硬的锯齿，末端各有一个钩子。头呈三角形或近五边形，颈部可自由转动。复眼突出，大而明亮，单眼3个。复眼之间着生1对触角，触角呈明显的丝状或念珠状，分节较多，通常雄性触角较粗，雌性较细。咀嚼式口器，上颚强劲。前足腿节和胫节有利刺，胫节为镰刀状，常向腿节折叠，形成可以捕捉猎物的前足。前翅皮质，为覆翅，缺前缘域，后翅膜质。臀域发达，扇状，休息时叠于背上；腹部肥大。前足捕捉足，中、后足适于步行，但有时前足也会用来保持平衡，渐变态。从外形观察，螳螂的体长在11~140毫米，体一般较扁平，少数种类呈棒状，六足。螳螂的前胸较长，能活动，前翅为覆翅，前缘具齿、刺、纤毛或光滑，后翅膜质，飞翔力不强，静止时翅折叠于腹背上；雌性后翅常退化，腿节和胫节都有刺；中足和后足细长，善于行走。

　　我们在开始模型制作之前最好能够通过视频、文字和图片等多方面对所制作的对象有所了解，这样在真正制作写实性的生物造型时一定会更加胸有成竹。下面是从网络上找到的相关图片资料，这些对我们制作模型都非常重要，因为三维雕刻的创作是对模型多角度全方位的把握，所以在前期的资料收集阶段应该做到尽量翔实、全面，如图7-1、图7-2所示。

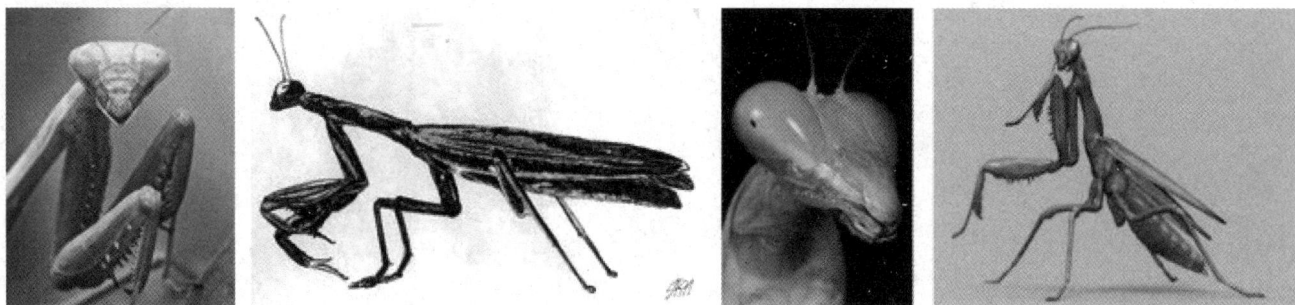

图7-1

图 7—2

7.1　螳螂基本形体的刻画与制作

步骤1：在制作模型之前我们可以在ZBrush的视图面板里载入参考图片，这样我们制作的时候就会更加方便。这里讲一下在ZBrush里导入图片进行参考的方法，首先点击"菜单纹理—Texture—导入"，在文件夹中选择需要导入的图片，然后在纹理菜单中点击▣按钮，将图片平铺到画面中，在ZBrush中这个功能叫作添加聚光灯，此时在画面的主界面上会出现导入的图片。如图7-3、图7-4、图7-5、图7-6所示。

步骤2：首先在画布上创建一个ZSphere作为身体的中间部位，然后进入编辑模式，打开x轴对称，然后在绘制模式下继续创建Z球链，对画出的Z球可以进行移动、缩放和旋转等操作，操作过程中要不断对照参考图，将各个Z球链上的Z球调整到合适的大小和位置。如图7-7、图7-8、图7-9所示。

步骤3：继续为Z球链添加Z球，直到将整个模型建立起来。在此阶段一定要尽量将模型的形态调整到位，因为在这个阶段对模型的总体形态进行调节还比较方便，后面将要对模型进行"自适应蒙皮"的操作，那时再想修改模型的网格形态就相对比较困难了，如图7-10、图7-11、图7-12所示。

螳螂 Z 球建模 1　　螳螂 Z 球建模 2

图 7—3

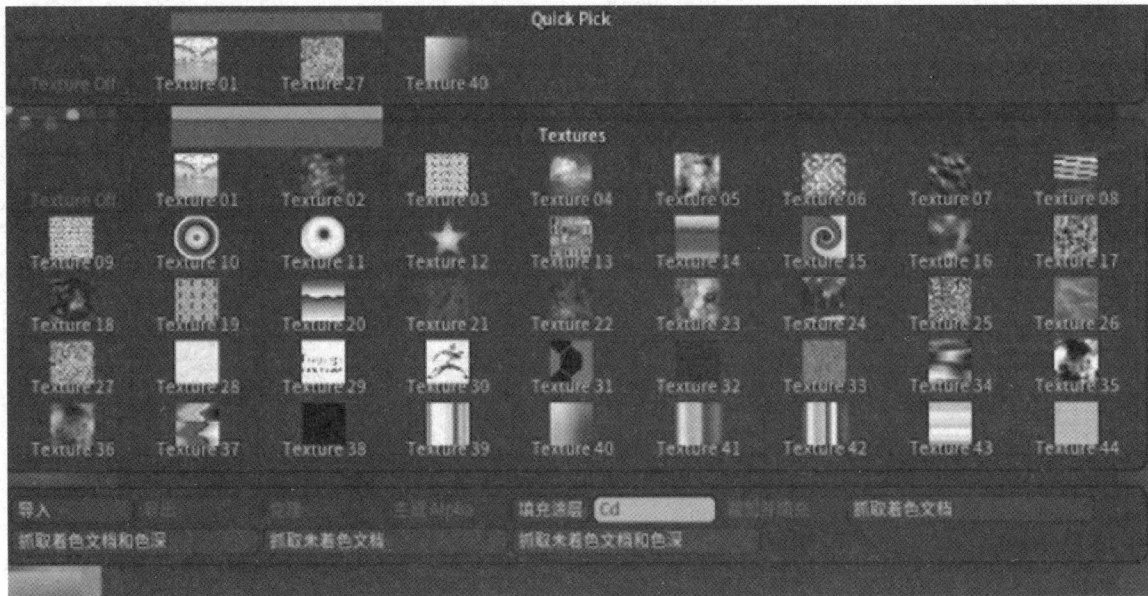

图 7—4

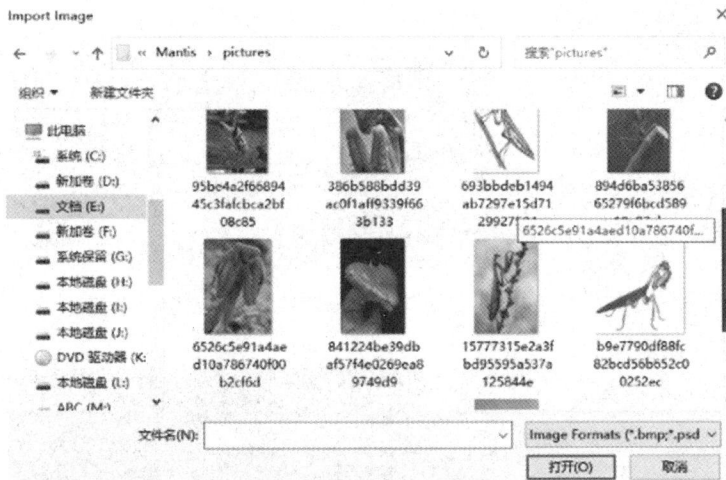

图 7—5

图 7—6

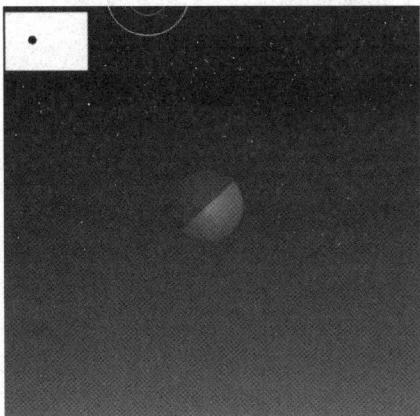

图 7—7

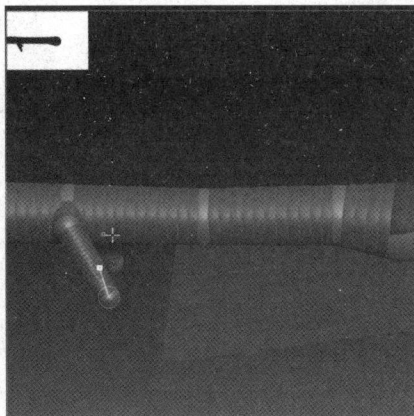

图 7—8

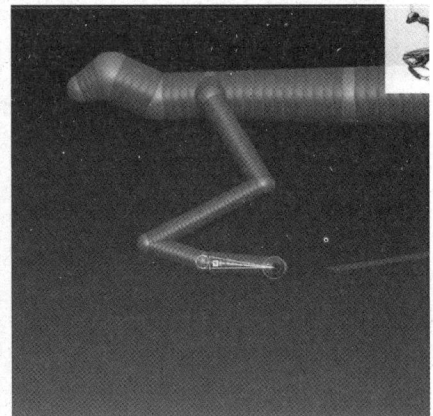

图 7—9

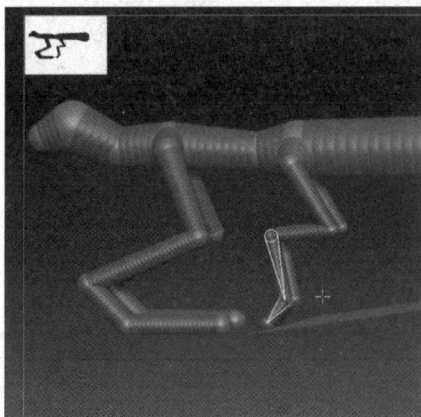
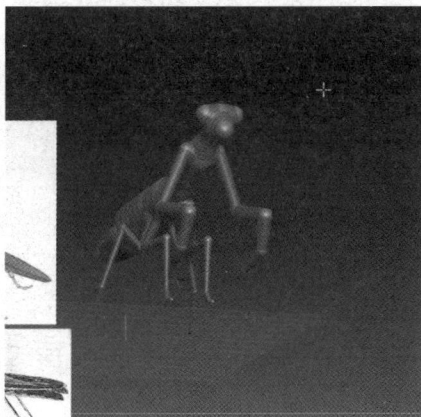
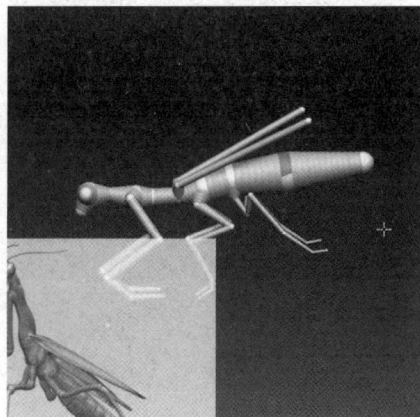

图 7—10　　　　　　　　　　　图 7—11　　　　　　　　　　　图 7—12

步骤4：在确认Z球链基本建立成功之后，就可以进行自适应蒙皮的操作了，在这里一般的做法是将密度设为：2，将DynaMesh的分辨率设为：0。这样模型会从一个面数比较低的状态开始雕刻，便于在开始的时候使用Move类型的笔刷进行"点"级别的位移修改。在ZBrush中，默认的自适应蒙皮DynaMesh的分辨率是128，如果使用这样的高分辨率反而不利于在雕刻的初期修改模型的大型。在这里首先就是用Move笔刷、Standard笔刷将模型前肢的镰刀状形体刻画出来，如图7-13、图7-14、图7-15所示。

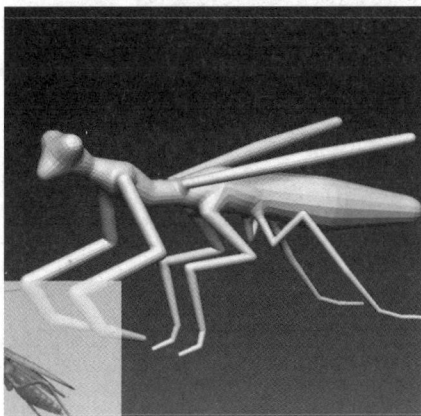

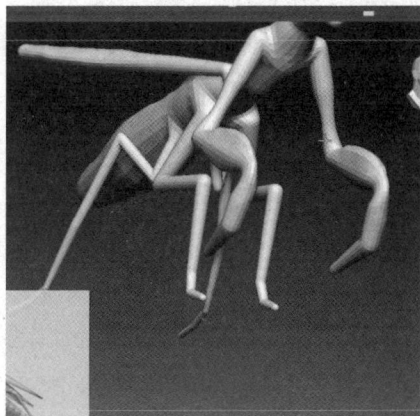

图 7—13　　　　　　　　　　　图 7—14　　　　　　　　　　　图 7—15

步骤5：因为螳螂的身体结构类似于棒状，因此在对Z球使用了自适应蒙皮之后，基本已经得到了一个比较接近最终效果的身体大型，而这里着重要修改的地方就是模型的翅膀结构，我们在前期使用Z球链转换过来的模型网格也是一个棒状的结构，所以要对翅膀的结构进行修改，使翅膀形成片状的结构。首先是按住键盘上的Ctrl＋Shift键，在笔刷工具面板中选择Selectlasso模式，用套索方式选中螳螂的翅膀部位，松开Ctrl＋Shift键将螳螂的翅膀独立显示，并在翅膀边缘的一侧按住Ctrl键画遮罩，然后再反选遮罩，将未被遮罩的模型均匀地拉出来使之形成翅膀的形态，如图7-16、图7-17、图7-18所示。

确定螳螂模型网格大型

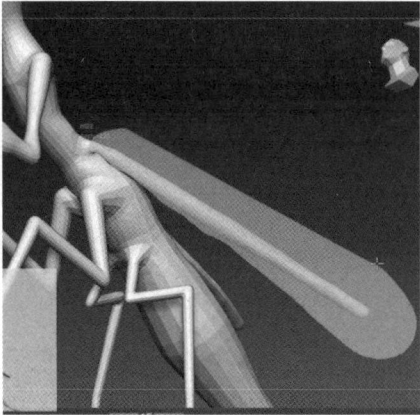

图 7—16

图 7—17

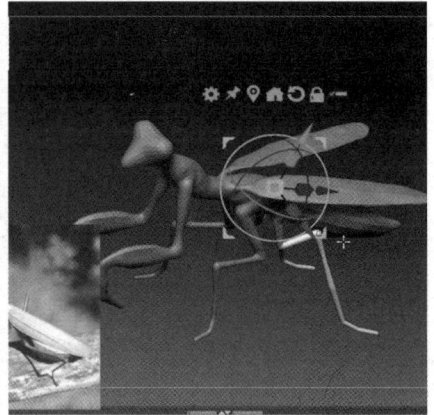

图 7—18

步骤6：完成翅膀的雕刻之后，再次按住键盘上的Ctrl + Shift键，在笔刷工具面板中选择Selectlasso模式，用套索方式选中螳螂的前半部，松开Ctrl + Shift键将螳螂的翅膀独立显示。在此对螳螂的头部结构进行深入刻画，如图7－19、图7－20、图7－21所示。

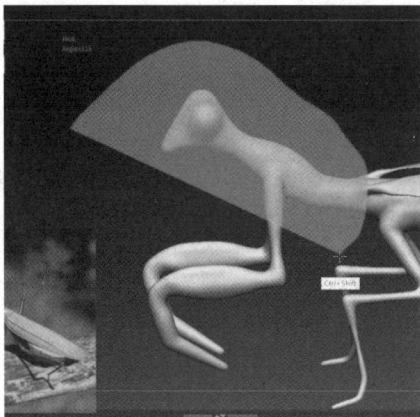

图 7—19

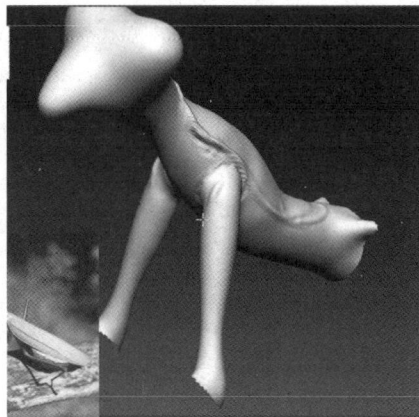

图 7—20

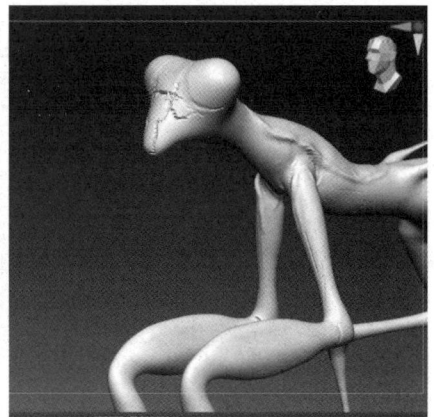

图 7—21

步骤7：用DamStandard笔刷来刻画螳螂身体上比较明显的凹陷部位，画出螳螂身体结构之间的缝隙，如图7－22、图7－23、图7－24所示。

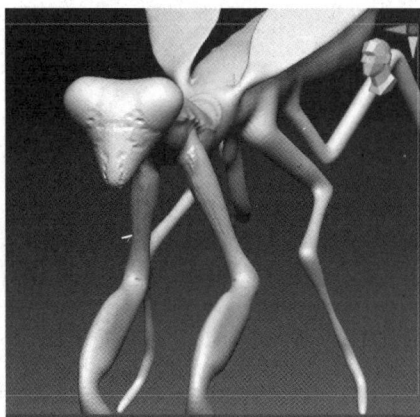

图 7—22

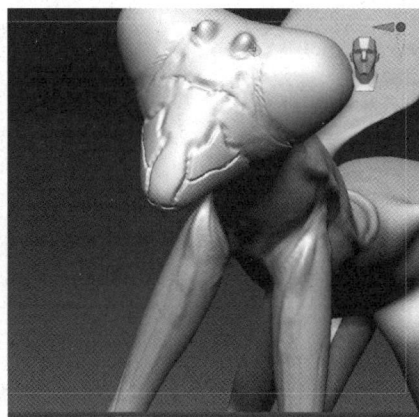

图 7—23

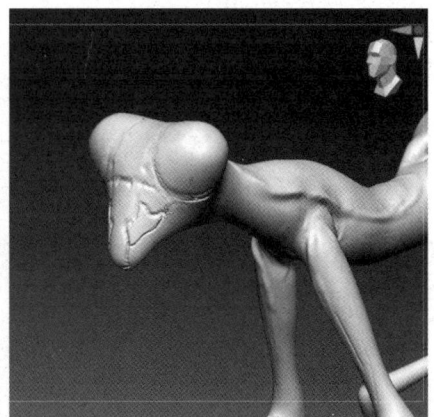

图 7—24

修改后腿的结构

为模型增加细节 1

为模型增加细节 2

步骤8：使用DurgRect（拖动矩形）笔触■配合软件外部的Alpha贴图为模型增加细节和纹理。这些纹理在后期将作为Displace Map（置换贴图）的主要依据，如图7-25、图7-26、图7-27所示。

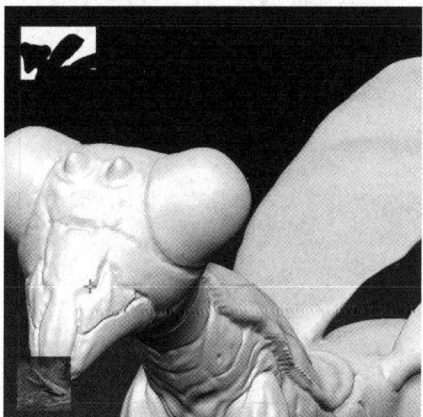
图 7—25

图 7—26

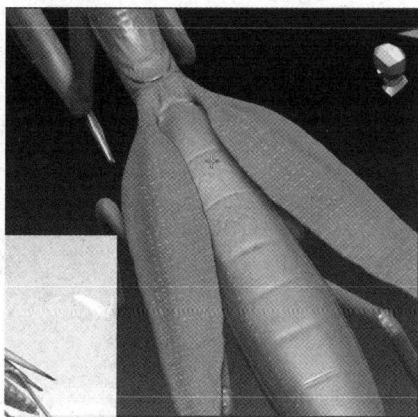
图 7—27

7.2　两种分UV的方法

7.2.1　使用UV大师分UV

步骤9：我们在ZBrush中制作的模型如果想在其他软件中渲染带有贴图的效果，就要进行分UV的操作。目前很多软件都支持分UV的操作，在ZBrush软件内部也可以直接进行展UV的操作，我们可以点击"菜单—Z插件—UV大师"，在打开的UV大师面板里我们首先点击"处理克隆"按钮，这样软件就自动创建了一个表面为纯白色的副本。然后点击"启用控制绘画"按钮，此时如果选择"画出"选项，那么笔刷的颜色就变成纯蓝色，意思就是用蓝色画出的地方是用来剪开UV的地方；如果选择"保护"选项，笔刷的颜色就变成了纯红色，意思是这里的UV不要被剪开，如图7-28、图7-29、图7-30所示。

步骤10：下图中的蓝色线就是我们对螳螂所做的基本网格的切分，在这里对螳螂头部前端用了纯红色进行涂抹，这样可以保证在分好的UV中头部前端能保证是一个整体，方便我们在上面绘制螳螂头部的一些比较深入的细节纹理和贴图。绘制好边界之后下面一步就要点击UV大师中的"开卷"按钮，这

使用 UV 大师分 UV

刻画头部和前腿的细节

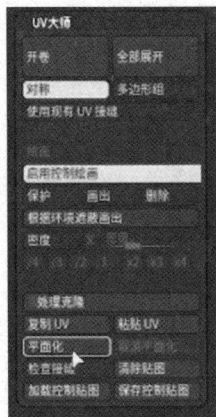

图 7—28

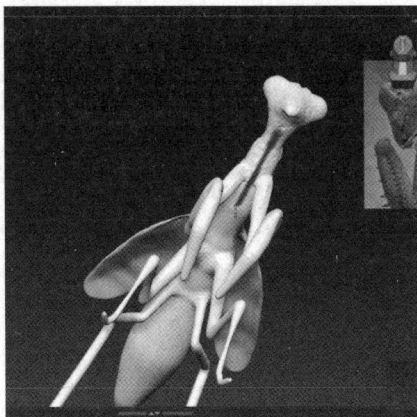

图 7—29

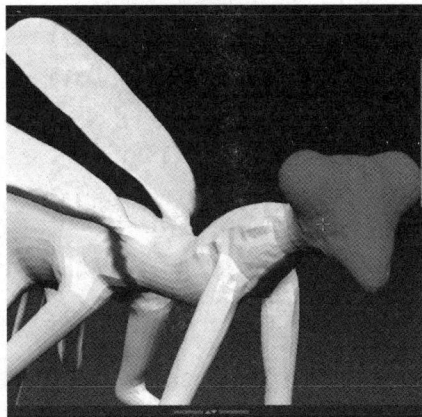

图 7—30

一步相当于把模型上绘制的线正式地确定下来，并可以作为后面展平UV操作的依据。直接点击UV大师中的"平面化"按钮，此时就能够看到模型分展好UV之后的效果，如图7—31、图7—32、图7—33所示。

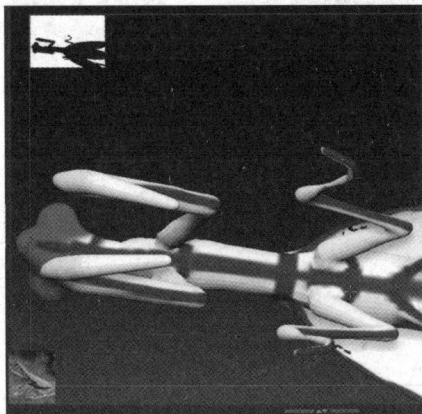

图 7—31

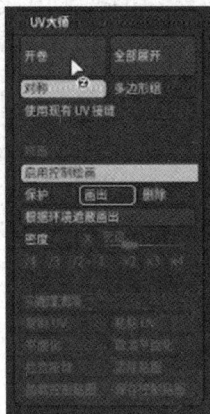

图 7—32

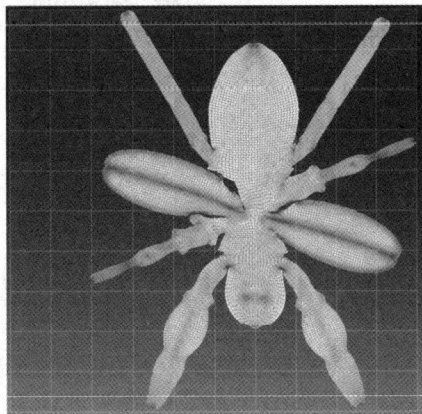

图 7—33

步骤11：展好UV之后，我们还要对模型展好UV的效果进行测试，此时进入"工具—纹理贴图"面板，点击空白的Texture，在弹出的纹理选择面板中找到系统自带的Texture03文件，这是一个棋盘格文件，再次点击纹理面板中的"纹理开"按钮，此时螳螂的身体上就被贴上了棋盘格图案，这个棋盘格图案越接近正方形就说明纹理的拉伸越小，在后期的贴图绘制方面就更加精确，如图7—34、图7—35、图7—36所示。

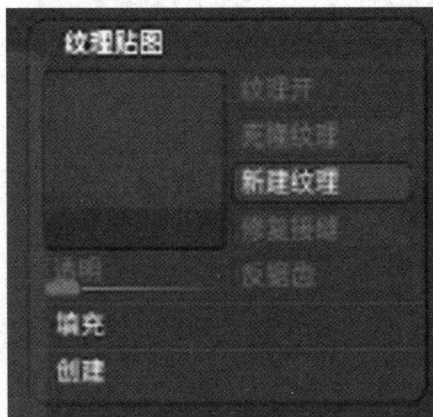

图 7—34

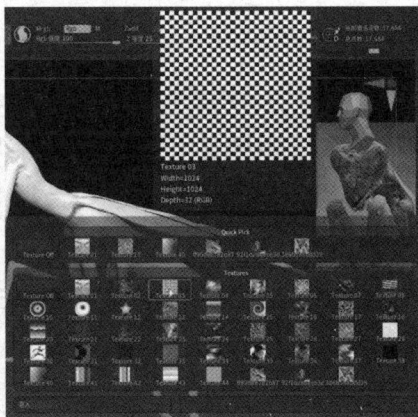

图 7—35

图 7—36

7.2.2　在 Maya 中分 UV

步骤 12：将在 ZBrush 中制作出来的低模导出为 obj 格式，然后启动 Maya，将这个 obj 格式导入到 Maya 中，在选择菜单"UV—UV 编辑器"打开 Maya 的 UV 编辑器面板，选择"UV—UV 编辑器—基于摄影机"选项，这样就在 UV 编辑器中生成了一个从摄影机角度分布的 UV，这个 UV 网格都是重叠的，下一步在模型上单击鼠标右键，在弹出的热盒中选择"边"模式，在模型需要进行 UV 切分的边上进行选择，按键盘的 Shift 键可以加选边；按 Ctrl 键可以减选边；选中一条边，按住 Shift 键，双击鼠标左键可以选择循环边；在一段循环边的两端选择边，按住 Shift 键，双击另一处循环边，可以选择一段循环边，如图 7－37、图 7－38、图 7－39 所示。

使用 Maya 分 UV

深入制作细节

步骤 13：在这里我们先将螳螂的头部 UV 进行一个切分，并在 UV 工具包中选择"切割和缝合"面板中的剪切按钮 ✂ 剪切 。在切分好的 UV 块上面选择"UV 壳"选中头部的 UV 壳，并点击"展开"面板下的展开按钮 ⊹ 展开 ，这样螳螂头部的 UV 就被展平了，如图 7－40、图 7－41、图 7－42 所示。

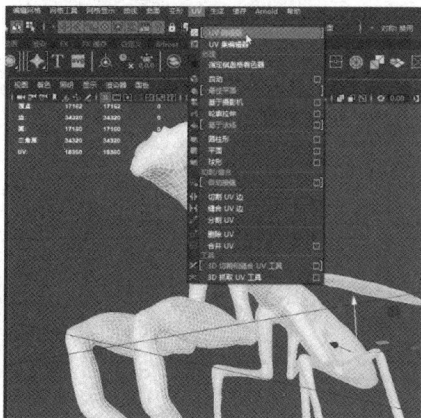

图 7—37

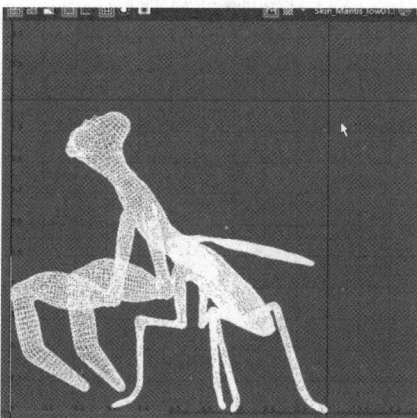

图 7—38

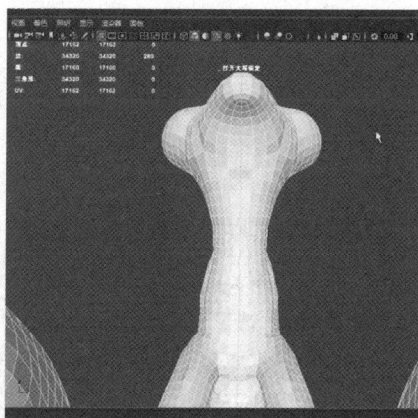

图 7—39

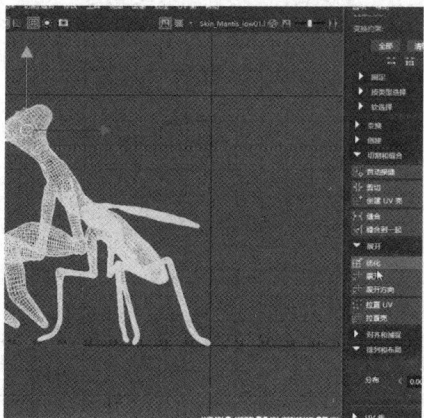

图 7—40

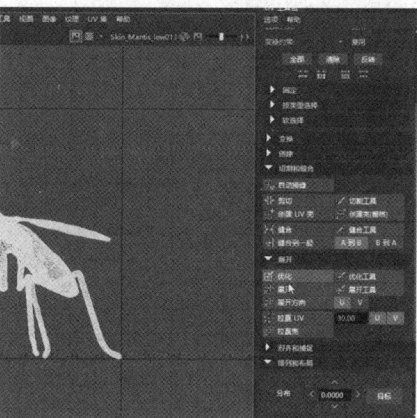

图 7—41

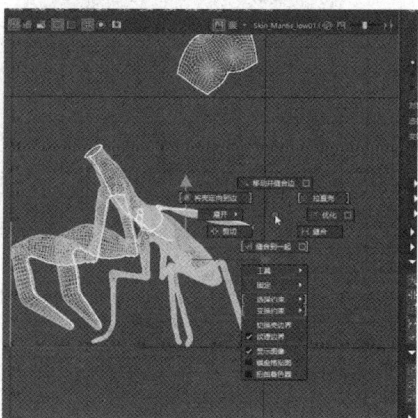

图 7—42

步骤14：按照上述步骤依次对螳螂的身体、六条腿、翅膀等结构进行分UV的操作。在UV工具包的"排列和布局"面板中选择按排布按钮 排布 。将模型所有的UV都放置到UV编辑器中0，1空间内。这样就基本完成了对模型UV的制作，在这里我们可以看出，使用Maya进行UV编辑的可控性会更好一些，如图7－43、图7－44所示。

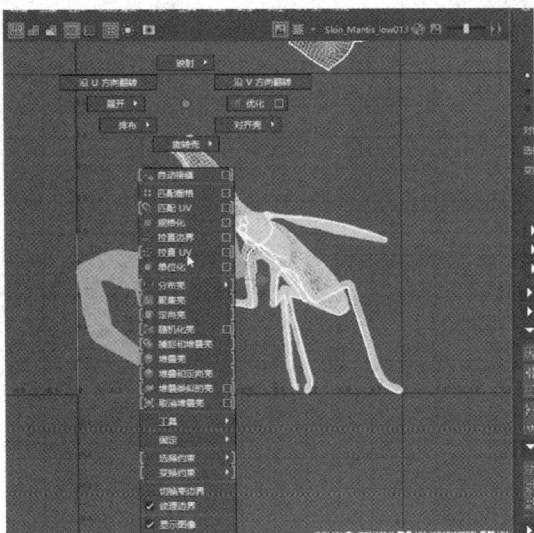

图 7—43

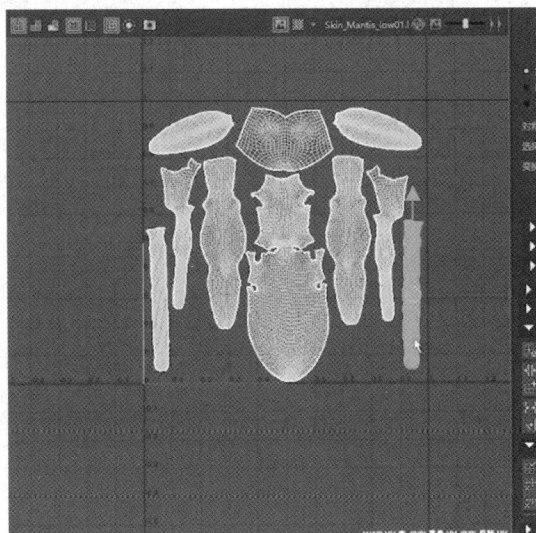

图 7—44

步骤15：将刚才在Maya中制作好UV的模型重新导出为obj格式文件，再次回到ZBrush中导入分好UV的模型，这样原来的模型就被替换掉了，在ZBrush的"几何体编组—UV贴图"面板内我们可以看到"变换UV"按钮已经从灰色解冻，点击"变换UV"按钮，我们就可以看到UV被展开的过程，如图7－45、图7－46所示。

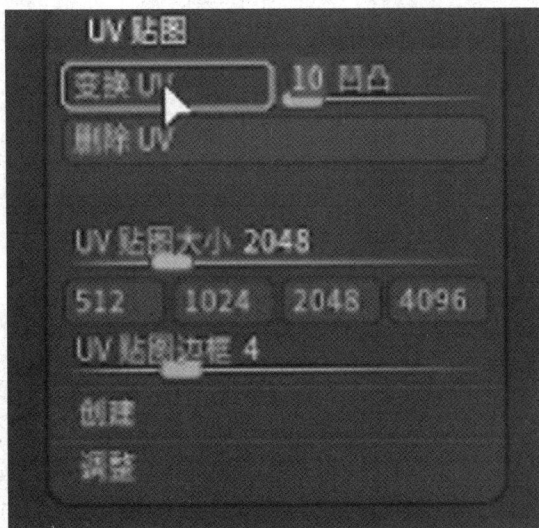

图 7—45

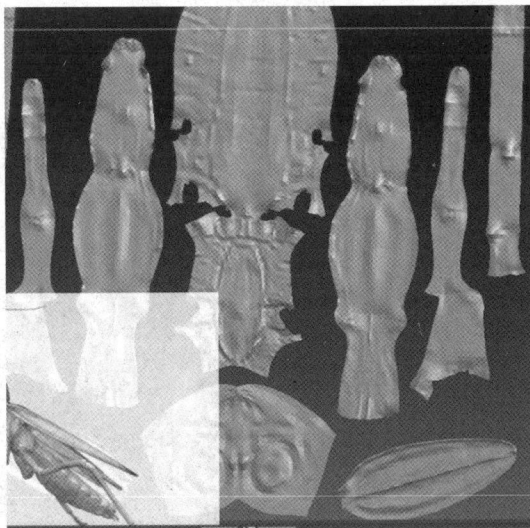

图 7—46

7.3 多种贴图的制作

7.3.1 使用ZBrush软件生成置换贴图

步骤16：在ZBrush中生成置换贴图，此时我们就有了两个模型，一个是在Maya中分过UV的低多边形低模和一个原来我们在ZBrush中雕刻了很多细节纹理的高模。在ZBrush的子工具栏中我们将两个模型都导入进来，如果无法同时导入，可以选择Z插件中的"子工具大师—多重追加"命令。点击子工具栏中的  图标可以进行子工具在图层中上下顺序的排列，将分过UV的低模放在高模上面一层，点击"几何体编辑—投射—全部投射"将高模上的细节投射到低模上面，如果感觉低模上的网格不够投射细节，就可以点键盘上的Ctrl+D键，为模型增加一级细分，并再次点击"全部投射"，直到所有的细节都传递到已分UV的模型上去。

制作置换贴图并导出到 Maya

步骤17：将分好UV的模型打到模型细分的低级别，在低级别的情况下点击"几何体编组—置换贴图"面板中的"创建置换贴图"，此时点击"克隆置换"按钮，刚才我们生成的置换贴图就出现在左侧的Alpha显示口里面了，我们可以将这张置换（Displacement Map）贴图导出，如图7－47、图7－48所示。

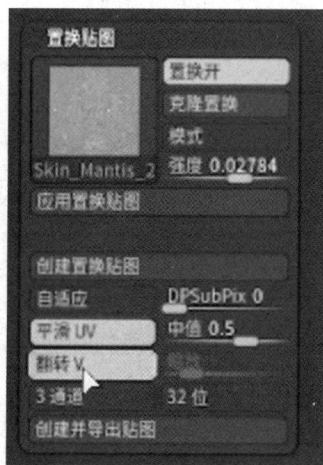

图 7—47

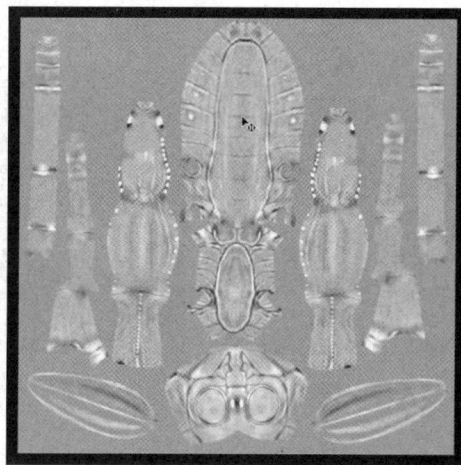

图 7—48

7.3.2 使用Marmoset Toolbag（八猴）软件生成烘焙贴图

步骤18：打开Marmoset Toolbag（八猴）软件，点击"File—Import Model"分别将刚才分好UV的低模和高模都导入到Marmoset Toolbag软件中来，在导入之前最好将低模进行"软化边"，这样就可以避免生成的贴图带有低多边形的网格线痕迹，如图7－49、图7－50所示。

用八猴为螳螂模型烘焙贴图

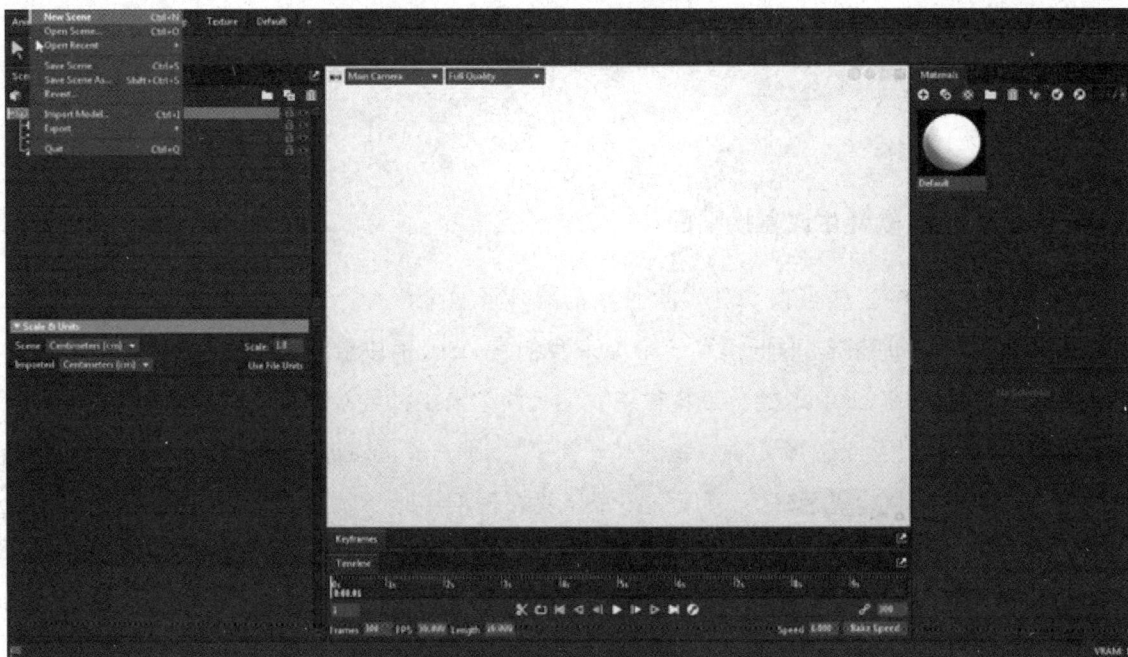

图 7—49

步骤19：在Scene栏中选择 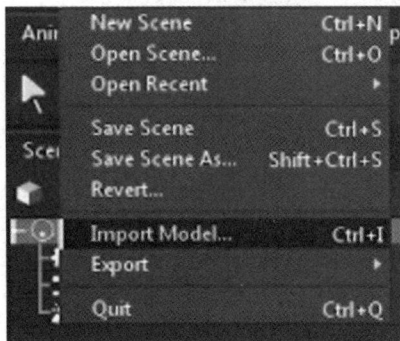 第五个像面包图案的图标，新建一个"Bake Project（烘焙项目）"在"Bake Project 1—Bake Group"下面会含有High和Low两个选项栏，将我们刚才导入进来的高模和低模分别对应拖拽到High和Low两个选项卡里面。此时两个模型完全重叠在一起。如图7-51、图7-52所示。

图 7—50   图 7—51   图 7—52

步骤20：在Bake面板下对烘焙的参数进行设置，在"Bake—Geometry"选项卡中保持默认设置中对Use Hidden Meshes，Smooth Cage，Ignore Back Faces的勾选状态。在"Bake—Output"选项卡中设置好贴图的导出路径，将Samples的值设为16X，Format的值设为8Bit/Channel，padding设为moderate。然后点击"Bake Project 1—Bake Group—Low"，在Preview选项卡中对Cage的Min Offset和Max Offset的数值进行设置，将低模表面生出的浅黄色外壳完全包裹住高模的造型，如图7-53、图7-54所示。

步骤21：完成相关设置后，就可以点击"Bake"进行各种贴图的烘焙，在场景中出现烘焙的进度条，说明烘焙设置是正确的，如图7-55、图7-56所示。

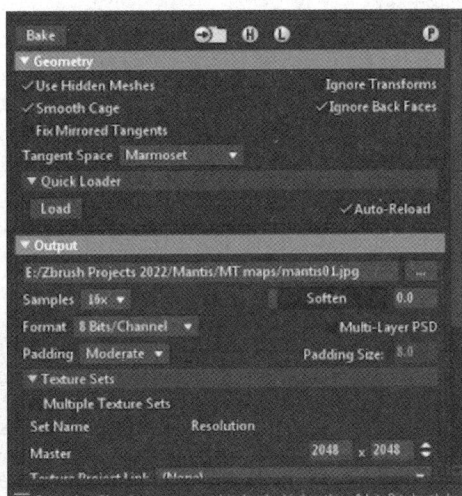

图 7—53

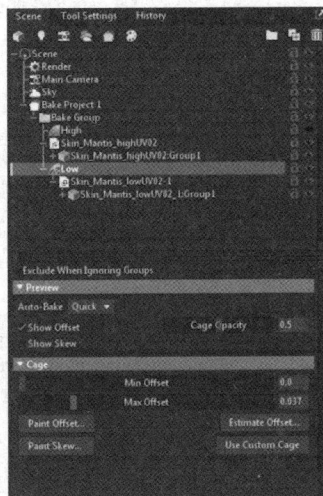

图 7—54

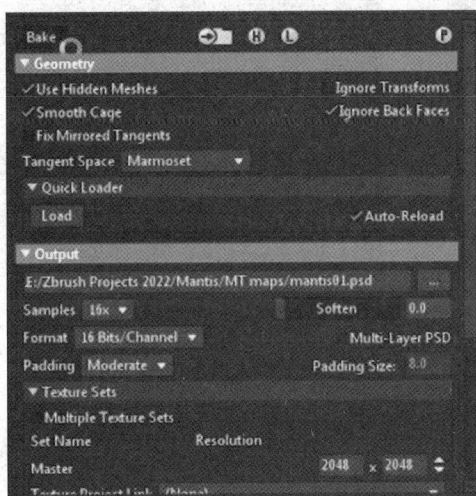

图 7—55

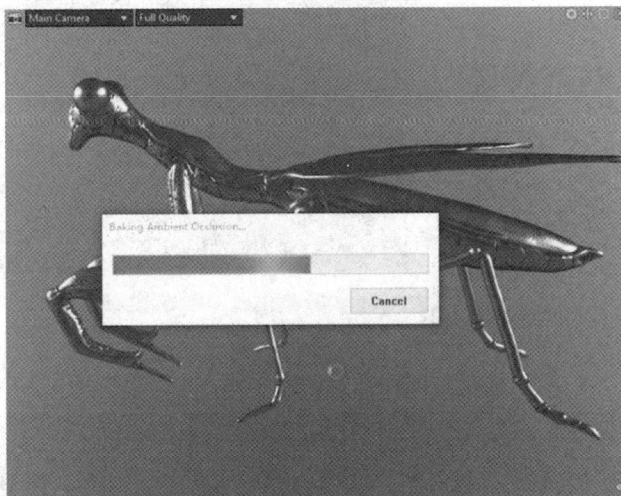

图 7—56

步骤 22：烘焙结束，这里得到了图 7–57、图 7–58、图 7–59，分别是 Curvature、AO、Normal 贴图，这三张贴图对后期的色彩贴图绘制和最终渲染都有很大的帮助。

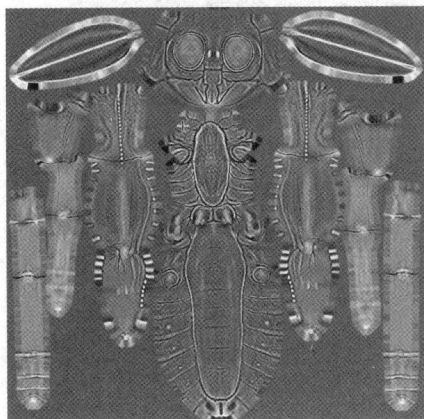

图 7—57

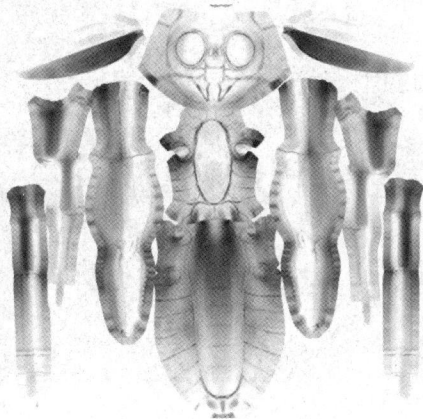

图 7—58

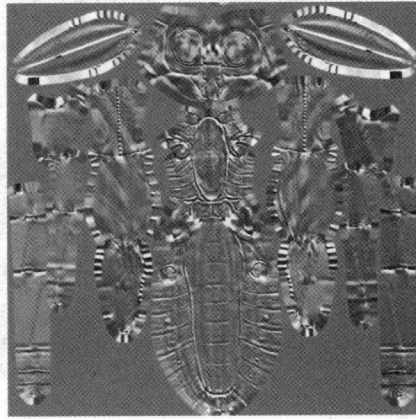

图 7—59

7.3.3　使用 Substance Painter 软件绘制纹理贴图

步骤 23：启动 Substance Painter 软件，选择"文件—新建"，新建一个项目，在文件中选择我们从 ZBrush 中导出的模型（此时最好是使用中等级别的模型，这样在绘制纹理贴图时可以看到更多的造型细节），设置文件分辨率为 2048，其他选项保持默认设置，点击新项目窗口下的"OK"按钮将螳螂的中模载入到 Substance Painter 的画布空间中来，此时模型是一个白模，如图 7-60、图 7-61、图 7-62 所示。

SP 螳螂 COL 贴图绘制 1

SP 螳螂 COL 贴图绘制 2

图 7-60

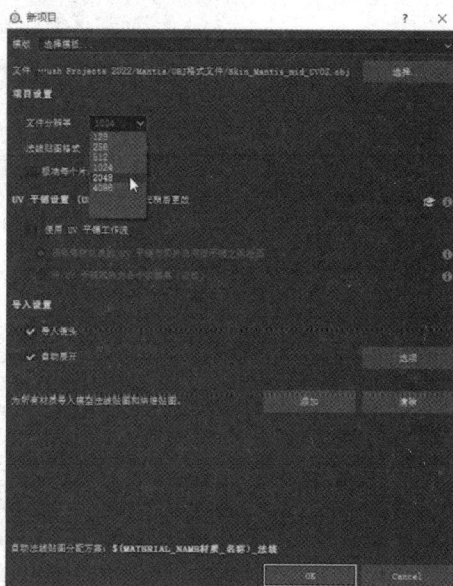

图 7-61

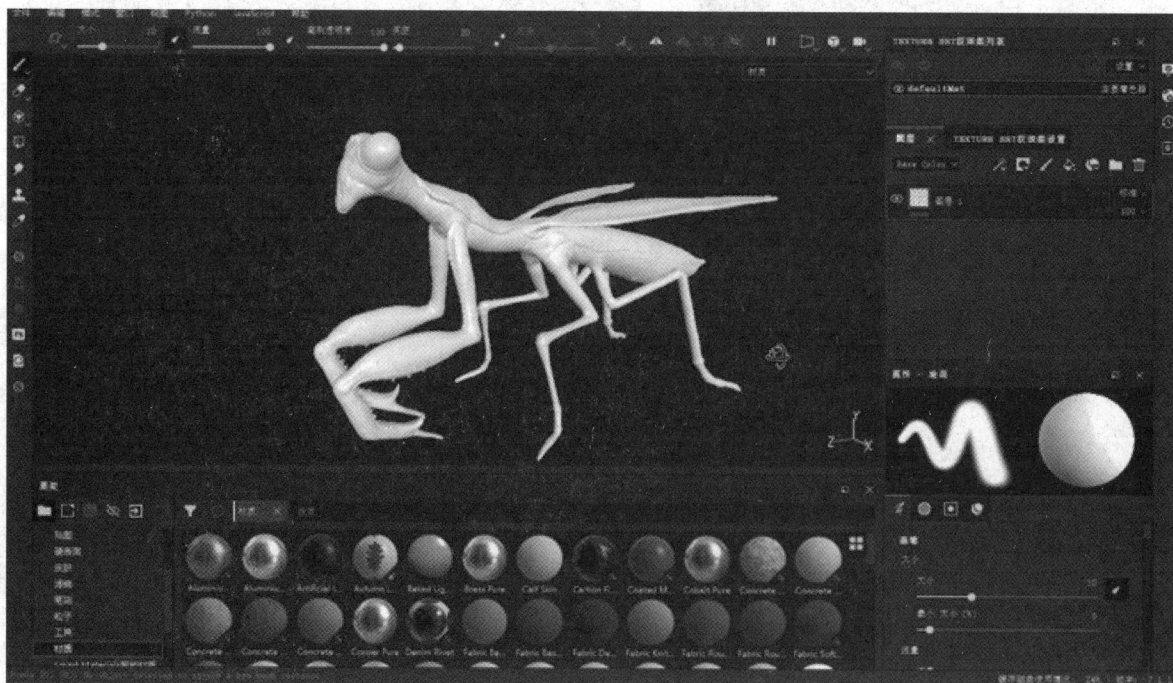

图 7-62

步骤24：在Substance Painter软件中绘制纹理的方法很高效，此时前面我们用各种软件生成和烘焙的Curvature、AO、Normal、Displacement贴图都可以作为绘制色彩纹理的重要参考。因此选择"菜单：文件—Import Resouces"导入资源，将我们前期制作的Curve、AO、Normal、Displacement贴图作为资源导入到项目的文件夹上，如图7-63、图7-64、图7-65所示。

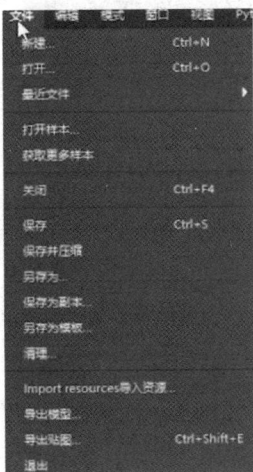
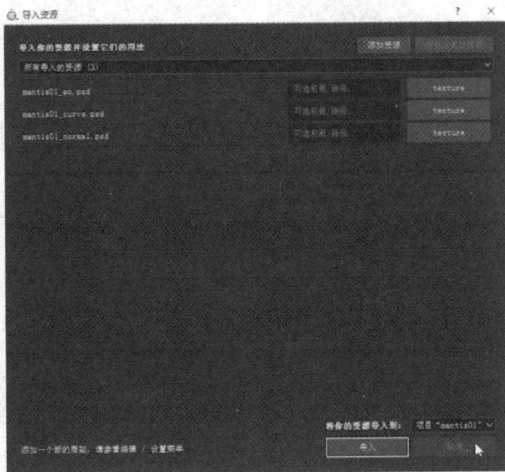
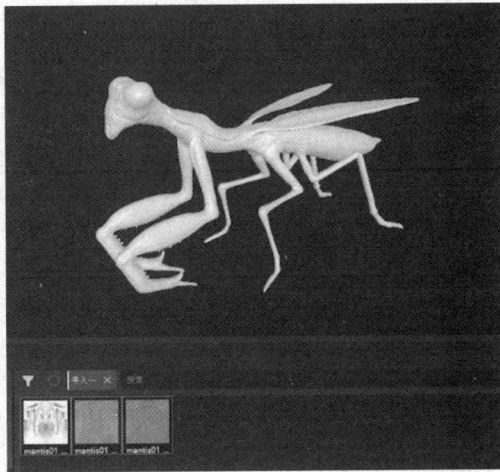

图 7—63　　　　　　　　　　图 7—64　　　　　　　　　　图 7—65

步骤25：在Substance Painter软件右侧的图层面板中点击 图标，为模型添加一个"填充图层"，在下面的属性面板中将填充的颜色改为绿色，然后再右键点击 图标，为这个填充图层添加一个黑色遮罩，再次右键点击刚创建好的黑色遮罩，为遮罩也添加一个填充，如图7-66、图7-67、图7-68所示。

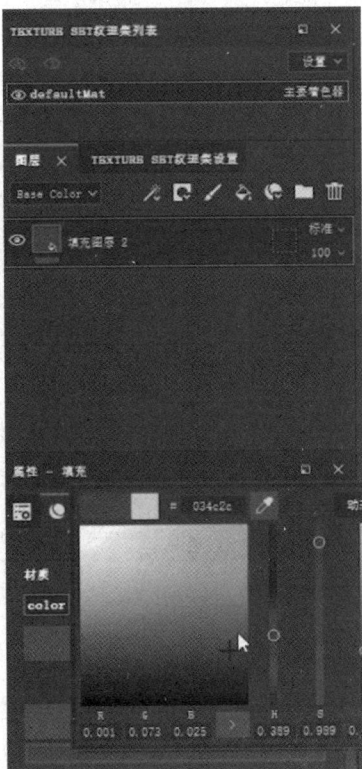
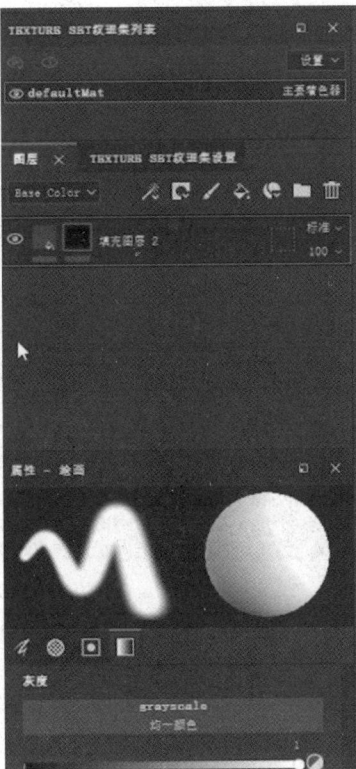
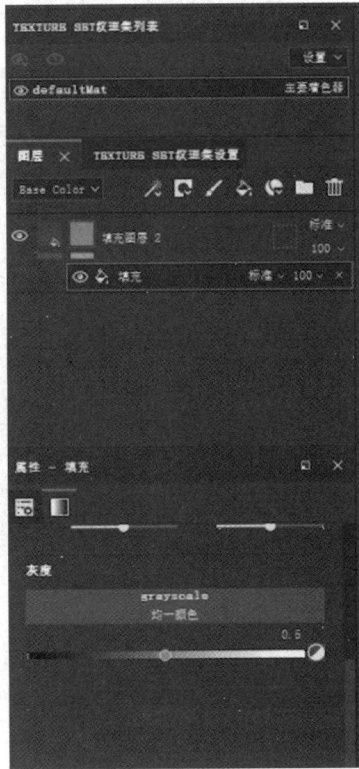

图 7—66　　　　　　　　　　图 7—67　　　　　　　　　　图 7—68

步骤26：将前期载入到工具架中的AO贴图拖拽到遮罩填充的"灰度"属性上去，并对这个AO贴图添加一个反相的滤镜，这样原来贴图中较暗的颜色就变成白色，白色的地方作为遮罩是可以显示出填充的墨绿色的，模型中距离比较近的暗部颜色就成为一种柔和的墨绿色调，这是Substance Painter软件绘制贴图时最有效率的工作方式，如图7－69、图7－70、图7－71所示。

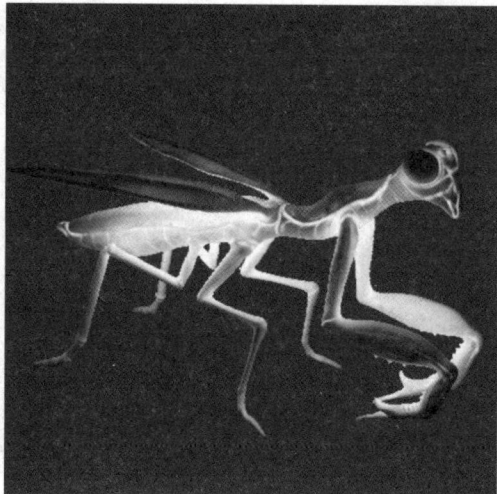
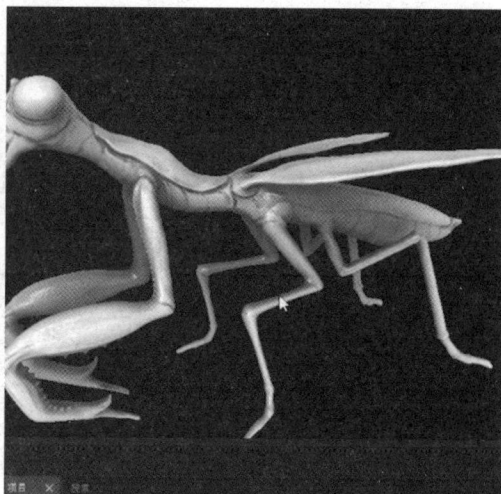

图 7－69 图 7－70 图 7－71

步骤27：点击 图标，为模型添加一个"填充图层"，在下面的属性面板中将填充的颜色改为嫩黄绿色，再右键点击 图标，为这个填充图层添加一个黑色遮罩，再次右键点击刚创建好的黑色遮罩，为遮罩也添加一个填充；将前期载入到工具架中的Displacement贴图拖拽到遮罩填充的"灰度"属性上去，在刚才填充上去的遮罩上再单击右键"添加色阶"加强Displacement的对比度，让模型突出的结构呈现一种浅绿色调，如图7－72、图7－73、图7－74所示。

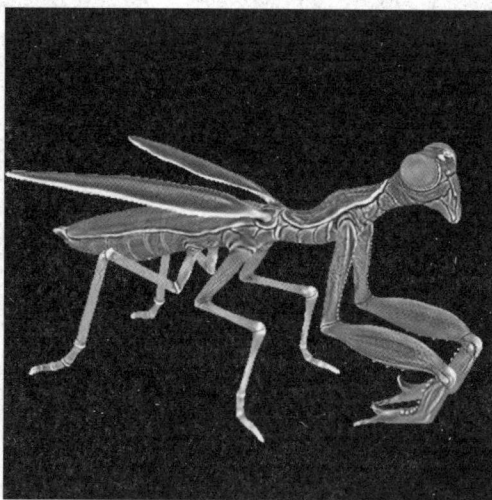
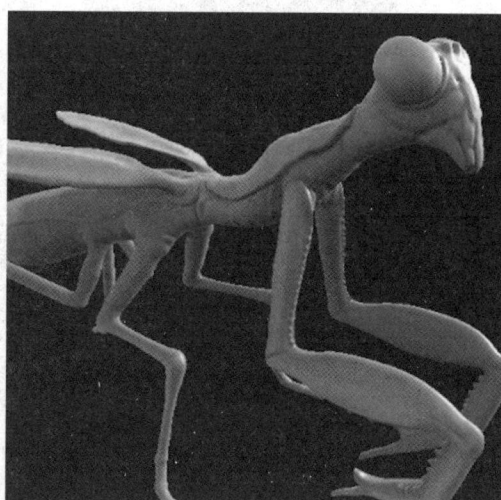

图 7－72 图 7－73 图 7－74

步骤28：依此方法再在最上方的图层添加图层 ，这个工具可以在模型上面直接添加一个绘制图层，我们可以在这个图层上直接用Substance Painter里面的各种笔刷进行纹理的绘画，也包括绘制螳螂眼部的细节等。

步骤29：画好纹理之后，点击进入Texture Set纹理集设置面板，点击"烘焙模型贴图"按钮，最终得到一张模型的Color（颜色）贴图。这种生成贴图的方式要比传统的通过Photoshop制作出来的贴图更加自然完美，几乎可以达到超写实的水平，如图7-75、图7-76所示。

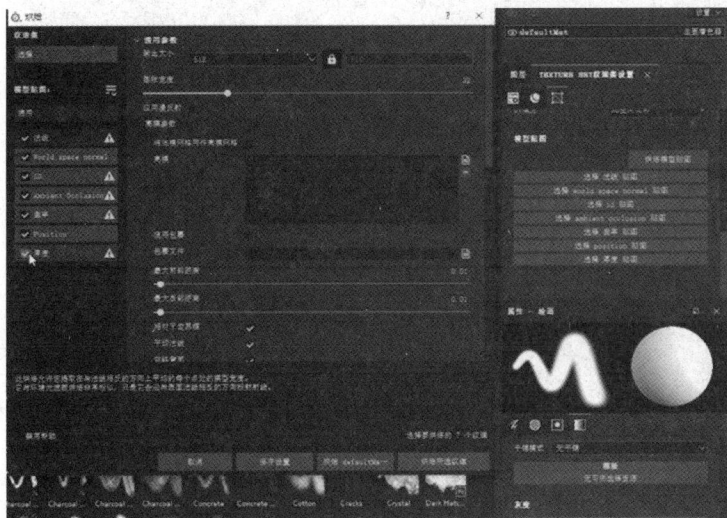

图 7—75

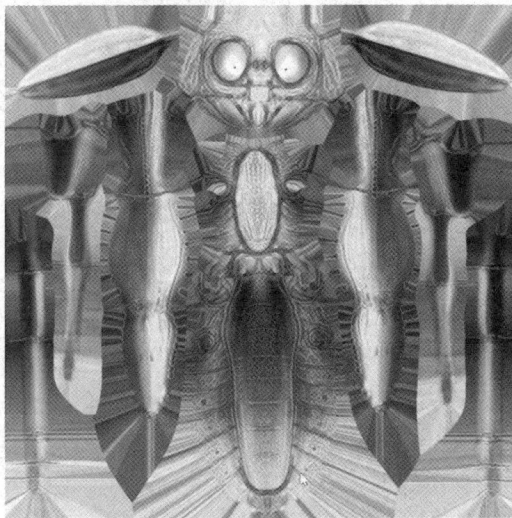

图 7—76

7.4 最终渲染测试

步骤30：将螳螂的中模导入场景，在模型上点击右键为模型指定新材质，在材质选择窗口为模型选择Arnold的aiStandardSurface1材质，将Color贴图链接到材质的"Base—Color"的属性上面，将"Base—Weight"设置为0.944，将"Specular—Roughness"值设置为0.151，让模型的表面在渲染时显得比较光滑，如图7-77、图7-78所示。

在 Maya 中进行渲染测试

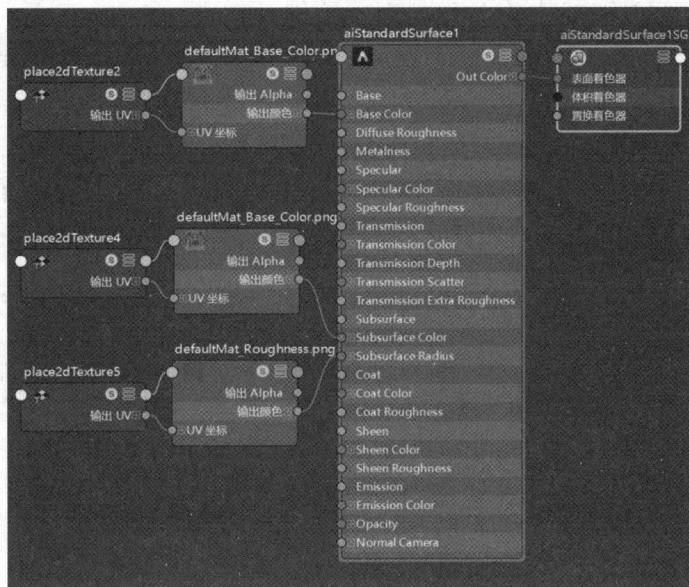

图 7—77

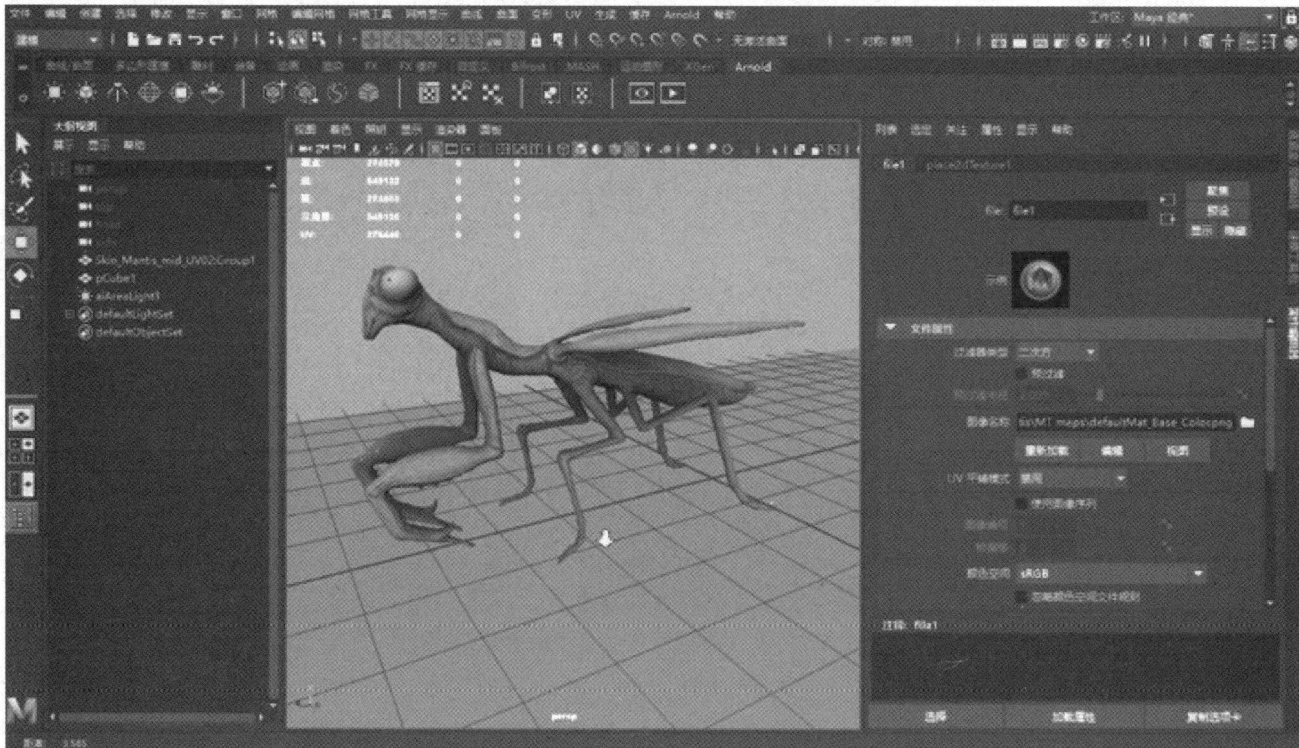

图 7—78

步骤31：在这里需要着重说明的一点是置换（Displacement）贴图的链接方式，在Arnold材质系统中要链接置换贴图，必须进入材质组节点进行链接，在 aiStandardSurface1 材质栏点击 aiStandardSurface: aiStandardSurface1 向上一级的图标，进入 aiStandardSurface1SG 属性栏，在属性栏中的置换材质添加一个贴图，选择前期制作好的置换贴图，进入置换贴图file2的节点属性栏，将"颜色空间"设置为Raw格式，"颜色平衡—Alpha增益"设为0.02，将Alpha为亮度勾选。最终的贴图节点链接方式可以参考图7－79、图7－80、图7－81。

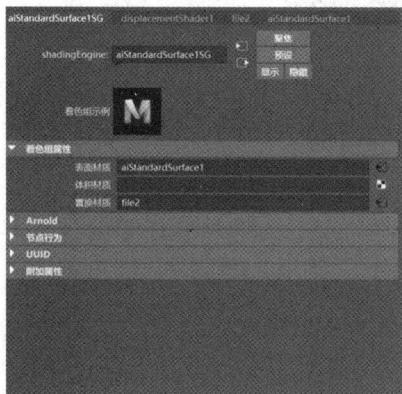

图 7—79

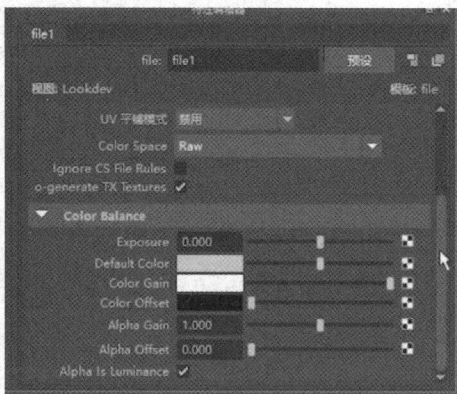

图 7—80

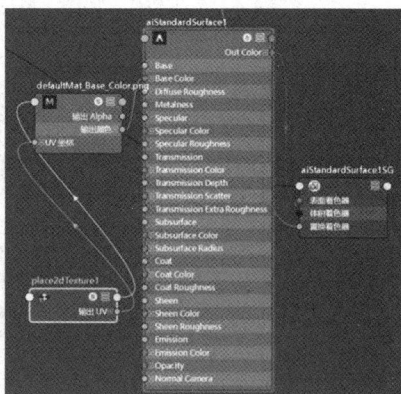

图 7—81

步骤32：设置好贴图后就可以对模型进行最终渲染，在模型下方放置一个多边形的平面作为地面，并点击 Arnold 工具架中的 图标，为场景添加一个aiSkyDomeLight1的环境球灯光，这种灯光需要在其Color属性上添加一张 .HDR 贴图［HDR，本身是 High－Dynamic Range（高动态范围）的缩写，这本来是一个CG概念。HDR的含义，简单说，就是超越普通的光照的颜色和强度的光照。HDR贴图会作为环境光，不但可以起到反光板那样的照射效果，更重要的是被渲染物体表面会产生超丰富逼真的自然反光效果。〕最终使用Arnold渲染得到画面的效果，如图7-82、图7-83、图7-84所示。

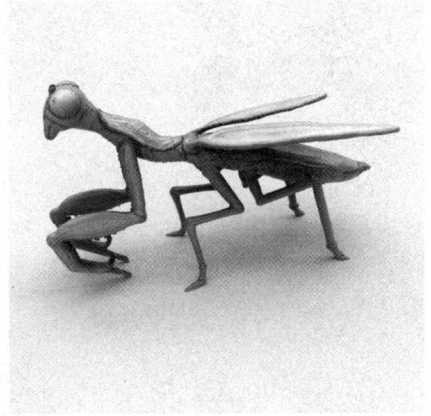

图7-82   图7-83   图7-84

8

第8章 高精度小·龙虾制作

8.1 资料收集

小龙虾，也称克氏原螯虾、红螯虾和淡水小龙虾。成体长5.6～11.9厘米，暗红色，甲壳部分近黑色，腹部背面有一楔形条纹。幼虾体为均匀的灰色，有时具黑色波纹。螯狭长。甲壳中部不被网眼状空隙分隔，甲壳上具明显颗粒。

小龙虾爪子是暗红色与黑色，有亮橘红色或微红色结节。幼虫和雌性的爪子的背部颜色可以是黑褐色、头顶尖长，经常有轻微的刺或结节，结节通常具锋利的脊椎。

体形较大呈圆筒状，甲壳坚厚，头胸甲稍侧扁，前侧缘除海螯虾科外，不与口前板愈合，侧缘也不与胸部腹甲和胸肢基部愈合。颈沟明显。第1触角较短小，双鞭。第2触角有较发达的鳞片。3对颚足都具有外肢。步足全为单枝型，前3对螯状，其中第1对特别强大、坚厚，故又称螯虾。末2对步足简单、呈爪状。鳃为丝状鳃。以下是从网络搜集的素材图。如图8－1所示。

小龙虾制作 1

图 8－1

8.2 构建龙虾ZSphere模型

记住龙虾的特征后，下面就开始在ZBrush中制作它的ZSphere形态了，在制作前要对龙虾的基本形态进行分析，将各部分的形态进行归纳和拆解，要考虑好从哪个部分开始，如何搭建。这些都需要在实践中尝试最合理的ZSphere布局。一个合理的ZSphere基本也就能够充分地表达龙虾的基本样貌。

步骤1：首先在画布上创建一个ZSphere作为身体的中间部位，然后进入编辑模式，打开x轴对称，按A键预览网格，确认在x轴的正交方向下，也就是让x轴的轴心正对着屏幕，如图8-2所示。

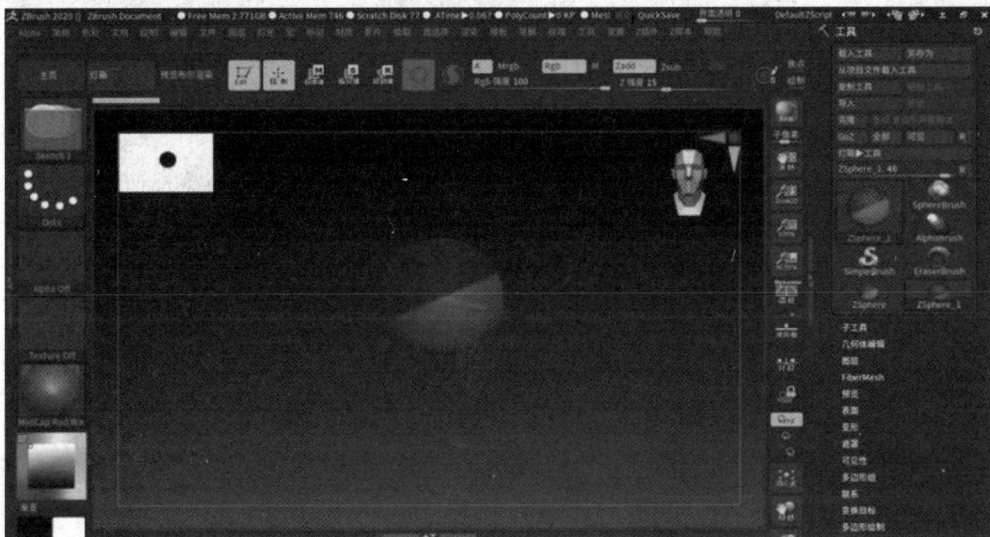

图 8-2

步骤2：在ZSphere上继续拖拽鼠标左键创建身体其他部位的ZSphere球，直至形成龙虾的基本身体造型结构。这个过程有点像绘画的起稿阶段，应尽量不要考虑形体的细节部分，而是尽量抓住造型的基本特征和动势，在制作过程中随时可以按A键预览生成的多边形网格效果，如图8-3所示。

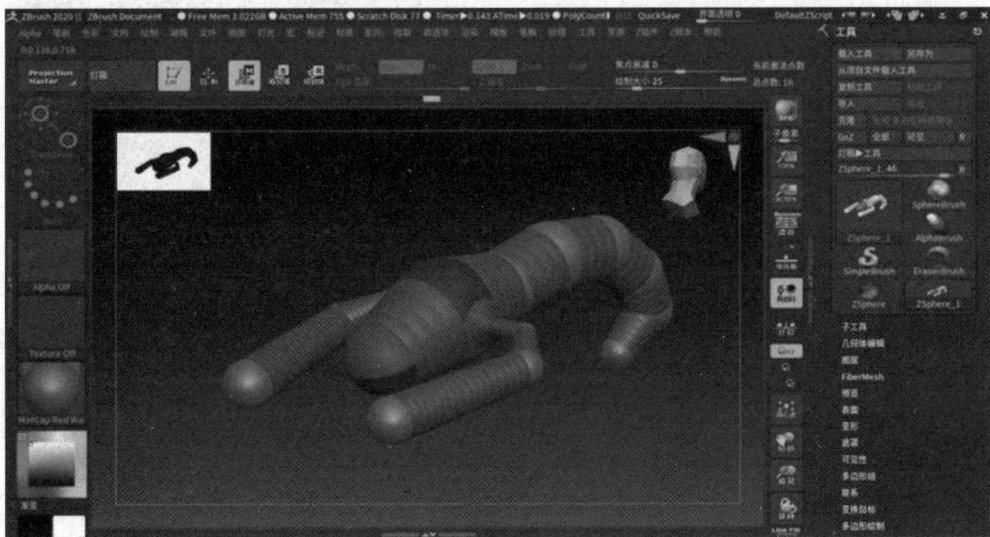

图 8-3

通过预览网格，观察龙虾身体与前螯的比例关系，确保各部分比例关系适当，可以酌情适当用ZSphere的引力球功能来调节身体的形态。点击龙虾的肢体可以创建更多段的ZSphere物体。在绘制模式下，按住Alt键单击一次ZSphere球链就会形成一个引力球。通过预览网格，可以发现龙虾的基本形态已经出来。

步骤3：继续创建头部的ZSphere，注意头部和身体的比例关系，如图8-4所示。

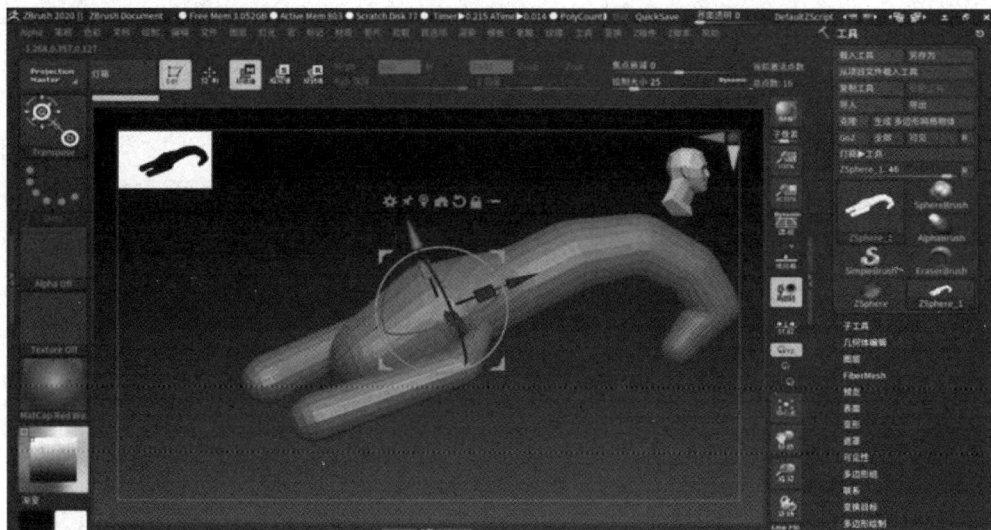

图8-4

步骤4：按A键预览龙虾身体的网格，此时可以打开工具面板的"自适应蒙皮"选项，在菜单中点开预览，并将"密度"设为1，将"Dynamesh分辨率"设为0，这样设置是为了得到一个最精简的龙虾模型，这个很像是画素描时，先用长的直线起稿的效果，越精简的模型越适合在建模初期进行大型的调节，这也是将"密度"设为1的原因。当然随着ZBrush软件的不断升级与完善，ZBrush的建模方式越来越灵活，软件也支持直接进入细节雕刻的建模方式。当然对于新手学生来说，还是从最精简的模型逐渐进入细节塑造的流程更科学有效，如图8-5所示：

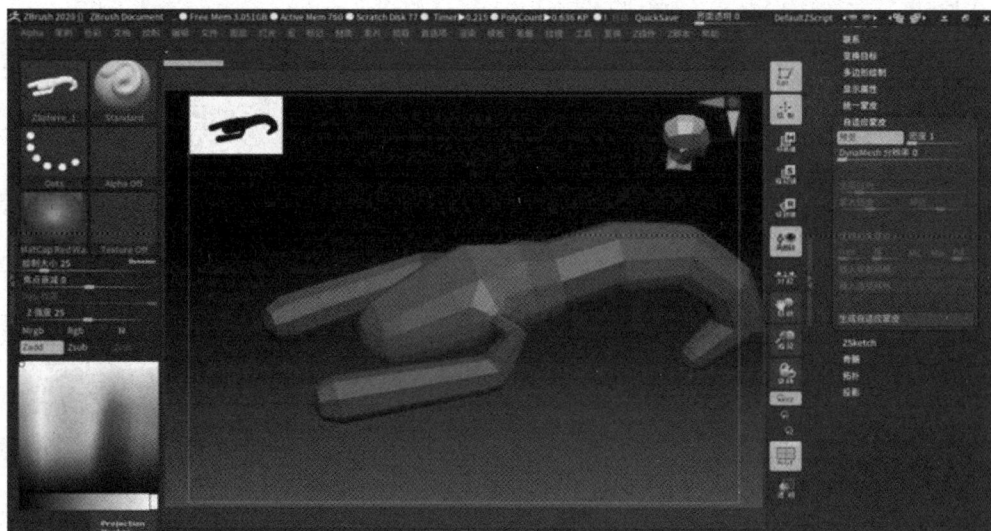

图8-5

8.3 Polymesh 网格调整

在每一个ZSphere模型制作的过程中都要经过这个阶段，因为从ZSphere模型转换成Polymesh模型后，模型的形态都不是理想的。从整体来看，这个面数较低的模型（低模）无论从结构还是布线来说都不符合正确的制作要求，所以在这一步就要尽量将这个低模模型用"Move笔刷"推出大的结构关系，让这个低模尽量接近雕塑模型的最终结果，其目的就是为了后面的雕刻过程中更容易抓住形体的特征，并为最终制作UV打好基础。

步骤5：在Adaptive Skin（自适应蒙皮）卷展栏中单击Make Adaptive Skin（生成自适应蒙皮）按钮，把刚才所制作的这个ZSphere模型生成为自适应蒙皮网格物体，如图8-6所示。

小龙虾制作 2

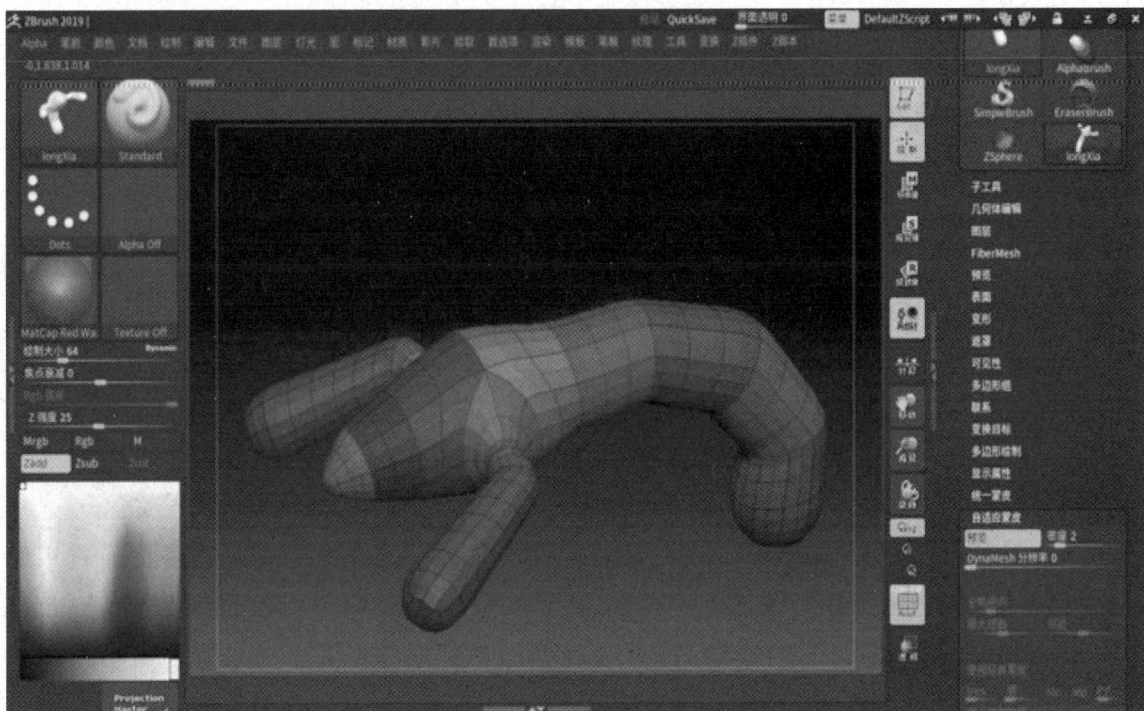

图 8—6

步骤6：在此基础上对龙虾造型的Polymesh模型进行整体的网格调整，逐渐进入对龙虾模型的雕刻状态，在雕刻的过程中不同的制作者使用的工具会略有差别。ZBrush为我们提供了大量的笔刷工具，这是ZBrush软件的核心部分，因为ZBrush软件的本质就是用计算机来模拟三维的雕塑制作，而如何用最顺手的工具来塑造数字黏土，就是ZBrush软件所要面对的主要课题，因此ZBrush软件自问世以来每一次升级新版本都会对各种雕刻工具进行优化和加强。学生学习ZBrush软件就是要在制作过程中运用最为合适的工具，以高效的方式塑造三维形体。初阶建模的过程中，最常用的工具就是Standard（普通）笔刷、Clay（黏土）笔刷、Move（移动）笔刷、Slash3（砍削）笔刷等。如图8-7所示。

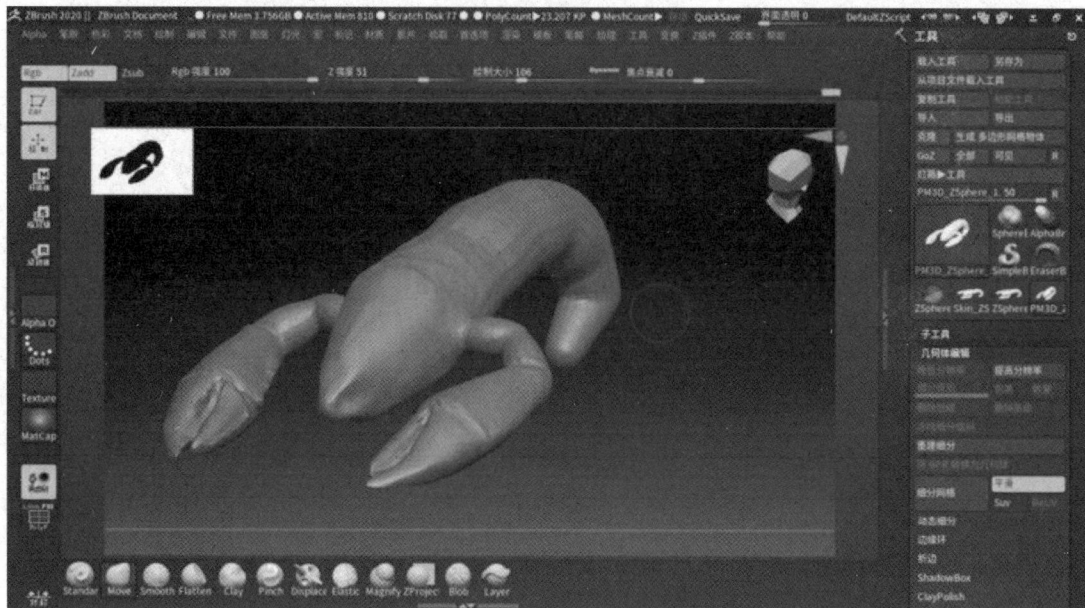

图 8—7

步骤7：在雕刻模型之前，首先需要确定从模型的哪一部分入手，这个可以根据自己的兴趣点来决定，在这个模型中作者决定从小龙虾的头部开始入手。在确定了从何入手之后，下一步就要对整个雕刻的过程有一定的计划和安排，以确定一个明确的制作思路。小龙虾的头部结构较丰富，集中在头部前面的一小部分，这里有龙虾的眼睛和触须以及一些细小的结构。另外龙虾除了有前面的一对大螯钳之外，后面还有4对细长的节肢状足，在本次制作中作者并没有将这些纤细的触须与节肢用ZSphere球搭建，而是使用工具面板中的CurveTube（线管）工具来制作。应该说ZSphere球在创建比较粗壮的肢体时是非常方便的工具，而且可以很方便地调节模型的动态关系；而对于非常纤细的触须最方便的方式是使用CurveTube（线管）工具，如图8-8所示。

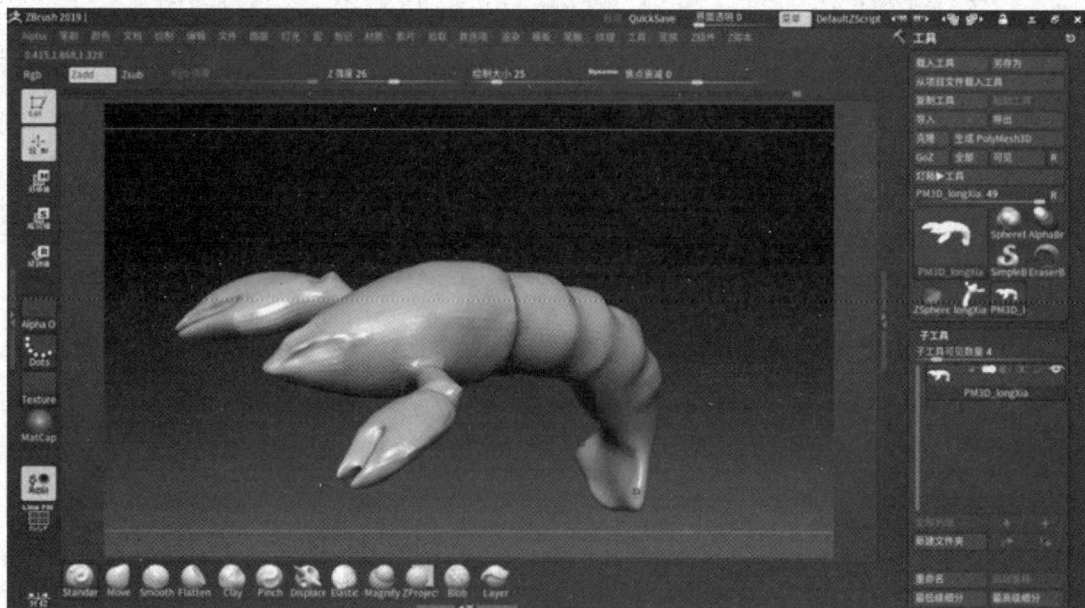

图 8—8

　　步骤8：在使用CurveTube（线管）工具为小龙虾制作触须的时候，作者已经对龙虾身体模型的主体部分进行了三级细分，这是因为在进行深入的细节刻画时，模型必须有足够的面数来表达细节，此时模型的多边形面数为18万个左右，这个面数基本能够满足制作小龙虾的细节要求了。而在三级细分下要使用CurveTube（线管）工具必须注意一个问题：CurveTube（线管）工具不能在高细分级别下使用，如果想使用这个工具，就必须删除或冻结细分级别，在这里作者采用"冻结细分级别"的方法。在工具面板的"几何体编辑"卷展栏下点击"冻结细分级别"使其处于高亮显示状态，此时就可以用CurveTube（线管）工具进行画线的操作，在画线时应该注意"笔刷大小"要调到接近物体直径的状态，这样画出的线体调节起来就更加方便。在画线结束以后，视图中就出现了类似触须的几何多边形形体，而此时第一步就是要回到工具面板的"几何体编辑"卷展栏下点击"冻结细分级别"使其取消高亮显示。此时触须和龙虾的身体处于一个"子工具"之中，如果想让触须不干扰身体的制作，就可以将两个物体进行拆分，选择"子工具—拆分—按组拆分"，此时触须和龙虾身体就成为两个独立的子工具，可以分拆编辑，如图8－9所示。

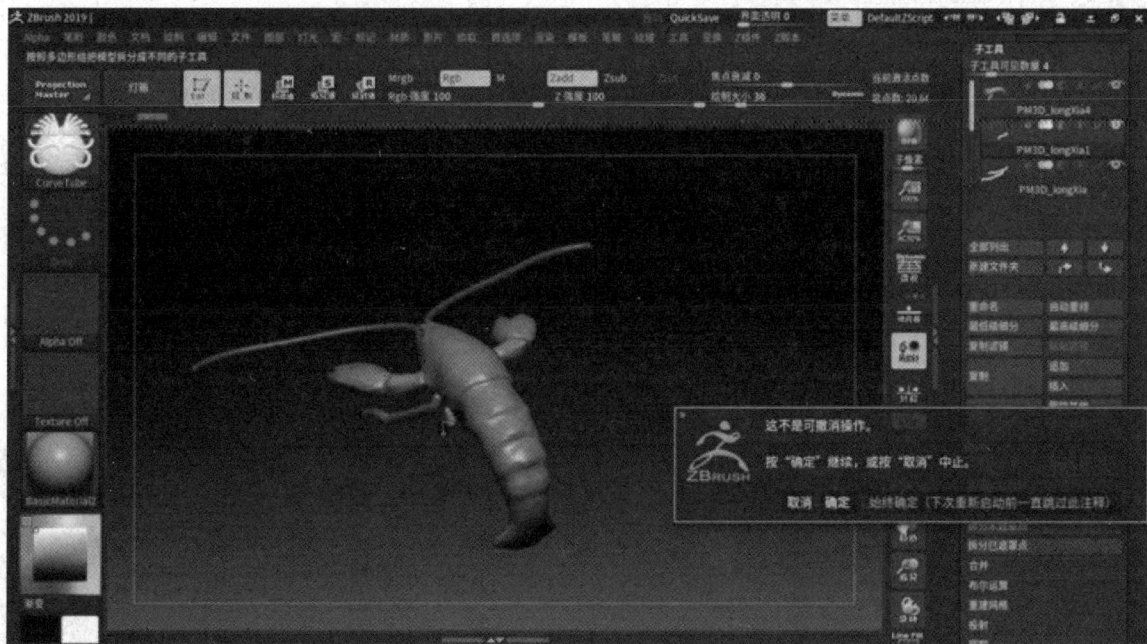

图 8—9

8.4　雕刻龙虾模型细节

　　步骤9：在这一阶段，我们要对小龙虾的头部进行深入塑造，虾子头部的结构比较复杂，要注意对眼睛、虾子外壳等细节的把握，可以多使用参考图来表现这些细微的结构。使用CurveTube（线管）工具为小龙虾增加虾须和后腿，并使用雕刻工具制作出虾子腿部的节肢状结构，如图8－10、图8－11、图8－12所示。

小龙虾制作 3

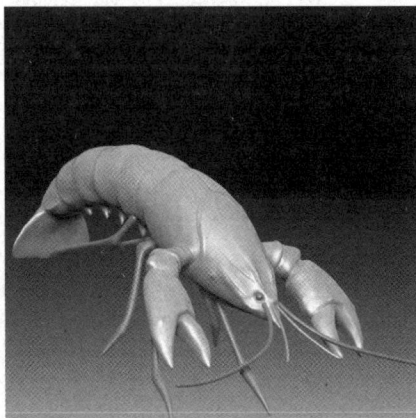
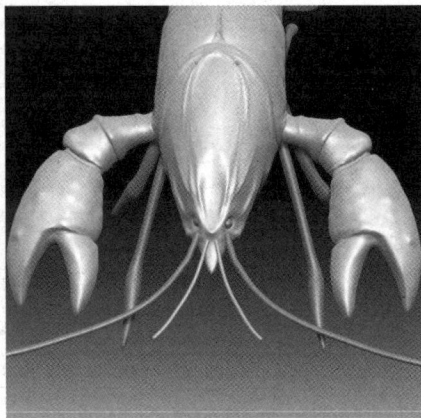

图 8—10   图 8—11   图 8—12

8.5   绘制龙虾表皮肌理

步骤 10：在笔刷的笔触上使用拖拽▣笔触，然后选择一种带有斑点状的单色图像作为 Alpha，使用 Standard▣笔刷配合拖拽笔触，在模型上拖拽叠印上小龙虾的斑点状突起，表现小龙虾的螯钳效果。在绘制的过程中要注意笔触与笔触之间的衔接，避免形成不合理的纹理叠加。我们在制作生物造型的时候经常会用到 ZBrush 的拖拽▣笔触来塑造物体的细节纹理，如图8-13、图8-14、图8-15所示。

小龙虾制作 4

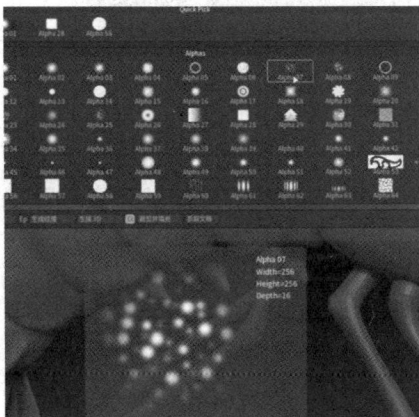
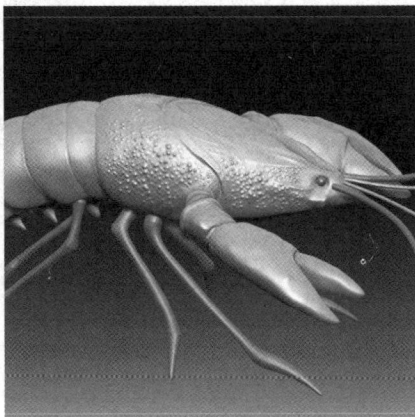
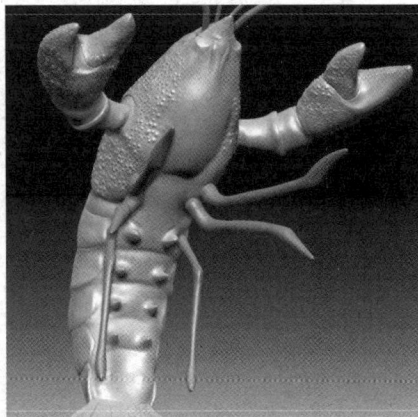

图 8—13   图 8—14   图 8—15

9

第9章 ZBrush古典雕刻制作——辟邪

辟邪是中国古代神话传说中的神异动物，龙头、马身、麟脚……形状似狮子，毛色灰白，会飞。在古代它主要象征"仁"与"瑞"。据《山海经》记载：辟邪之兽，源自海东神兽，能识破人间忠奸，触碰不义者即刻诛杀。辟邪也是中国传统文化中经常出现的一种动物形象，这种动物形象在古代传统雕塑中经常出现。辟邪即避凶，"辟"即"避"，"邪"即"凶""不好"。辟邪，南方人称貔貅，又名天禄，凶猛威武，在天上负责巡视工作，可阻止妖魔鬼怪、瘟疫疾病扰乱天庭。古时候人们常也用貔貅来作为军队的称呼。它有嘴无肛门，能吞万物而从不泻，可招财聚宝，只进不出，神通特异，现在很多中国人佩戴貔貅的玉制品正因如此。辟邪的身体主体类似与狮虎类的猛兽造型，头像狮子，有獠牙，身体壮硕，四肢粗壮有力，尾巴强健，通常有装饰性的翅膀结构，大部分辟邪雕塑都取昂首挺胸的行走状，可以此作为表现该雕塑的动态姿势，在装饰上或有角或无角。这一章就尝试使用ZBrush软件来制作辟邪，通过辟邪的制作我们可以初步掌握四足动物的表现方法，另外，通过这一造型的临摹练习，也可以初步了解中国传统雕塑的制作技巧，理解中国传统雕塑的意象性和造型语言的特色。图9-1、图9-2、图9-3是从网络搜集的素材图。

图 9-1　　　　　　　　　　图 9-2　　　　　　　　　　图 9-3

9.1　基础网格的搭建

9.1.1　制作辟邪基础造型

步骤1：辟邪是一种四足的狮子形象，在制作四足的时候，比较合理快捷的办法还是先用Z球链搭建模型的基本形态。在最初搭建Z球链的时候要注意辟邪身体

制作辟邪雕塑 1

四肢与整体之间的关系，主要是长度关系以及他们各自的粗细程度，如图9—4、图9—5、图9—6所示。

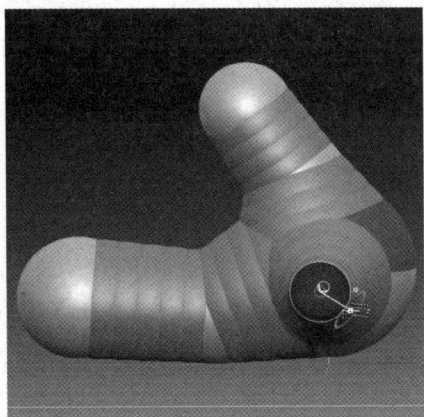
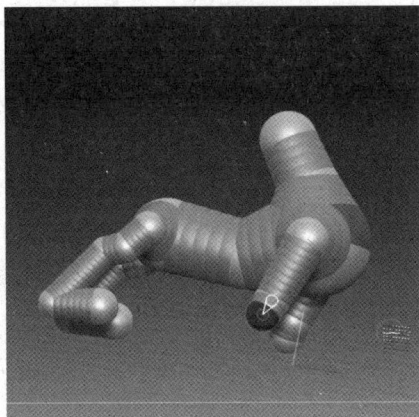
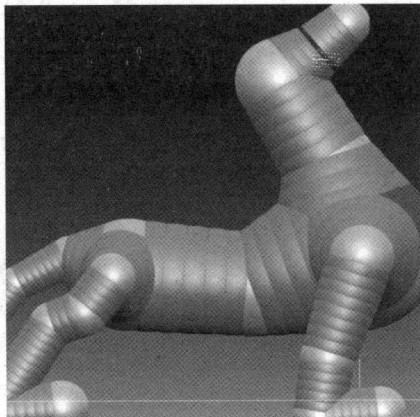

图9—4　　　　　　　　　　　图9—5　　　　　　　　　　　图9—6

步骤2：将整个身体的Z球链搭建完成，取消X轴的对称关联，使用移动工具调整Z球链腿部关节的位置，摆出辟邪的基本造型，如图9—7、图9—8、图9—9所示。

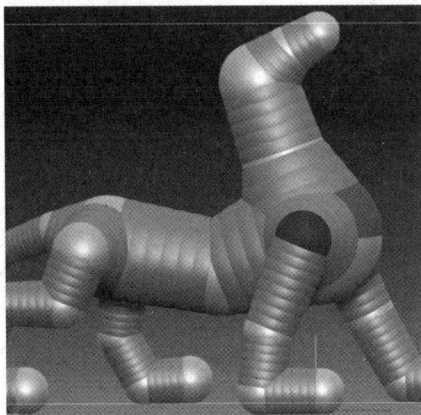
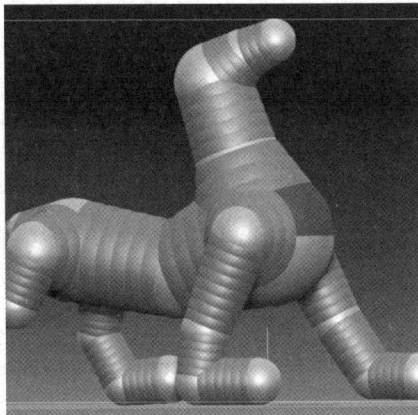
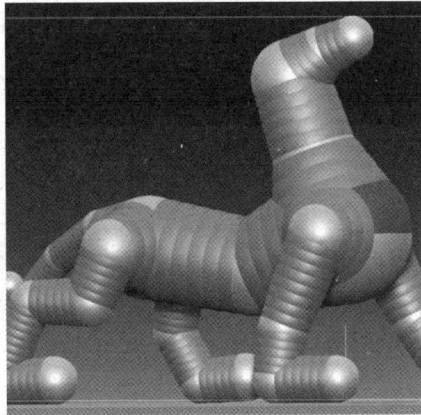

图9—7　　　　　　　　　　　图9—8　　　　　　　　　　　图9—9

9.1.2　将Z球链转化为多边形网格进行雕刻

步骤3：确定Z球链基本符合造型结构之后，进行"自适应蒙皮"的操作，将"密度"设为2，将"Dynamesh分辨率"设为0，得到一个比较精简的模型造型，按住Shift＋F键，对模型进行网格显示，此时模型是彩色的，每一个颜色就代表Z球链的一节结构，在这个多边形的状态下比较适合调整模型的大结构。这时主要使用Move Topological Popup＋T▇（移动笔刷）对模型的大结构进行调节，让模型产生较好的动态关系，为后期的深入雕刻做好准备，如图9—10、图9—11、图9—12所示。

制作辟邪雕塑 2

步骤4：继续使用移动笔刷来调整模型的大结构，在这一阶段，主要是把原来的Z球链阶段无法做出的造型进行拉伸以达到最终的效果，如图9—13、图9—14、图9—15所示。

步骤5：继续调整低面多边形的网格，对前面制作的模型进行细分网格的操作，然后直接用Move（移动）笔刷将辟邪的下巴拉出，如图9—16、图9—17、图9—18所示。

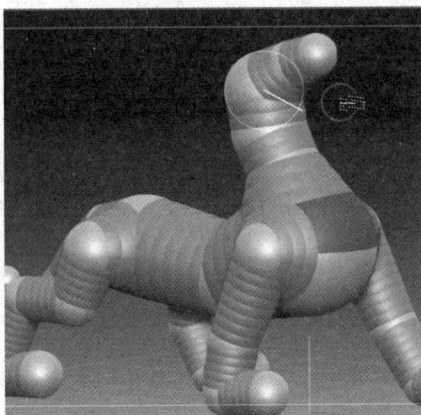

图 9—10

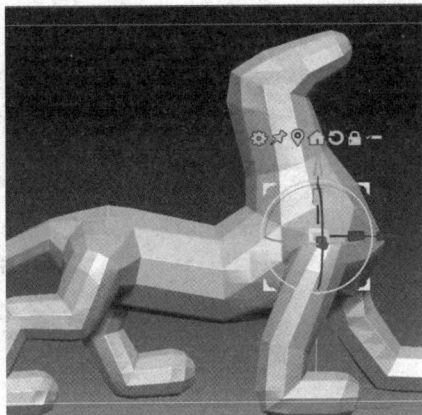

图 9—11

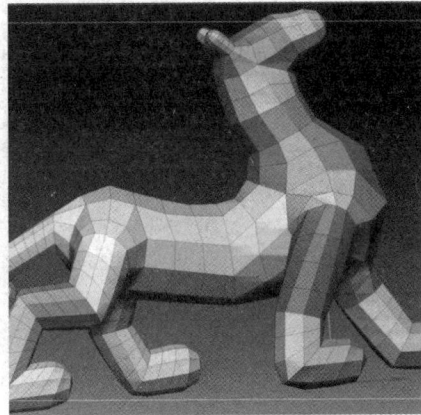

图 9—12

图 9—13

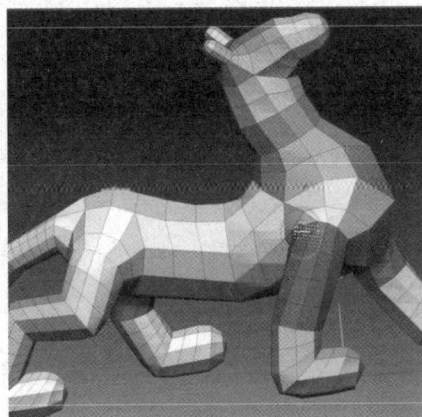

图 9—14

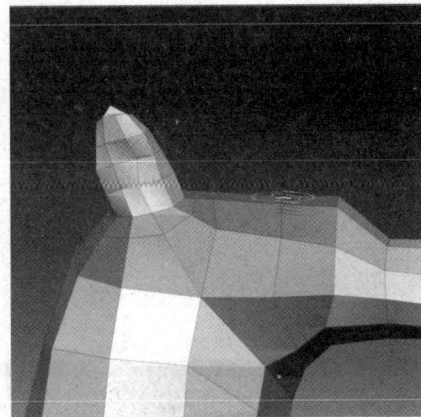

图 9—15

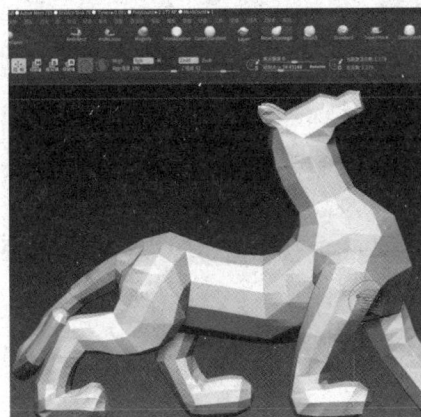

图 9—16

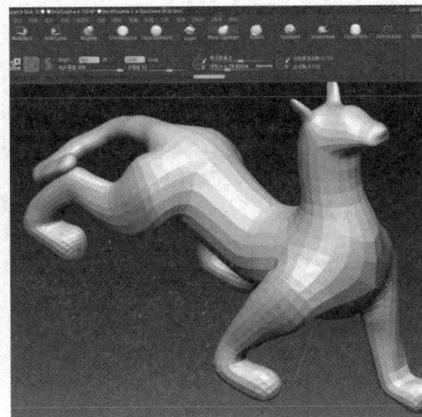

图 9—17

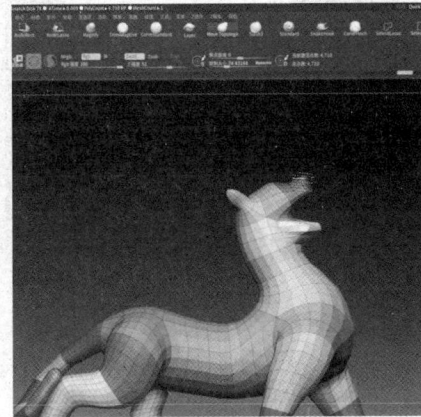

图 9—18

步骤6：使用CurveTube █笔刷画出辟邪头部的髭须结构，CurveTube █笔刷可以在模型的表面再画出线状的结构，我们一般用这个笔刷来画从模型上延伸出来的触须、角或肢体等结构。画好髭须的线状结构之后再使用移动笔刷调整形态，并使用遮罩来调整髭须和耳朵的方向结构，如图9－19、图9－20、图9－21所示。

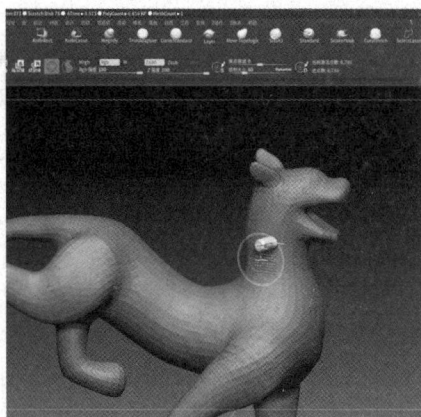

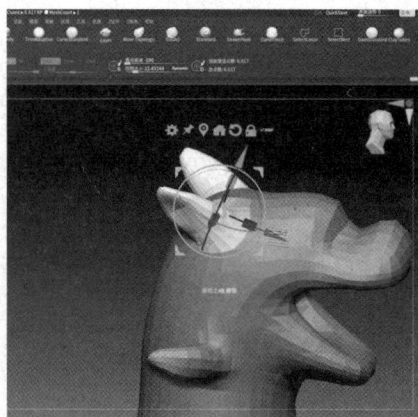

图 9—19   图 9—20   图 9—21

制作辟邪雕塑 3

步骤7：在子工具中追加一个Plane3D的面片，并将Plane3D面片网格的密度增加到6级。按住键盘上的Ctrl键，在平面上绘制一个云纹形的遮罩，然后再按住Ctrl + Alt键，用鼠标左键重复点击画遮罩的地方，每点击一次，画出的遮罩就锐化一次，直到黑白对比变得十分明显。此时选择"子工具—提取"按钮，将提取面板中的"平滑度"值设置为60，"厚度"值设置为0.02，打开双面显示，这样绘制遮罩的地方就形成了一个带有厚度的面片结构，我们将这个结构作为辟邪翅膀的一个形态，如图9–22、图9–23、图9–24所示。

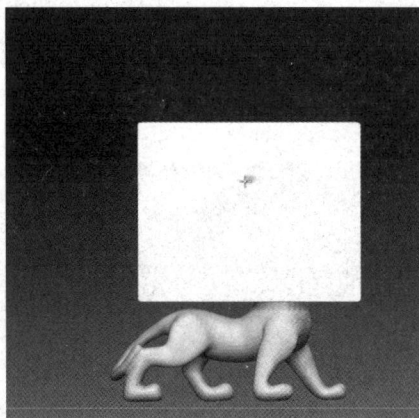

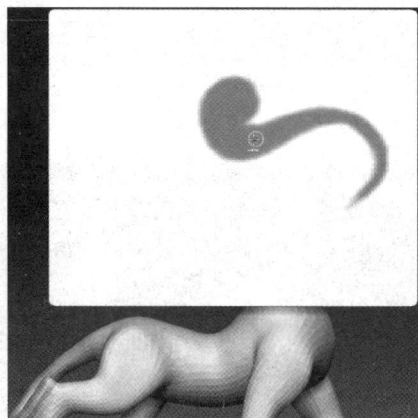

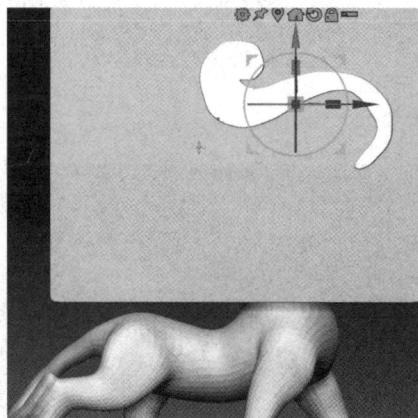

图 9—22   图 9—23   图 9—24

步骤8：按照步骤7绘制辟邪翅膀的另外一片结构，这里要注意绘制结构的灵动性和曲线感，绘制好以后再执行"工具—子工具—提取"命令，设置好合适的提取厚度，进行提取的操作。辟邪的翅膀造型基础结构制作出来，如图9–25、图9–26、图9–27所示。

步骤9：删除刚才创建的Plane3D面片，在3D视图中调整制作出的双翼的结构。将双翼的结构放置到合适的位置，要注意形态的流畅感和生动性，如图9–28、图9–29、图9–30所示。

步骤10：使用Move Topologic工具对辟邪翅膀的造型进行修改和调整，如图9–31、图9–32、图9–33所示。

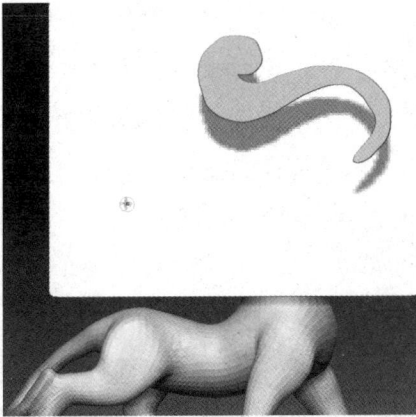

图 9—25

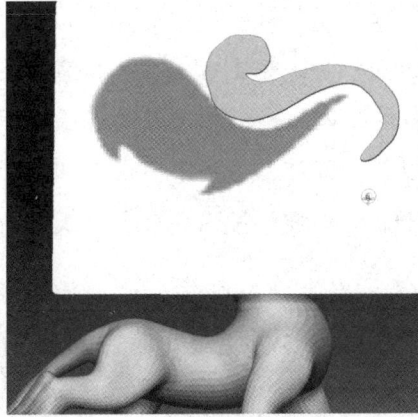

图 9—26

图 9—27

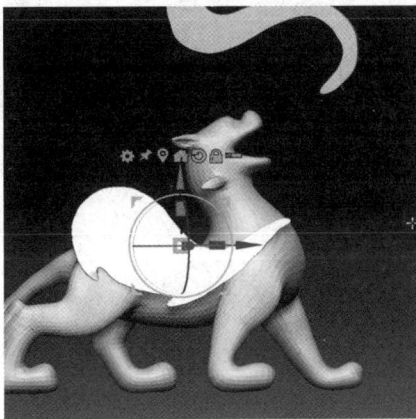

图 9—28

图 9—29

图 9—30

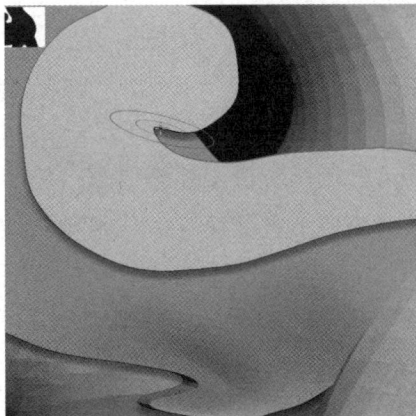

图 9—31

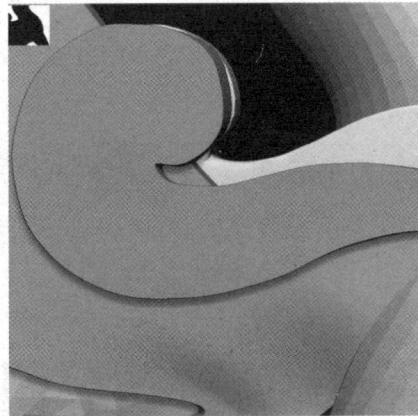

图 9—32

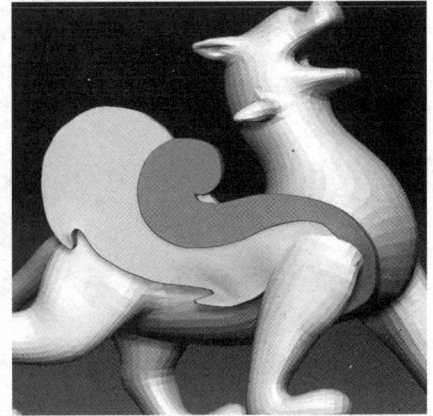

图 9—33

制作辟邪雕塑 4

制作辟邪雕塑 5

步骤11：为了方便观察，对辟邪模型重新赋予材质，这个材质具有柔和的色阶过渡，具有陶泥黏土的质感，也能够表现出亮灰面更多的细节，非常适合于工艺品雕塑的制作。在工具面板中选择"几何体编辑—细分网格"命令，对辟邪身体的造型进行细化，并通过绘制遮罩、遮罩反选等方法为辟邪造型添加髭须、眼睛、牙齿、鼻子鼻孔、口部牙床结构等细节。在添加细节的过程中要注意始终把握住中国古典雕塑的造型语言，要求在头部口鼻部保持一种饱满的视觉感受，如图9-34、图9-35、图9-36所示。

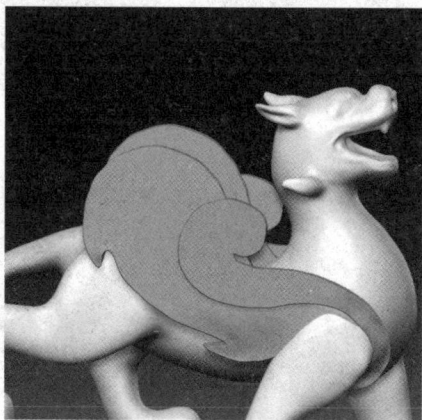 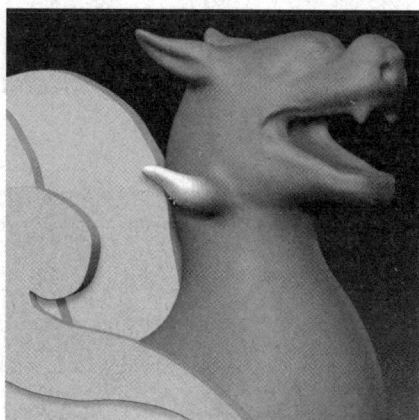 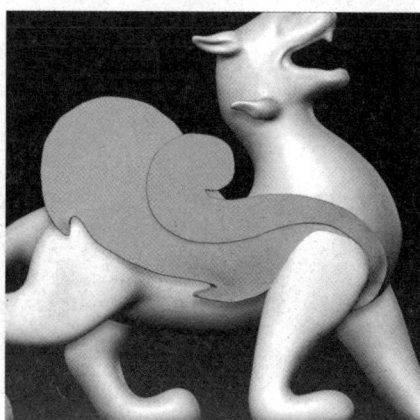

图9—34   图9—35   图9—36

9.2 辟邪身体造型的刻画、折边工具的使用

9.2.1 对辟邪的头部造型进行深入刻画

步骤12：使用ClayBuildup笔刷和Standard笔刷对模型进行深入塑造，对模型的脚爪进行细节刻画，此时应该注意造型本身的形体结构与装饰感的营造。在腿部肌肉的表现上也要注意解剖结构与造型装饰感之间的平衡点，如图9-37、图9-38、图9-39所示。

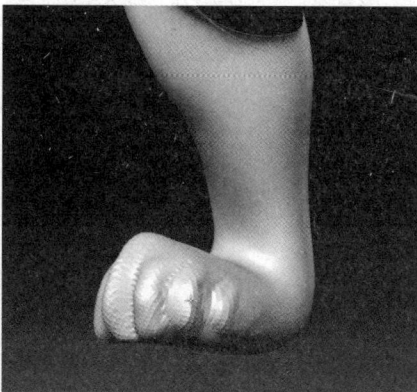 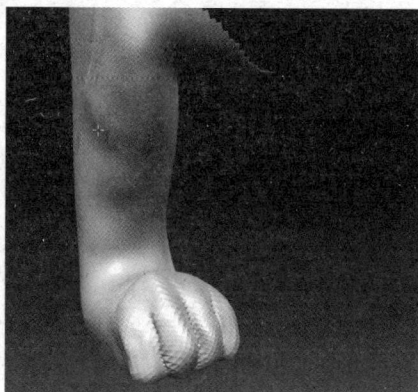 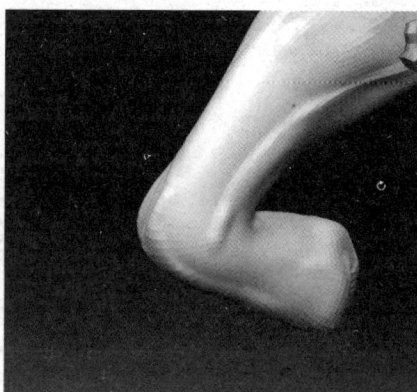

图9—37   图9—37   图9—39

制作辟邪雕塑 6   制作辟邪雕塑 7

步骤13：使用ClayBuildup 笔刷画出辟邪身体前面的结构，在制作结构的时候可以参考狮子或老虎身体和四肢，如图9－40、图9－41、图9－42所示。

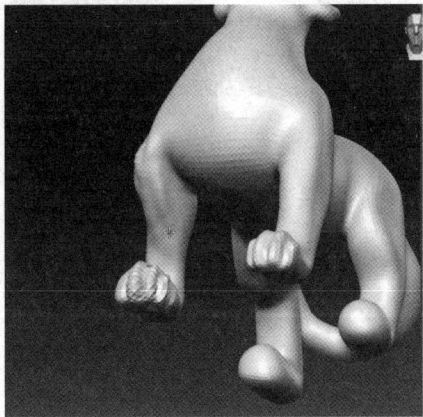

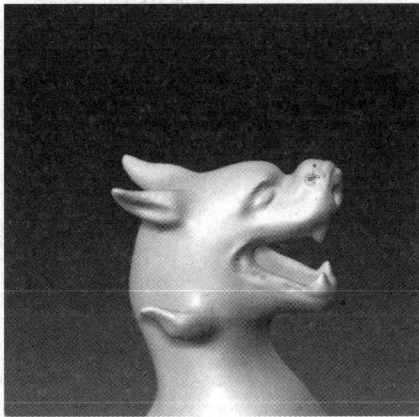

图 9—40   图 9—41   图 9—42

9.2.2 使用ZBrush中的折边工具抛光模型结构

步骤14：按住键盘上的Ctrl + Shift键，从弹出的面板中选择CreaseCurve 模式，在这一模式下在模型上绘画时可以产生一条带一侧阴影的直线，当按住Ctrl + Shift + Alt键则可以画出带转折的弧线，在这里要按照辟邪嘴部形态的走势来绘画线条，当完成线条的绘制之后，模型并没有发生明显的变化。接着，打开"灯箱"面板，在灯箱中的"笔刷"菜单里选择并点击"Smooth"文件夹，在此文件夹中找到"SmoothCrease. Z"这个平滑工具，当再次按住键盘的"Shift"键进行平滑操作时，刚才绘制过的线条处就会形成明显而强烈的折边效果，如图9－43、图9－44、图9－45所示。

图 9—43   图 9—44   图 9—45

步骤 15：对头部的耳朵和眼睛等结构都使用CreaseCurve 模式进行线条的绘制，并使用"SmoothCrease．Z"平滑工具对模型进行折边操作，如图9－46、图9－47、图9－48所示。

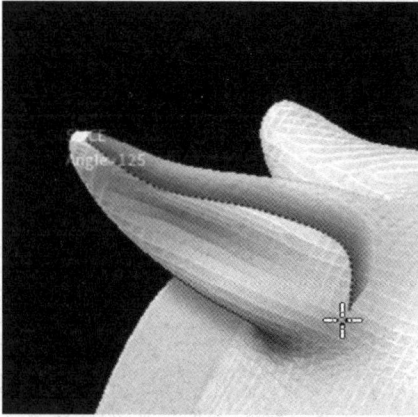

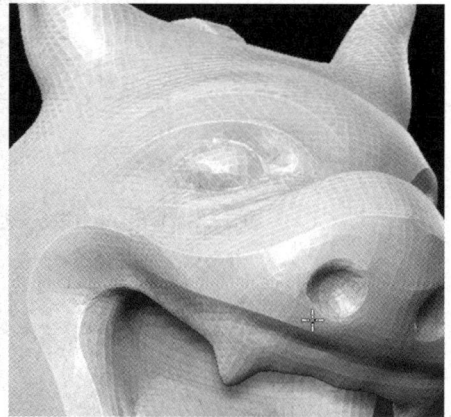

图 9—46　　　　　　　　　　图 9—47　　　　　　　　　　图 9—48

10

第10章 古典雕刻制作——唐三彩

10.1 唐三彩马形态结构分析

唐三彩陶器中，马是最常见的题材。三彩马一般作为随葬品，作为中国艺术瑰宝，唐三彩马可以多方位地折射出唐文化的绚丽光彩，为人们提供了认识中国唐文化历史价值的宝贵实物资料。三彩马形体硕大、构造复杂，无法使用普通手工拉坯法来完成，所以多用模制法成型。虽然是合模制作，但所有三彩马都各具特点，几乎找不出完全一样的三彩马来。从现存三彩马可以看出，唐代三彩匠师们不仅对马的外貌特点十分熟悉，而且对马的神态、秉性也有深入的了解，因此塑造起来得心应手。他们不仅使三彩马在外形上做到了十分逼真，而且充分发挥

唐三彩马雕塑 1

了艺术想象力，恰当地运用了艺术夸张的手法，使马的内在精神表现得淋漓尽致。此次练习临摹了一座立马俑，立马俑是唐三彩中最常见的品种，即四腿直立于长方形底板之上的三彩马，这一造型在唐三彩中很有代表性，立姿也让这种陶俑具有物理上的稳定性，通常左右基本对称。图 10－1、图 10－2、图 10－3是从网络搜集的素材图。

图 10—1

图 10—2

图 10—3

10.2 唐三彩马的ZSphere搭建

步骤1：首先在纹理菜单中点击"导入"一张唐三彩马的参考图，并使用![icon]"添加到聚光灯"工具，将参考图添加到文档空间中，并使用图片控制圆环修改图形的大小，将这张纹理图放到文档空间的边缘部分。然后再点击![icon]工具，在场景中拖拽产生Z球。打开X轴对称，对Z球进行添加，并使用移动![icon]和缩放![icon]工具对Z球链的位置和大小进行相应的调节，在这里一般不使用旋转工具，因为旋转会导致Z球链不对称。在搭建Z球链的时候要注意唐三彩马的动态趋势，这和自然界中马的造型有一些不同，如图10-4、图10-5、图10-6所示。

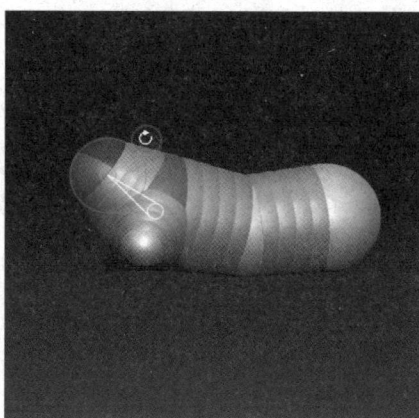

图 10—4   图 10—5   图 10—6

步骤2：继续在Z球链上增加关节制作马腿的基本结构，此时可以点击界面上的![icon]工具，打开地平线网格，这样可以参考地平线网格，让马的四只蹄都处于一个地平面上。在这一步，应该让Z球链形成的关节长度、动势尽量与参考图中的造型一致，这样可以避免在生成可编辑的三维模型时再修改大的动势。这个Z球链也就相当于实体建模中的雕塑骨架，要保证基本的比例和动势，如图10-7、图10-8、图10-9所示。

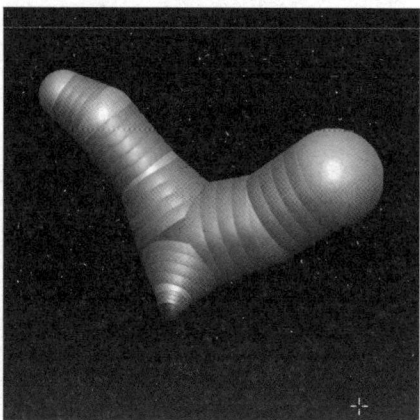
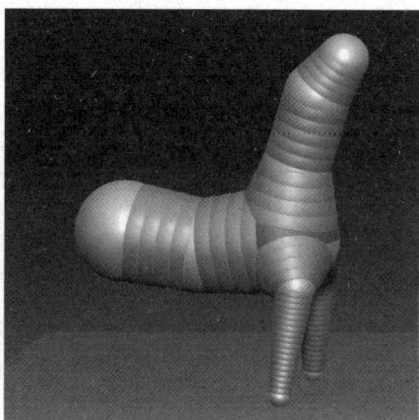
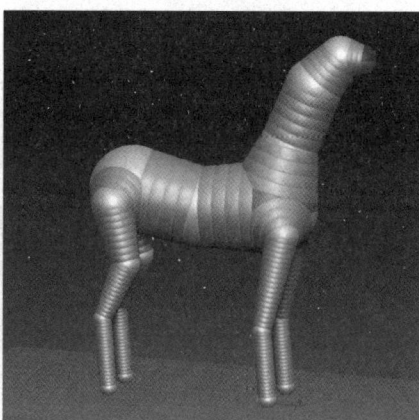

图 10—7   图 10—8   图 10—9

10.3　基础网格搭建

步骤3：在完成了基础的Z球搭建之后，可以按键盘的A键来预览马的网格效果，如果对这个网格比较满意，就可以对这个Z球链进行自适应网格。在这里我们将Dynamesh分辨率从256降为0，密度改为1。这样我们就可以将生成的模型降到最低级别，在这个低多边形的状态下对模型进行造型。这里主要是用Move Topology █ 笔刷对马的后腿、马蹄、马头等部位进行修改。我们在最低级别的多边形下要注意把握大的动势和结构关系，这很像是素描绘画的草图阶段，以直线来打轮廓，如图10－10、图10－11、图10－12、图10－13、图10－14、图10－15所示。

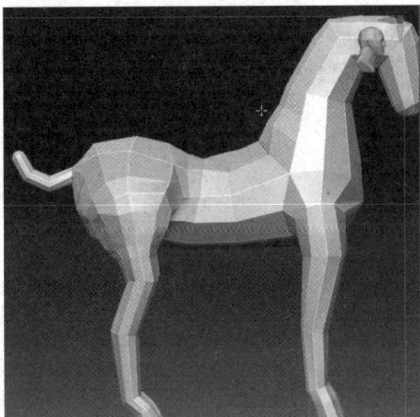

图 10—10

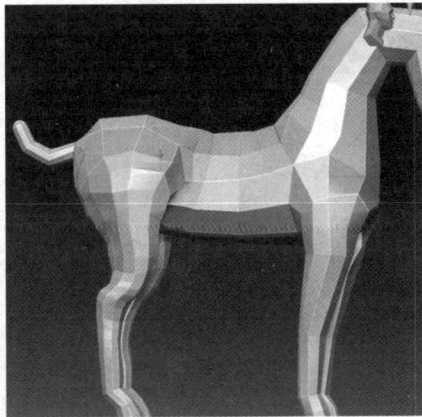

图 10—11

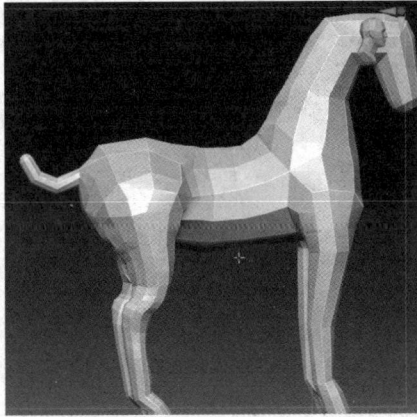

图 10—12

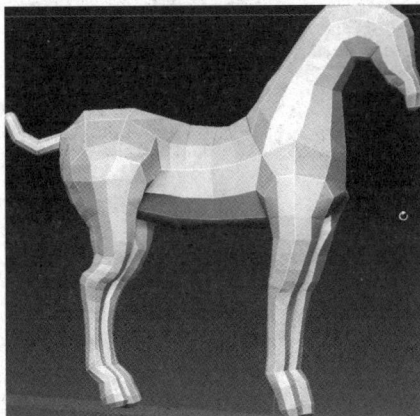

图 10—13

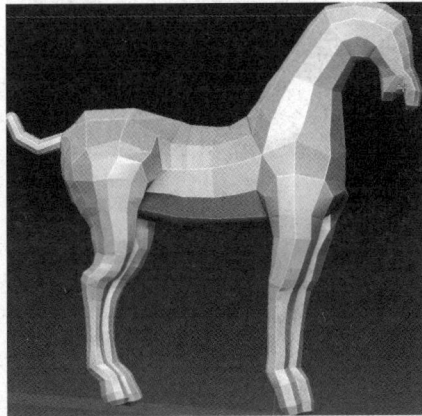

图 10—14

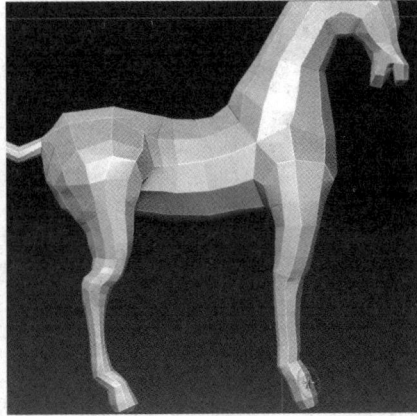

图 10—15

唐三彩马雕塑 2

唐三彩马雕塑 3

10.4 唐三彩马的身体造型塑造

步骤4：在完成了最低面数模型的制作之后，就要对模型提高网格的分辨率来雕刻细节了。在"工具—几何体编辑"面板里点击"细分网格"，将模型进行细分。然后使用ClayBuildup笔刷继续雕刻模型，雕刻马鞍、马鬃、马的配饰等造型，如图10－16、图10－17、图10－18所示。

步骤5：使用绘画遮罩的方法，拉出马的耳朵，并对马的头部进行深入的刻画和塑造。对马的肌肉结构进行刻画时要多对比、参考图片，从多个角度进行雕塑，在这个阶段还要注意整体的动态关系，直到达到比较满意的效果。在这个过程中会出现模型的某些部位因为雕刻起伏过大，网格拉伸明显的情况，这时就要在"工具—几何体编辑"面板中选择"Dynamesh"选项对模型的网格进行重新分布，获得一个网格非常均匀密实的模型，以便于进一步深入雕刻，如图10－19、图10－20、图10－21所示。

唐三彩马雕塑 4　　　唐三彩马雕塑 5

 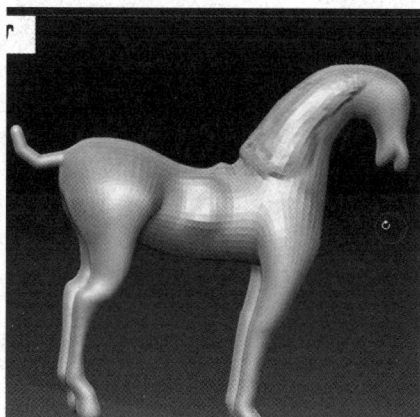 

图 10－16　　　　　图 10－17　　　　　图 10－18

图 10－19　　　　　图 10－20　　　　　图 10－21

步骤6：继续在"工具—几何体编辑"面板里点击"细分网格"，对模型进行细化，一般的单体模型可以达到100万～200万面的级别。此时，可以使用DamStandard🔲笔刷，在模型上刻画出内陷的结构和线条，卡出一些重要的结构，在这个关于唐三彩马的制作中主要是对马鬃、前后肢肌肉、眼部、马鞍、璎珞装饰等结构进行刻画。在此过程中，应该注意唐三彩雕塑是一种陶瓷雕塑，要把握好最终完成品制作刻画的程度，保持雕塑的整体感。如图10－22、图10－23、图10－24所示。

图 10—22　　　　　　　　　　图 10—23　　　　　　　　　　图 10—24

10.5　使用顶点着色的方法为唐三彩上色

步骤7：在完成了雕塑制作之后，考虑到这个雕塑只是作为一种静态展示，并不制作动画，因此在这个案例中采用顶点着色的方法对模型进行上色。顶点着色是ZBrush软件很有特色的一种纹理制作方法，不需要对模型进行分UV，但是顶点着色对模型的面数有要求，模型的面数越高，顶点着色的效果就越好。要进行顶点绘制，首先在Material中选择SkinShade4这个材质赋予对象，这个材质的颜色较白，方便我们对模型上色时进行观察。然后在工具面板里选择Paint🔲笔刷，此时绘制模式自动转为Rgb模式，这个模式是只在模型上绘制颜色，而不会产生深度关系。在绘制颜色的过程中一般是先给模型铺一层基本的底色，然后再使用带有Alpha的画笔进行绘制，在绘制的过程中，一般要降低Rgb的强度，这样可以通过半透明颜色的叠加来达到微妙的色彩效果，如图10－25、图10－26、图10－27、图10－28、图10－29、图10－30所示。

 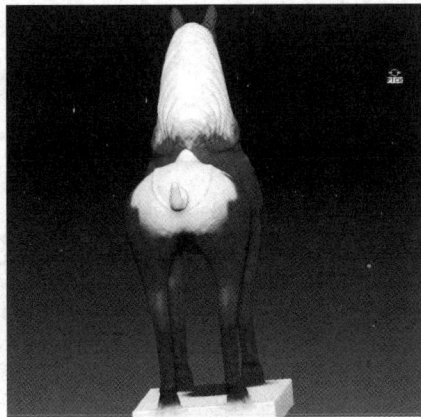 

图 10—25　　　　　　　　　　图 10—26　　　　　　　　　　图 10—27

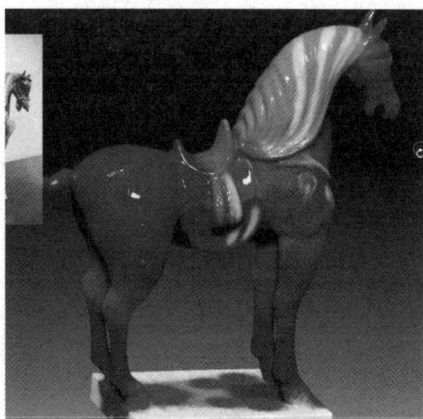

图 10—28

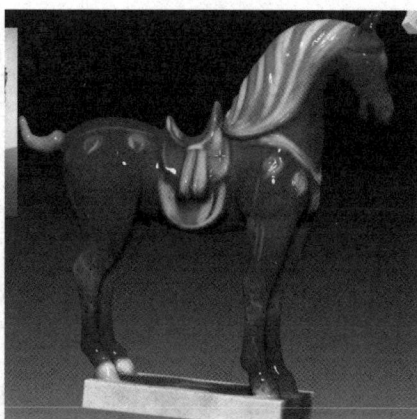

图 10—29

图 10—30

唐三彩马雕塑 6

唐三彩马雕塑 7

10.6　使用Keyshot软件进行最终渲染

步骤8：在完成模型的色彩绘制之后，就可以对模型进行渲染。如果使用ZBrush软件本身的渲染器，渲染效果不够理想，如果电脑里安装了Keyshot软件，那么我们就可以直接将这个带有顶点着色信息的模型从ZBrush直接发送给Keyshot软件进行渲染。点击渲染菜单—外部渲染器菜单栏，将Keyshot激活，然后再点击BPR渲染键。Keyshot软件就会自动打开，刚才我们制作的唐三彩马的模型就会被导入到Keyshot中，如图10－31、图10－32所示。

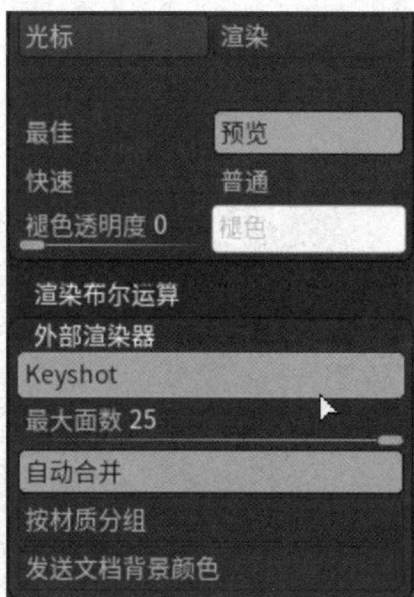

图 10—31

步骤9：进入Keyshot软件之后，我们第一步就是在菜单的"编辑—首选项—热键"中，将"热键预设"设置为Maya的模式。用户可以根据自己平时的软件操作习惯来设置，这主要是方便操作视图。Keyshot软件带有强大的素材库，这个素材库包括：模型、环境、背景、纹理、颜色和材质等。首先将环境改为Startup Contrast 4K，Keyshot可以使用HDMI（高动态范围图）来进行照明，HDMI照明可以取得很自然的光照效果和柔和富有变化的阴影，如图10－33、图10－34所示。

图 10—32

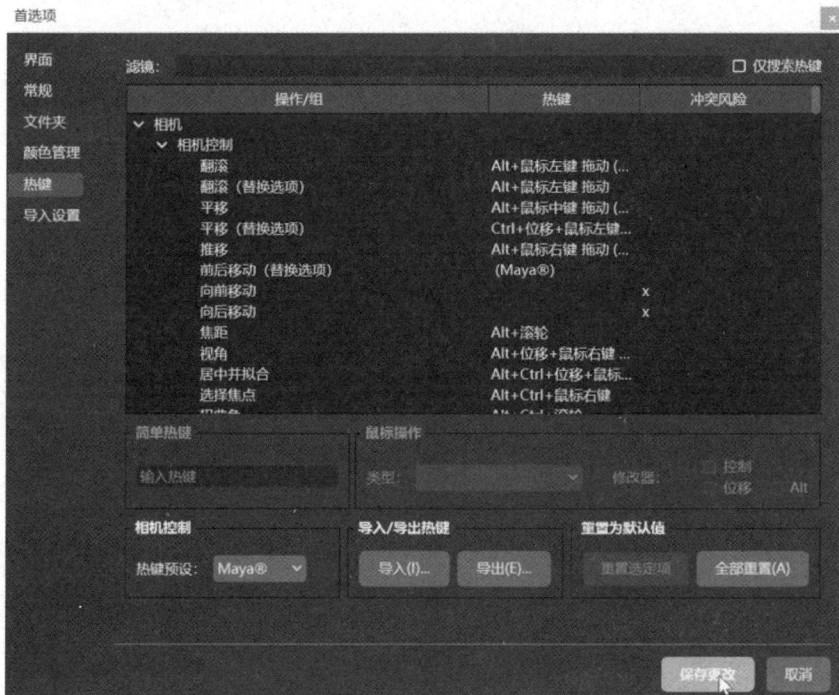

图 10—33

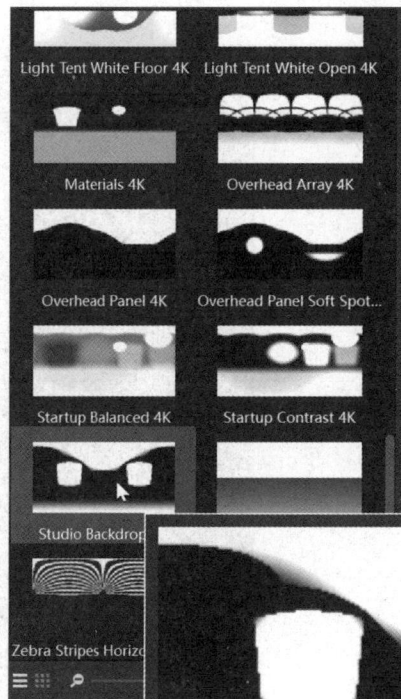

图 10—34

　　步骤10：从材质库中选择DryWall #2材质赋予唐三彩马，此时马为白色，原来的顶点着色也消失了。进入项目面板，在"材质"选项卡中选择"纹理"选项，在"颜色"选项卡上点击右键，在下拉菜单中选择"顶点着色"，这样模型上就被赋予了原来在ZBrush中制作好的顶点颜色，如图10－35、图10－36、图10－37所示。

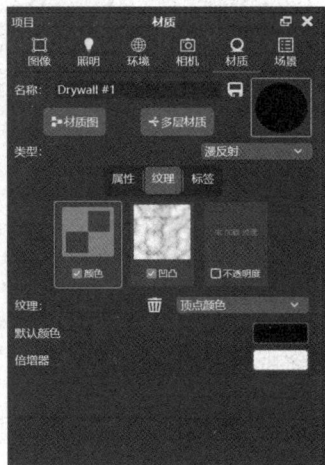

图 10—35 图 10—36 图 10—37

步骤11：在"材质"选项卡中点击 材质图 按钮，打开材质节点编辑器，在材质节点编辑器的"节点菜单"中点击"实用工具"创建一个"色彩调整"节点，然后将"顶点颜色"节点的出点链接到"色彩调整"节点的"颜色""上色"接入口，再把"色彩调整"节点的出点链接到"漫反射"节点的"颜色"接入口上。这样我们就可以对顶点颜色的对比度和值进行滑块的调整，如图10-38所示。

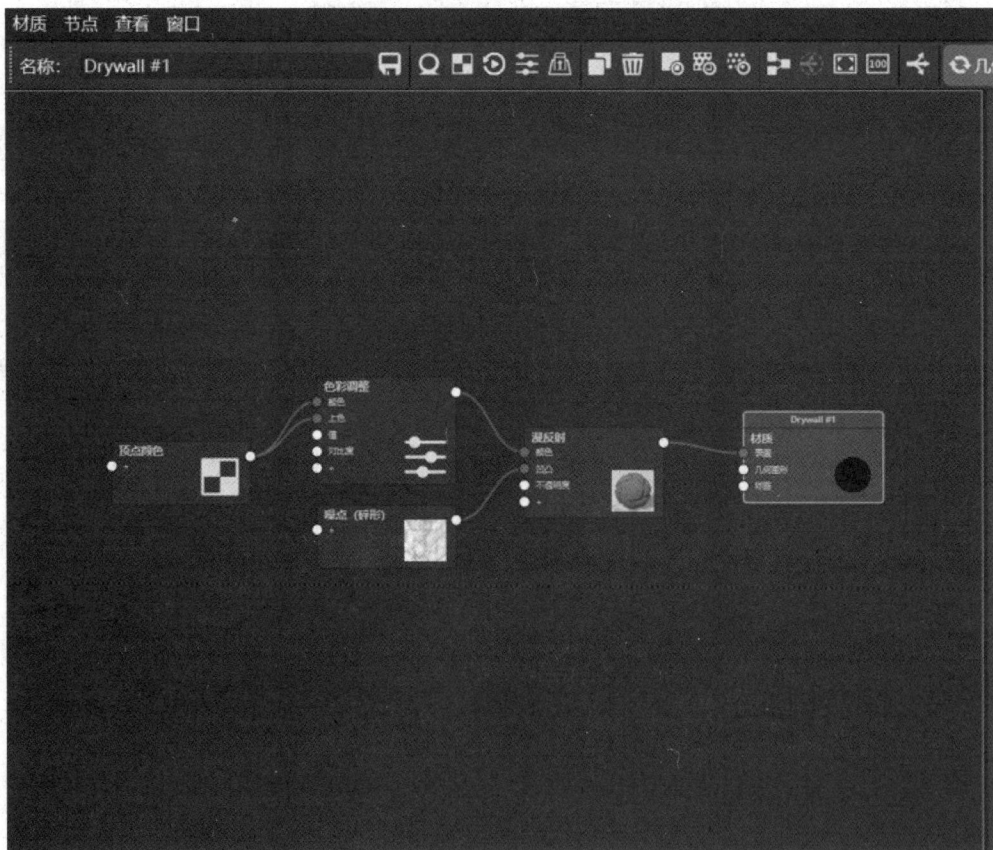

图 10—38

步骤12：此时可以将DryWall #2材质的"类型"设置为"常规"，然后修改"金属"度，让材质具有一定的光泽，如图10-39、图10-40、图10-41所示。

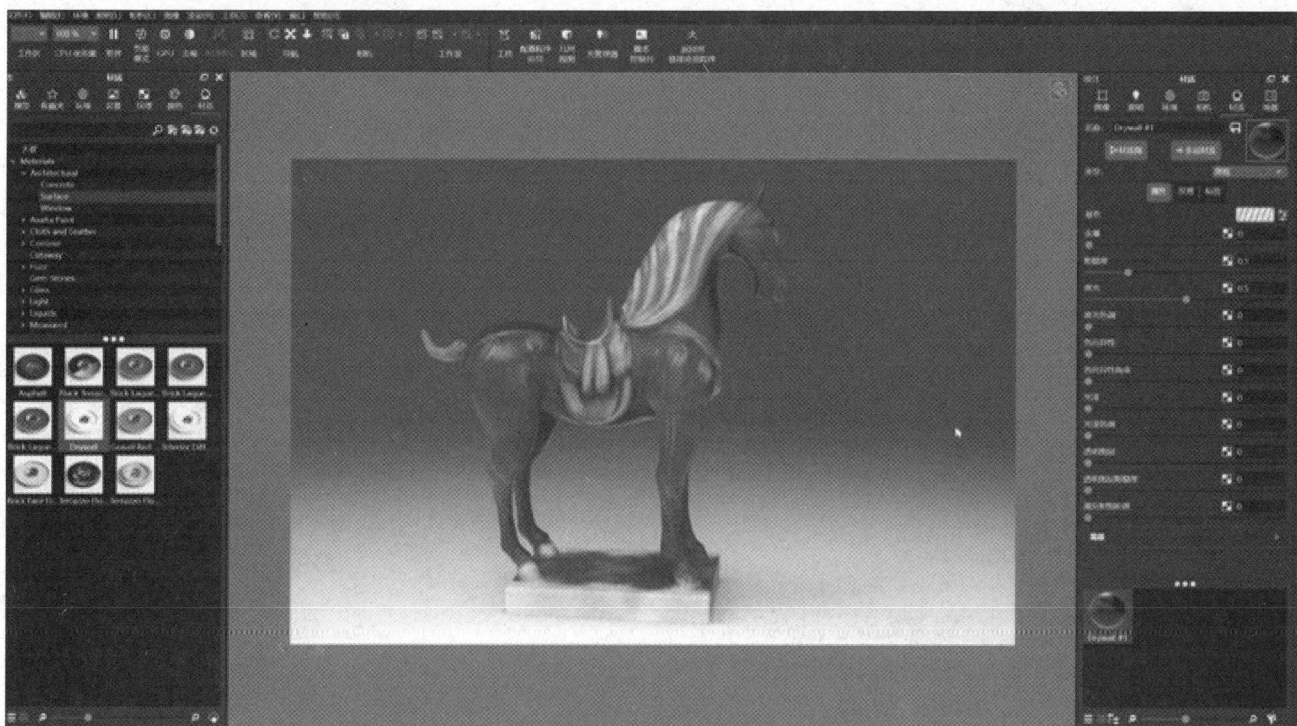

图 10-39

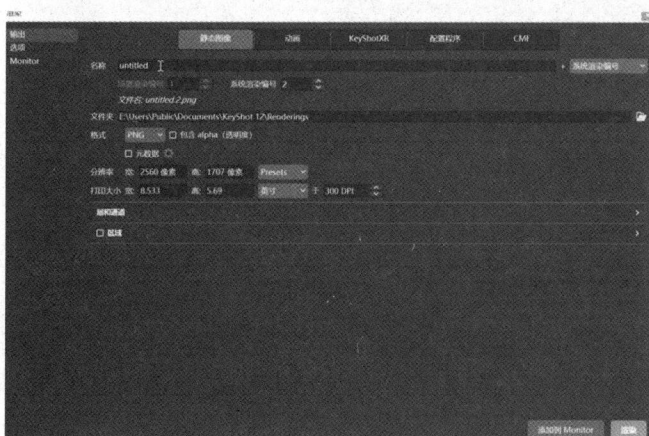

图 10-40

图 10-41

11

第11章 中国传统石狮子模型制作实例

11.1 石狮子造型结构分析

在中国传统文化中，狮子、大象、龟、鹿、鹤、松等都是祥瑞之物，人们聘请石匠将这些祥瑞用石料雕刻出来，放置在皇宫、府邸、寺庙的两侧，或者是达官贵人墓穴的两侧。

狮子并不是咱们的"原产"动物。李时珍曾在《本草纲目》中记载，狮子出西域诸国，为百兽长。东汉张骞出使西域之后，外藩派使者前来进贡，他们开始带着各自的珍宝来到汉王朝，国内这才有了狮子。

狮子身躯高大威猛，四肢粗壮如柱，金色鬃毛如烈焰般覆盖肩颈，颇受人们的喜爱。人们就将狮子视为能辟邪镇崇的瑞兽，石匠们也经过各种艺术加工将狮子的形象雕刻出来，这也是我们到现在还能看到各个时期的石狮子的原因。

汉唐时期，石狮子是皇家和权贵的象征，出现在皇宫禁苑、官府衙门的大门两旁，陵墓神道两边。到了宋代，石狮子开始在民间普及，很多达官贵人、有钱的百姓也纷纷效仿，在家门口放置一对石狮子，用来震慑邪祟，保护家宅安宁。

最初的石狮是行走式或者伏卧式的，直到魏晋南北朝时期，才逐渐出现了蹲坐式的狮子造型。可见，石狮造型的变化与石狮的造型姿势是分不开的。

在狮子传入我国前，兽形雕刻大多为想象中的麒麟、辟邪、天禄等。对比麒麟、辟邪等形象和后来的石狮形象，可以很明显地看出它们之间的区别。

雄狮敦实稳重，神情专注且目视前方，咧着大嘴微微吐舌，鼻孔张圆似在呼吸一般，结实的前爪下踏一绣球。头部鬃毛卷曲立体，整体雕刻风格圆润浑厚。雄狮常呈俯卧抚幼姿态，无鬃而饰璎珞祥云，身形柔韧不失力量，狮子整体的身形均以圆形为主体现着浑圆的艺术风格，使得它们看起来十分温顺可爱。在浑圆的造型中，还可以看到圆中有棱的局部，如两石狮口阔齿方，耳朵从侧面看整体呈三角形；鼻子、獠牙、爪尖、璎珞、脊背轮廓等皆呈三角形，这些特意的艺术处理让石狮看起来极具张力，强调了稳健而敦实之感。

11.2　构建石狮子ZSphere基础模型

步骤1：打开ZBrush软件，在工具面板选择  图标，在弹出的卷展栏中选择 的ZSphere工具，在场景中拖拽出一个ZSphere球体，根据要塑造的石狮子物象，打开X轴的对称来进行Z球的添加。使用 和 工具来调整Z球的位置和大小，在这个过程中应尽量从各个角度观察Z球链摆放的位置是否合适。在这里我们将石狮子设计成蹲伏状，这个造型大部分是左右对称的，但是石狮子的左前脚的脚下有一个绣球，因此在Z球搭建阶段可以在搭建并调整好基础大型的时

制作石狮子 1

候。在调整Z球的过程中随时可以按键盘的A键预览Z球生成的网格是否符合最终的造型要求。如图11－1、图11－2、图11－3所示。

图 11—1

图 11—2

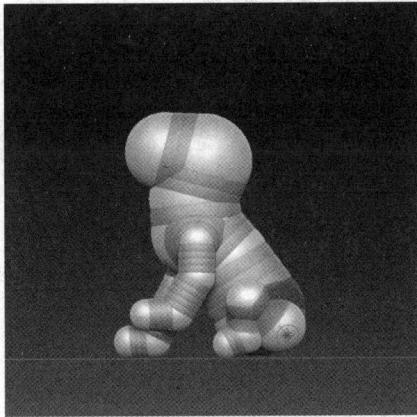

图 11—3

步骤2：在"工具"面板点击"自适应蒙皮"卷展栏，将DynaMesh分辨率的值从256调整为0（这样模型的面数可以达到精简），并将密度值设为2，此时可以在预览中看到模型的网格分布，石狮子的基础模型已经初步显现，这个基础模型很适合后期继续深入雕刻，如图11－4、图11－5所示。

步骤3：在"工具—几何体编辑"卷展栏下，点击"细分网格"按钮对模型进行细分，增加网格的密度，并使用ClayBuild Up笔刷 进行雕刻，此笔刷类似于堆泥的工具，可以快速地堆叠形体产生体量关系。在这个案例中塑造形体从石狮子的头部开始，狮子头也是这个雕塑作品的重点，要注意塑造狮子宽阔的口鼻、饱满结实的前额与浑圆头部。另外，要

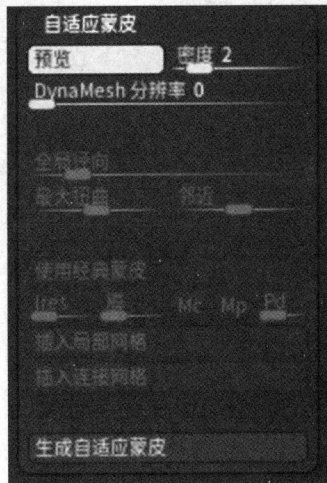

图 11—4

注意狮子四肢的健壮感，不要做得太纤细，而且也要注意肌肉的走向。在堆叠笔触的过程中，可以经常按Shift键对形体进行平滑笔触的操作，如图11－6、图11－7、图11－8所示。

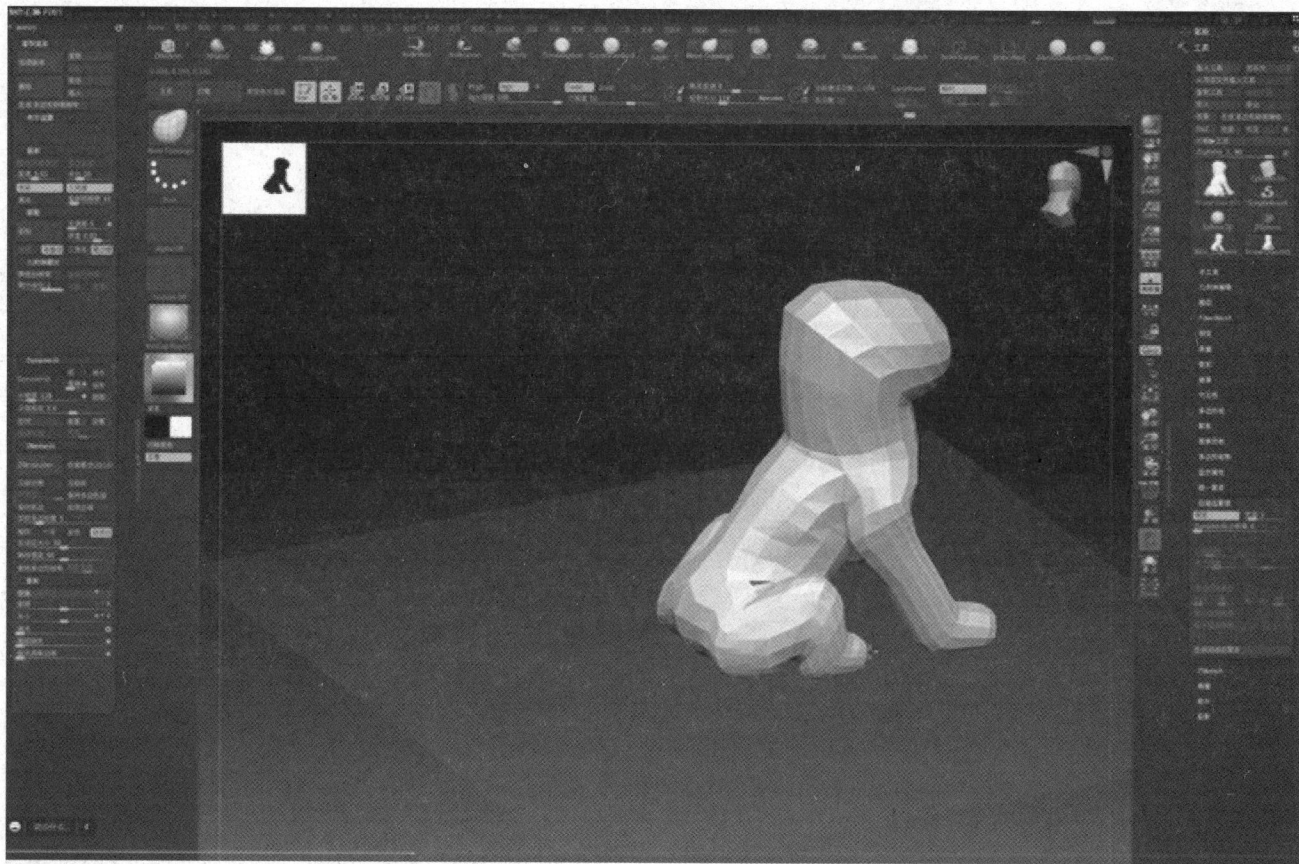

图 11—5

图 11—6

图 11—7

图 11—8

步骤4：在初步的大型已经完成的情况下，对狮子的头部鬃毛进行深入雕刻，并配合Move Topologic⬛工具对狮子脚部的造型进行拖动并塑造狮子爪子的结构，如图11－9、图11－10、图11－11所示。

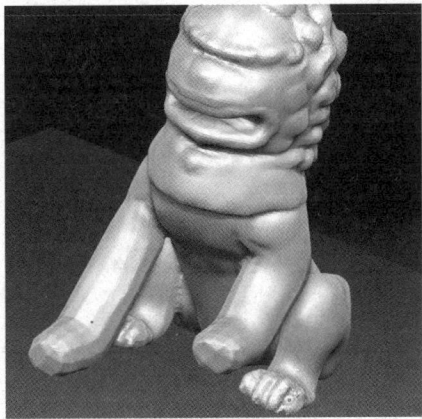

图 11—9 图 11—10 图 11—11

11.3 塑造身体结构

步骤5：在"工具—子工具"卷展栏中点击"追加"按钮，在场景中追加一个圆球体，并使用移动  、缩放 工具来调整圆球的大小和位置，放在狮子的项圈下面作为狮子的铃铛。在子工具中将铃铛和石狮子的身体合并到一起，并在"工具—几何体"编辑卷展栏中使用Dynamesh工具对模型网格进行重新分布。重新分布网格后的形体面数较多，非常适合进行深入雕刻。此时可以按住Ctrl键使用笔刷在狮子的前腿后侧绘画遮罩，然后用Move Topologic 工具将腿部鬃毛的装饰结构拉出，如图11-12、图11-13、图11-14所示。

制作石狮子 2

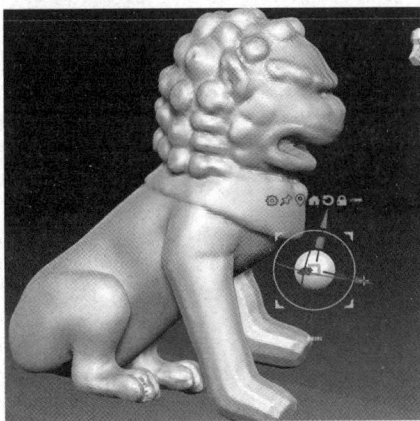
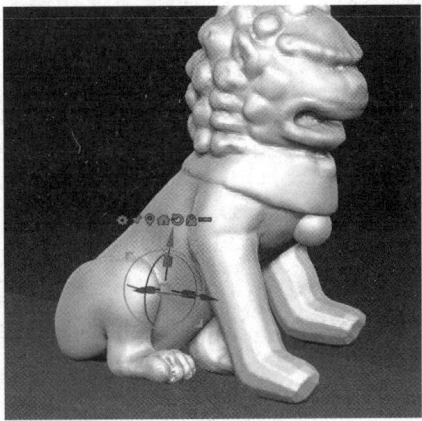

图 11—12 图 11—13 图 11—14

步骤6：继续深入雕刻狮子头部的细节，并使用ClayBuild Up 笔刷来塑造狮子脚部的结构，在石狮子的塑造中头部和脚部的结构都比较复杂，适合深入塑造，把头部和脚部塑造好对于整个狮子的形态有着重要的作用。另外，在制作的过程中还应该强调中国传统雕塑的装饰性因素，如图11-15、图11-16、图11-17所示。

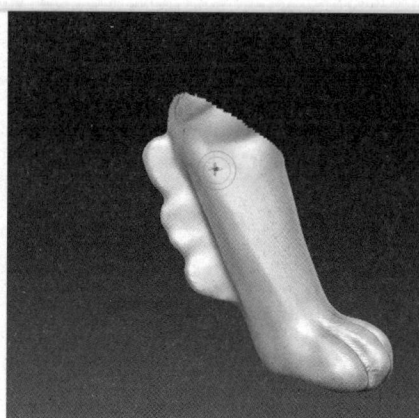

图 11—15　　　　　　　　　　图 11—16　　　　　　　　　　图 11—17

步骤7：使用Slash3笔刷勾画模型中凹陷的刻痕。在东方雕塑中，很多雕塑会比较强调线的刻画，故使用绘图板进行划线刻画的操作过程中，为了保证画长线的流畅感，一般需要打开"笔触"菜单中的"Lazy Mouse"选项，将"延迟半径"选项增加到30，将"防抖捕捉"增加到60，这样就可以画出比较流畅均匀的线条刻痕了，如图11－18、图11－19、图11－20所示。

图 11—18　　　　　　　　　　图 11—19　　　　　　　　　　图 11—20

11.4　增加局部细节

步骤8：在前面的步骤中，石狮子的大型已经基本雕塑到位，但是模型还缺少细部小结构，如项圈的图案、口鼻部、髭须和鬃毛的造型。在此操作步骤中将对石狮子的项圈结构进行塑造。如图11－21、图11－22、图11－23所示。

制作石狮子 3　　　　　　　　　　　　　制作石狮子 4

图 11—21

图 11—22

图 11—23

步骤9：使用Displace笔刷制作狮子的牙齿。Displace笔刷可以在一个固定位置上让模型产生突出尖刺的效果，可以用这个笔刷来塑造动物的尖牙效果，如图11－24、图11－25、图11－26所示。

图 11—24

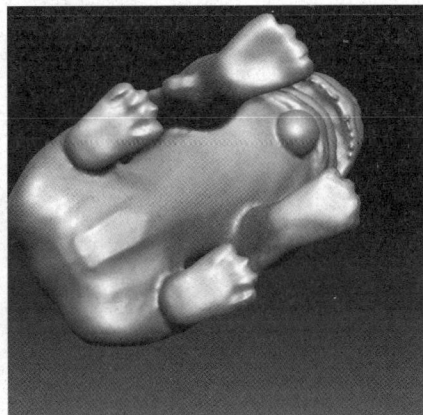

图 11—25

图 11—26

步骤10：使用ClayBuild Up笔刷，将笔刷调到比较小的半径，在狮子的头上画出鬃毛的纹路。在绘制这些鬃毛纹路的时候，最好是打开"笔触—LazyMouse—延迟半径"将"延迟半径"设置为20，此时在画长线条的时候会显得比较流畅，如图11－27、图11－28、图11－29所示。

图 11—27

图 11—28

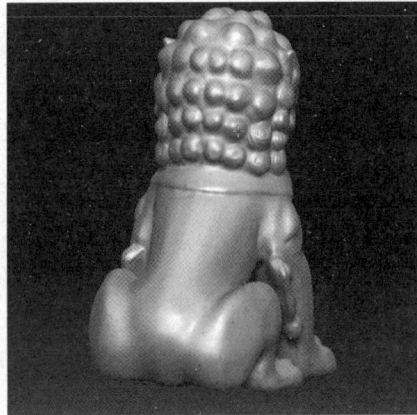

图 11—29

步骤11：在"工具—子工具"菜单中点击"插入"，为场景插入一个立方体，并调整好立方体的位

置。然后再复制这个立方体，按住 Ctrl + Shift 键，将复制好的立方体，形成石狮子雕塑的底座，如图
11 – 30、图 11 – 31、图 11 – 32 所示。

图 11—30

图 11—31

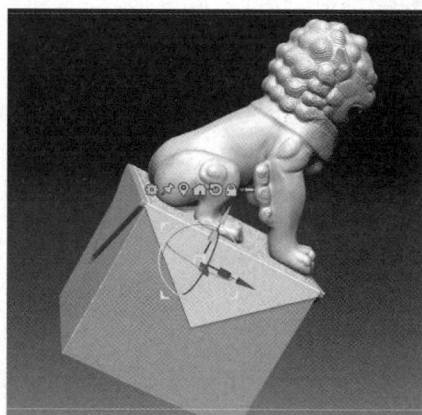

图 11—32

步骤12：在"工具—子工具"菜单中点击"插入"，为场景插入一个球体，并调整球体的大小和位
置，作为石狮子脚下的绣球，如图 11 – 33、图 11 – 34、图 11 – 35 所示。

图 11—33

图 11—34

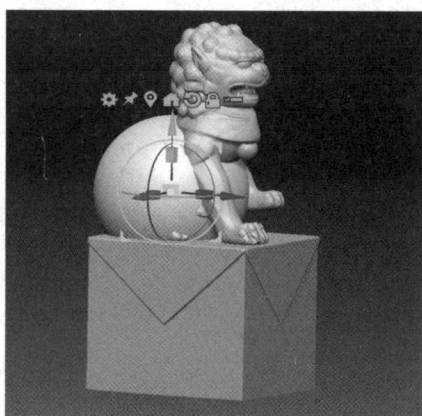

图 11—35

步骤13：调整狮子脚下绣球的位置，对模型进行整理，并为其赋予金属材质，并进行简单的渲染，
如图 11 – 36、图 11 – 37、图 11 – 38 所示。

图 11—36

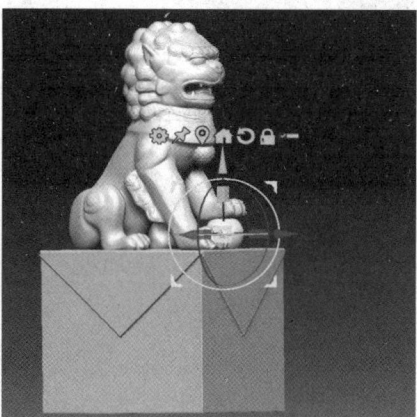

图 11—37

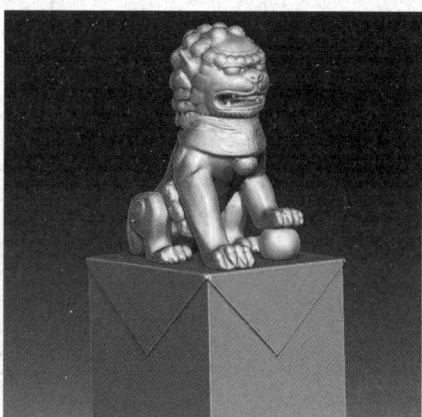

图 11—38

12

第12章 徽州砖雕高浮雕制作

12.1 为砖雕准备基础结构

步骤1：首先点击 ，在场景中拖拽出一个Cube3D立方体模型，然后使用 缩放工具压扁这个立方体，此时对模型进行DynaMesh操作，使得模型的网格密度增加。按住Ctrl + Shit键，使用SliceCurve 工具对这个扁的立方体进行切角（要注意SliceCurve工具在切割形体的时候，要删除掉物体的细分级别），要把整个模型切出砖雕的总外形，并对这个模型进行复制、镜像，将两个切角的模型拼合成一个倒梯形结构，如图12－1、图12－2、图12－3所示。

徽州砖雕制作 1

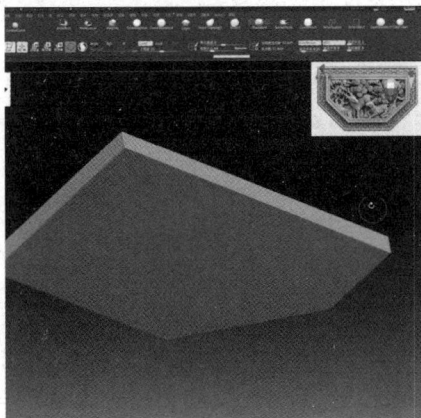

图 12—1

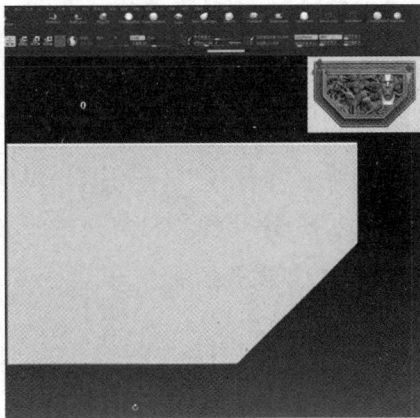

图 12—2

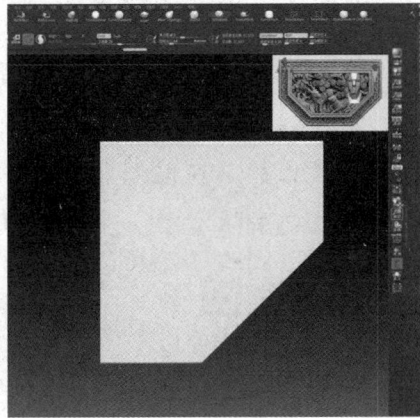

图 12—3

步骤2：将两块模型进行"合并"，做出高浮雕的底板，如图12－4、图12－5所示。

步骤3：对这个制作好的底板进行"复制—粘贴"，将复制好的形状缩小并放置到合适的位置。此时在子工具菜单中就有了两个模型，在第二个模型上选择 ⬛🌙⬤ 差集模式，并点击视图左上角的 [预览布尔渲染] 按键，对布尔运算进行预览，得到一个带有凹槽的几何形体，如图12-6、图12-7、图12-8所示。

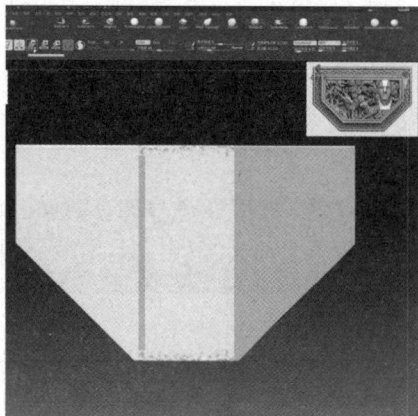

图 12-4

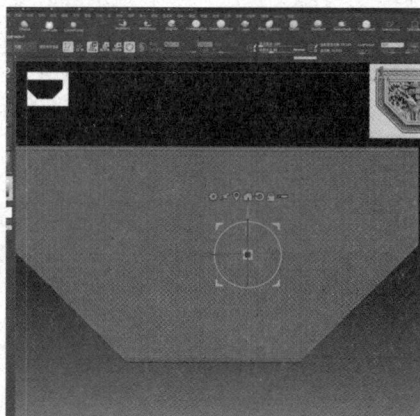

图 12-5

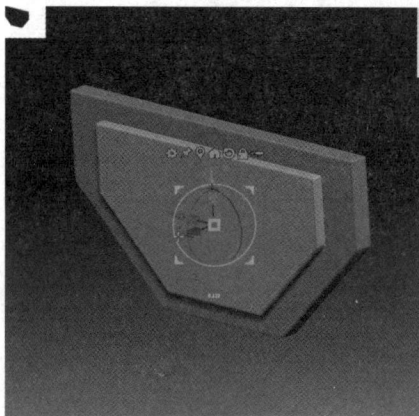

图 12-6

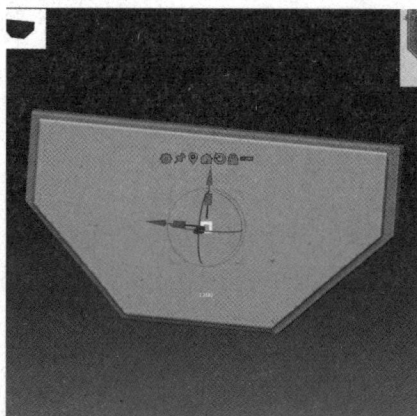

图 12-7

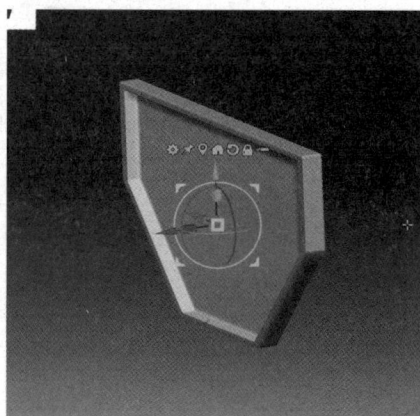

图 12-8

12.2　制作砖雕左侧树丛

步骤4：在子工具中追加一个 ⬛平面模型，然后为这个平面模型的网格增加细分级别（这个细分的程度以能够在模型上绘画出细腻的遮罩为标准），再按住Alt键在这个平面模型上绘制树形的遮罩，在绘制的过程中应注意树形和叶片的比例关系，因为是关于徽州砖雕的制作，所以在树的造型方面应该多参考古代绘画的视觉语言，如图12-9、图12-10、图12-11所示。

步骤5：当完成遮罩的绘制以后，选择"工具—子工具—提取"，为提取设置一定的厚度，对模型进行提取，再按住Ctrl键，在场景的空白处进行拖拽，取消遮罩。此时场景中就有了一个用来雕塑浮雕树丛的，如图12-12、图12-13、图12-14所示。

徽州砖雕制作 2

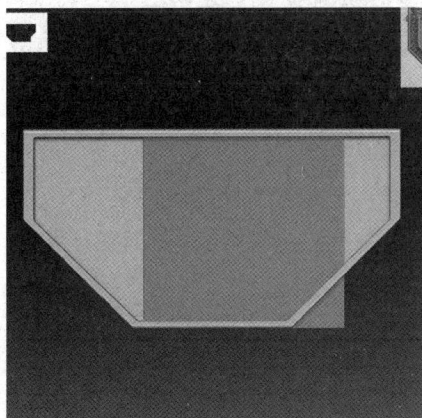

图 12—9

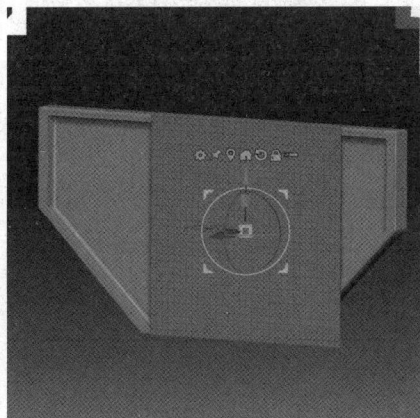

图 12—10

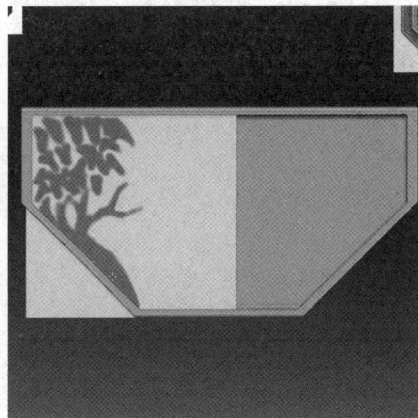

图 12—11

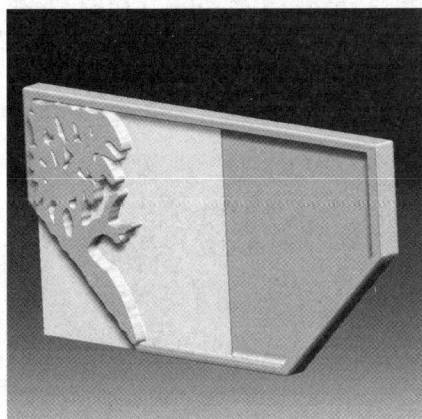

图 12—12

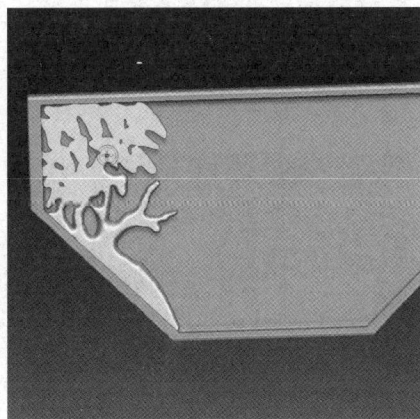

图 12—13

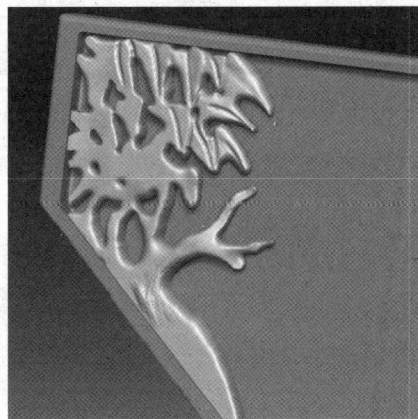

图 12—14

12.3 制作砖雕右侧树丛

　　步骤6：在子工具中追加一个 平面模型，然后在这个平面上继续绘画另一棵松树形状的遮罩。注意这里如果想让遮罩变清晰，就可以按住Ctrl+Alt键再点击遮罩区域，此时遮罩的边缘就会变得更加锐利，可以制作出比较规整的造型，如图12-15、图12-16、图12-17所示。

徽州砖雕制作 3

徽州砖雕制作 4

徽州砖雕制作 5

图 12—15

图 12—16

图 12—17

步骤7：选择"工具一子工具一提取"，为这个绘制好的遮罩设置一定的提取厚度，并进行提取。为了表现松树的前后关系，还需要在提取好的模型上继续画遮罩，将其中突出的松针表现出来。按着 Alt 键在场景的空白区域拖拽一下，将遮罩进行反选，然后再使用移动![图标]工具对这些遮罩的位置进行位移使其突出出来，如图 12-18、图 12-19、图 12-20 所示。

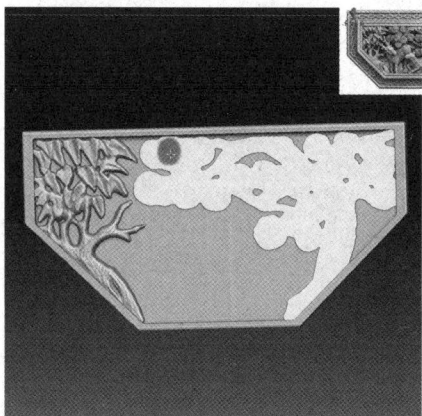

图 12—18

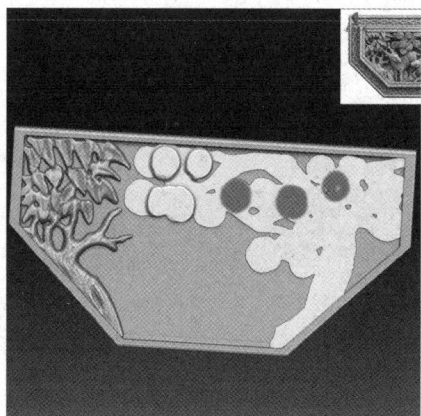

图 12—19

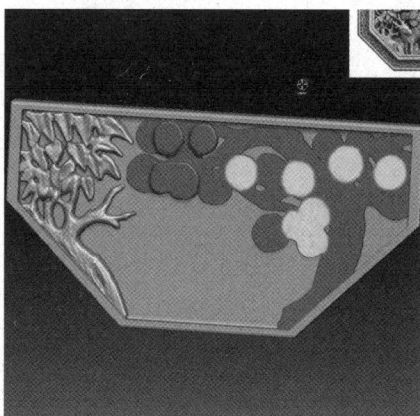

图 12—20

步骤8：使用 Slash3![图标]笔刷配合 Standard![图标]笔刷的下压绘制来刻画松树的树干及松针，在构图上追求疏密有致的节奏关系。这里要注意整体风格上的装饰感，保持一种简练的视觉感受，如图 12-21、图 12-22、图 12-23 所示。这些造型语言还可以参考《芥子园画谱》等中国传统写意绘画的资料。

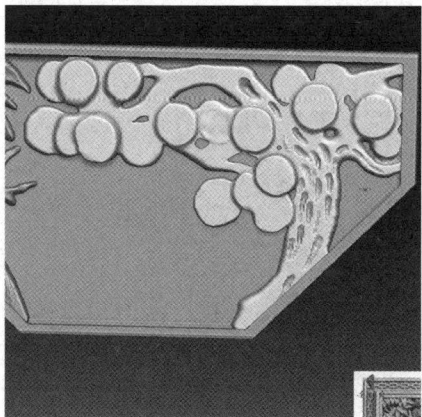

图 12—21

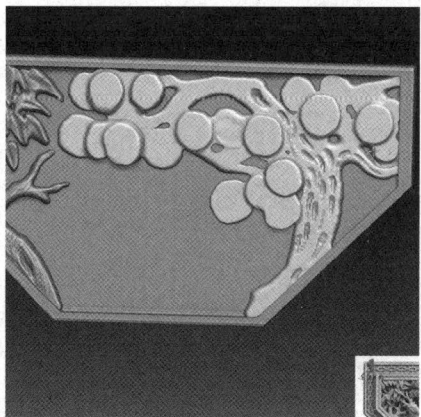

图 12—22

图 12—23

步骤9：按住Alt键在这个平面模型上绘制鹿形的遮罩，注意这个鹿的形状与周围树干及松枝之间的穿插关系按住Ctrl＋Alt键点击遮罩区域内，使遮罩的边缘变锐利。按住Alt键在场景的空白区域拖拽，使遮罩进行反选。选择"工具—子工具—提取"，为这个绘制好的遮罩设置一定的提取厚度，并进行提取。在场景中制作出鹿的片状造型，如图12－24、图12－25、图12－26所示。

徽州砖雕制作 6

步骤10：在鹿的片状造型上按住Alt键继续绘制遮罩，为局部增加高度。使用Smooth工具对挤出的部分边缘进行平滑操作，并使用ClayBuild Up笔刷对细部的结构进行相关的塑造，如图12－27、图12－28、图12－29所示。

图 12—24

图 12—25

图 12—26

图 12—27

图 12—28

图 12—29

步骤11：按住Alt键在鹿的后面两条腿上绘画遮罩，通过遮罩的选择、反选将处于画面后面的两条腿再往画面纵深处推一些，使得浮雕具有一定的前后空间关系。使用ClayBuild Up笔刷对模型进行相关的修改和制作，适当表现出鹿的身体结构关系。使用DamStandard笔刷来绘制鹿的眼睛，最后再用Slash3笔刷来绘制出鹿的花纹，完成雄鹿的造型，如图12－30、图12－31、图12－32所示。

图 12—30

图 12—31

图 12—32

步骤12：再次将 ▣ 平面模型调出，按住 Alt 键在模型上继续绘制小鹿的遮罩效果。使用ClayBuild Up▣笔刷对模型进行塑造，如图12－33、图12－34、图12－35所示。

图 12—33

图 12—34

图 12—35

步骤13：使用Slash3▣笔刷在鹿的身体上绘制出花纹，如图12－36所示。

徽州砖雕制作 7

徽州砖雕制作 8

图 12—36

步骤14：调出用来绘制遮罩的平面模型，按住Alt键，在这个模型上绘制出背景的山石形状，使用多次绘制遮罩的方法，使模型产生不同的高度，然后使用ClayBuild Up笔刷来雕塑山石的结构。在子工具面板中保证所有的模型都处于显示状态，参照源图片，对各个模型的位置进行摆放和微调，如图12－37、图12－38、图12－39所示。

图 12—37

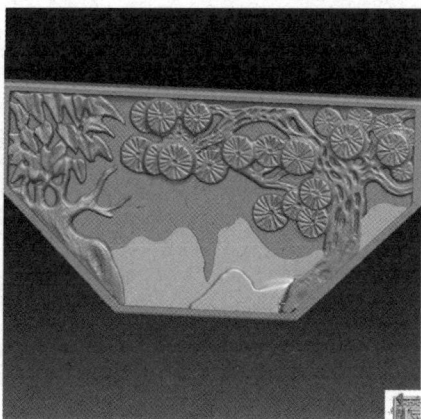
图 12—38

图 12—39

步骤15：最后将模型的材质进行重新设置，在渲染菜单的"渲染属性"中打开"蜡质预览"，在材质菜单里将蜡质效果修改器的强度提高，然后在灯光菜单里设置灯光从顶部打光。完成这些渲染的基本设置以后就可以点击BPR渲染键，对模型进行渲染，如图12－40、图12－41、图12－42所示。

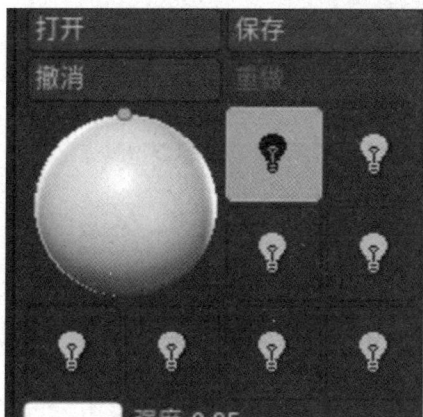
图 12—40

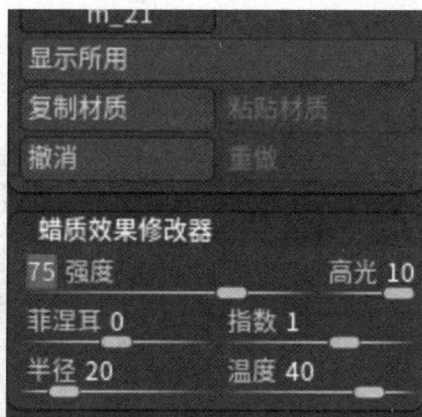
图 12—41

图 12—42

13

第13章 卡通角色制作

13.1 卡通角色头部塑造

步骤1：在场景中使用纹理菜单的■"添加到聚光灯"工具，将二维的卡通形象图片填充到场景之中，然后在工具面板中点击⑤按钮，在弹出的菜单中选择●按钮，创建一个Sphere3D的球体。在工具菜单中点击 生成 多边形网格物体 键，将Sphere3D球体转换为多边形网格物体，作为人物的头部，如图13-1、图13-2所示。

图 13-1

图 13—2

Q 版角色制作 1

步骤2：使用 （Move Topologic）笔刷，调整好笔刷的半径，对模型进行修改，使其接近于卡通人物的头部造型。调整好造型后再按住Shift键对模型进行光滑的操作，使得这个模型符合卡通造型的光洁质感，完成人物头部基本型的制作，如图13－3、图13－4、图13－5所示。

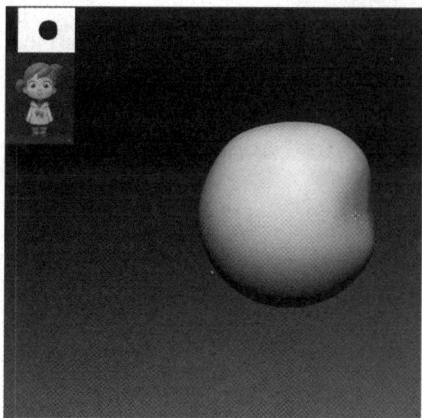

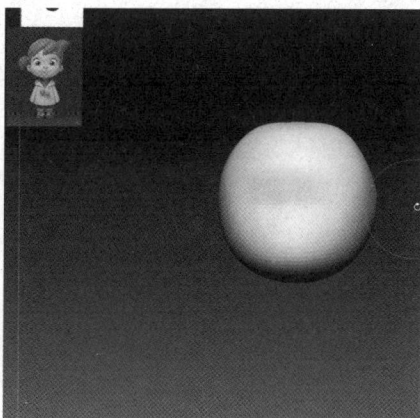

图 13—3

图 13—4

图 13—5

步骤3：在子工具菜单中点击"追加"键，在弹出的菜单中选择在场景中追加一个圆柱体，使用 移动和 缩放工具，将这个圆柱体放到头部下面，作为卡通人物的脖子。在子工具中选择头部模型执行"合并—向下合并"命令，将头部和脖子的结构合并为一个物体，然后再使用Dynamesh对模型进行动态网格，如图13－6、图13－7、图13－8所示。

步骤4：在子工具菜单中点击"追加"键，在弹出的菜单中选择在场景中追加一个球体，使用 移动和 缩放工具，将这个圆柱体放到头部上面，作为卡通人物的头发。使用ClayBuild Up 笔刷关闭X轴对称，刷出头发的基本走势，如图13－9、图13－10、图13－11所示。

步骤5：使用ClayBuild Up 笔刷继续修改头发的造型，根据原图纸的造型进行涂刷，然后在需要制作辫子的地方绘制一块圆形遮罩，如图13－12、图13－13、图13－14所示。

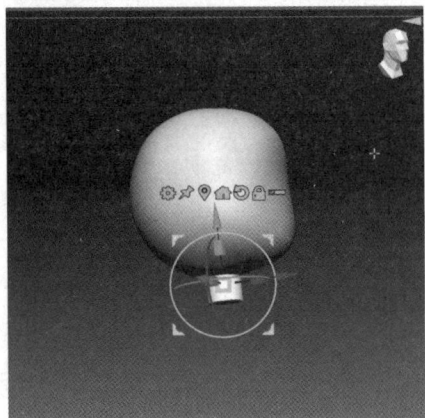

图 13—6

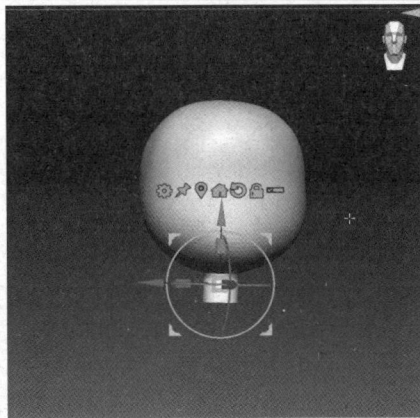

图 13—7

图 13—8

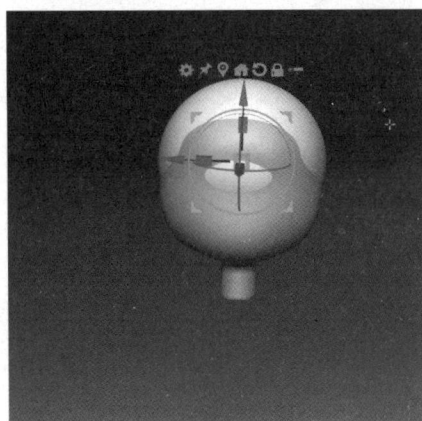

图 13—9

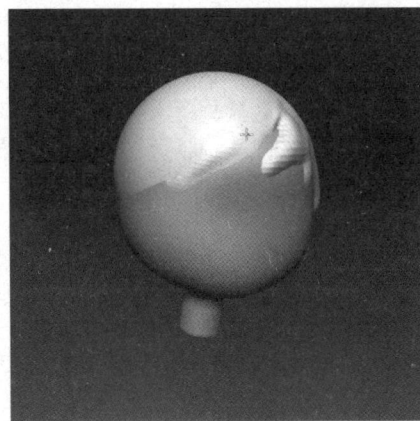

图 13—10

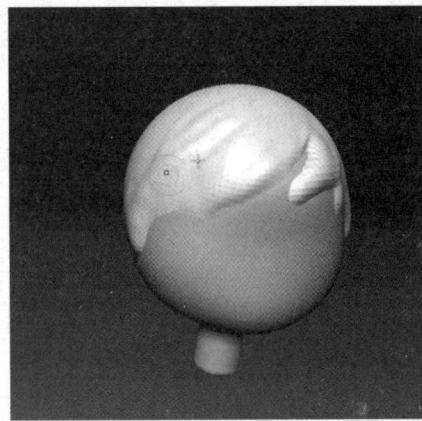

图 13—11

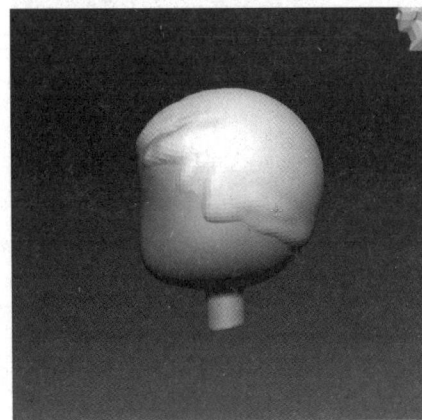

图 13—12

图 13—13

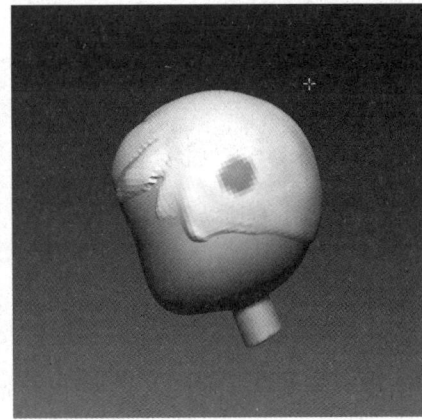

图 13—14

Q 版角色制作 2

Q 版角色制作 3

步骤6：对刚刚绘制好的遮罩进行反选，使用Move Topologic█笔刷对模型的未遮罩区域进行拉伸，作为绘制女孩辫子的模型。依照相同的方法，再绘制另一侧的辫子遮罩，同样使用Move Topologic█笔刷拉出辫子的基础模型。因为网格已经被拉伸，所以在雕刻辫子之前要对模型进行重新布线，使用DynaMesh（动态网格）命令重新对网格进行分布，如图13-15、图13-16、图13-17所示。

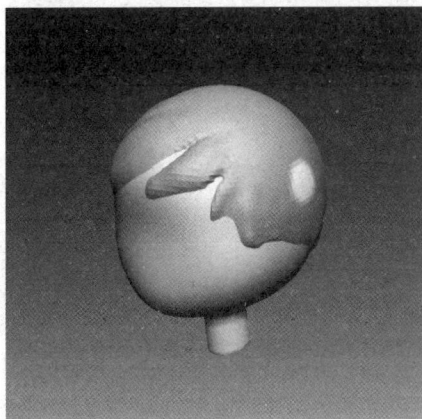 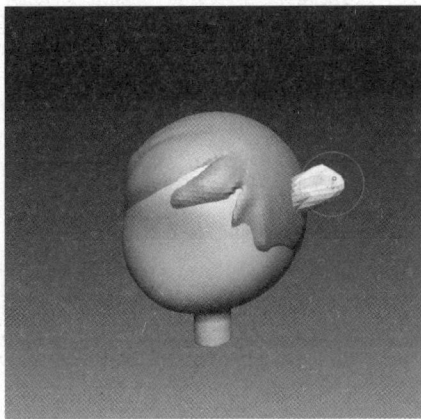 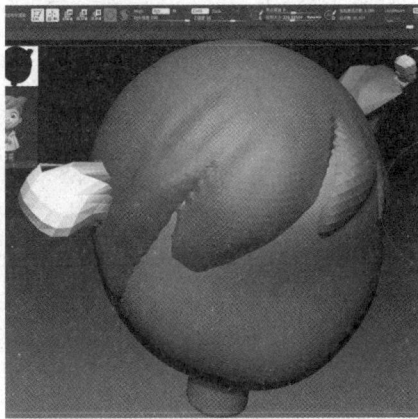

图 13—15　　　　　　　　　　图 13—16　　　　　　　　　　图 13—17

步骤7：使用Move Topologic█笔刷、ClayBuild Up█笔刷、Standard█笔刷对头发模型进行调整，制作出小女孩的辫子，在制作的过程中要注意表现出儿童的活力，让辫子挑起来。在子工具中激活人物的头部模型，在两个眼睛的位置绘画遮罩，通过遮罩反选选中眼睛部位的网格，使用移动█工具，将未遮罩的区域往里拉，产生眼球凹陷下去的结构，如图13-18、图13-19、图13-20所示。

 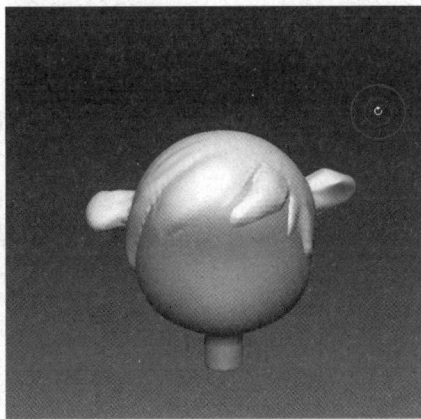 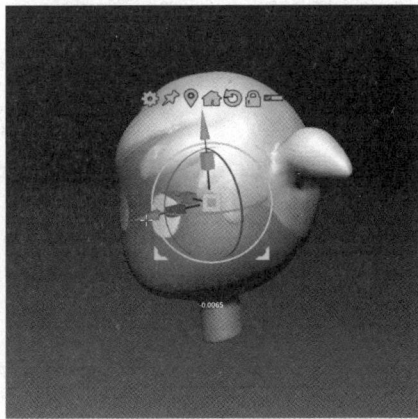

图 13—18　　　　　　　　　　图 13—19　　　　　　　　　　图 13—20

步骤8：在塑造好眼球凹陷的位置之后，使用ClayBuild Up█笔刷、Standard█笔刷塑造卡通角色的鼻子和嘴。按住Alt键，继续在脸部画出眉毛的遮罩，对眉毛的遮罩使用"子工具—提取"命令，在提取时为模型设置一定的厚度，得到一个眉毛的实体模型，如图13-21、图13-22、图13-23所示。

步骤9：使用"工具—几何体编辑—ZRemesher"命令给刚才建好的眉毛模型重新布线。通过重新布线，简化眉毛的多边形网格，并使得网格更加平顺。此时若感觉模型的脸腮部不够饱满，可以使用笔刷对面部结构进行添加，使得儿童的双颊部位更加饱满，更接近于儿童的造型，如图13-24、图13-25、图13-26所示。

图 13—21

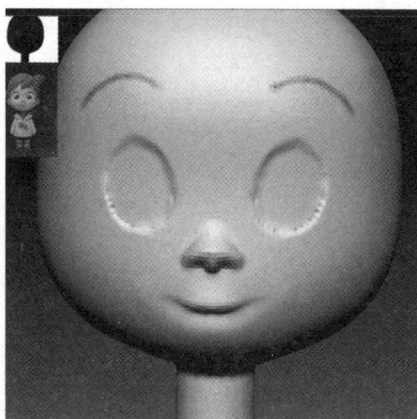

图 13—22

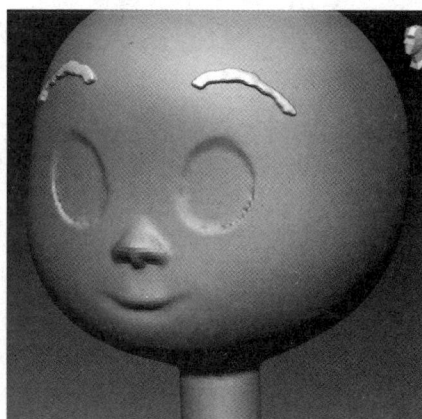

图 13—23

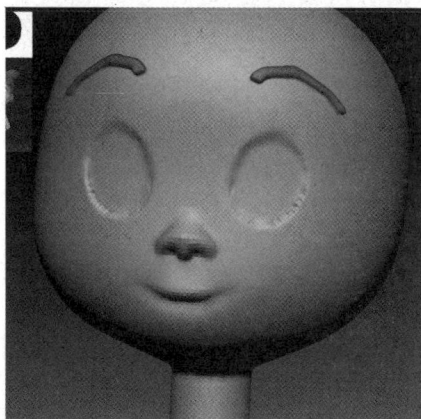

图 13—24

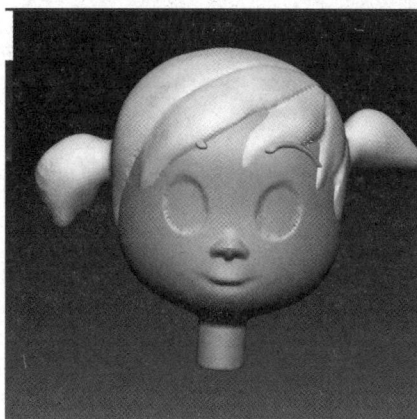

图 13—25

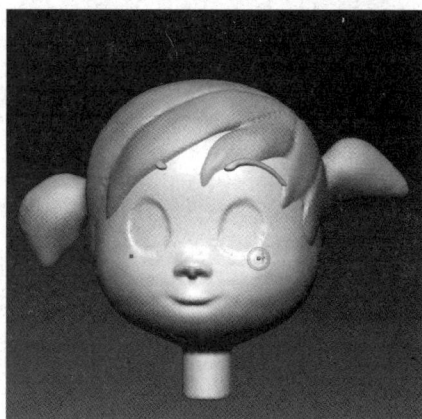

图 13—26

步骤 10：在子工具中追加一个 Cylinda3D▢ 物体，使用▣移动、▣缩放、▣旋转工具对这个圆柱体进行修改，使这个模型最终接近于小女孩耳朵的形态与大小。执行"子工具—复制—粘贴"命令对耳朵模型进行复制，对复制出的模型执行"工具—变形—镜像"命令，并对模型进行 X 轴镜像。点击键盘上的 X 键，用雕塑的笔刷对两边的耳朵进行相关修改，塑造耳朵的形态，如图 13－27、图 13－28、图 13－29 所示。

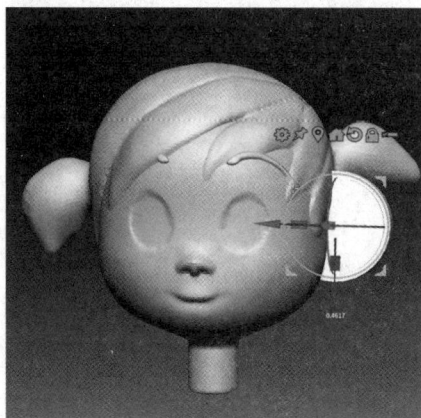

图 13—27

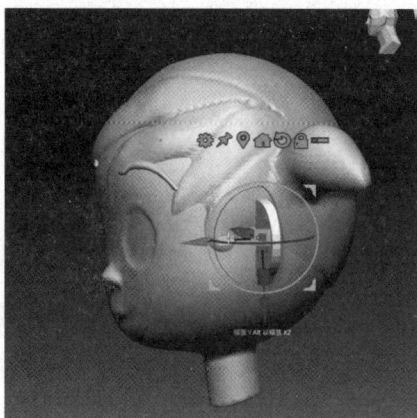

图 13—28

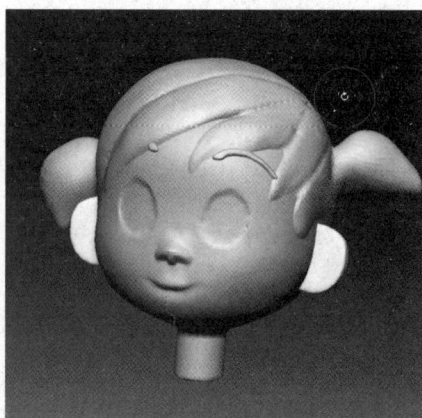

图 13—29

步骤11：在子工具中追加一个Cylinda3D█物体，使用█移动、█缩放、█旋转工具对这个圆柱体进行修改，放置到合适的位置，再按住Shift键使用笔刷对模型上部进行平滑，用这个模型作为女孩上身的衣服。对模型的下部使用Move Topologic█笔刷进行牵拉，使衣服产生上紧下松的效果，再在衣服的底部绘制遮罩，通过遮罩反选，使用█移动工具对模型进行牵拉，拉出小女孩身上裙子的结构，如图13－30、图13－31、图13－32所示。

图 13－30　　　　　　　　　图 13－31　　　　　　　　　图 13－32

步骤12：在小女孩上身衣服领子的位置绘制遮罩，通过"子工具—提取"命令制作出领子的大致结构。再使用Move Topologic█笔刷、ClayBuild Up█笔刷和Standard█笔刷对衣领的结构进行修改，增加厚度并使结构变得圆润。通过子工具追加一个Cylinda3D█物体，并通过█移动和█缩放█旋转工具将圆柱体放在女孩的手臂处，作为手臂的基础形，如图13－33、图13－34、图13－35所示。

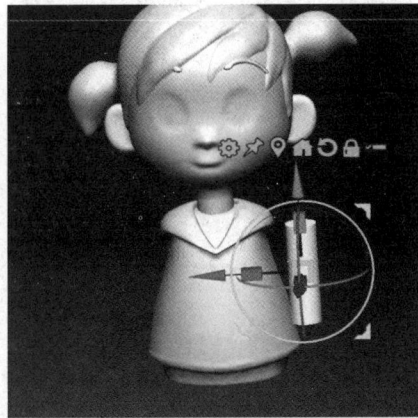

图 13－33　　　　　　　　　图 13－34　　　　　　　　　图 13－35

步骤13：摆放好女孩的手臂，执行"子工具—复制—粘贴"命令，对人物的手臂进行复制。对复制好的物体执行"变形—镜像"操作。点击键盘的X键，再按住Shift键，使用平滑笔刷对圆柱体进行修改，逐渐制作出女孩手臂的效果，如图13－36、图13－37、图13－38所示。

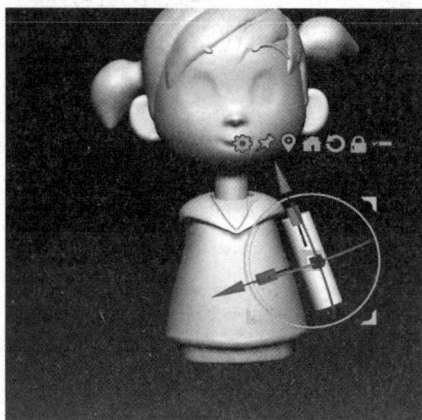

图 13—36

图 13—37

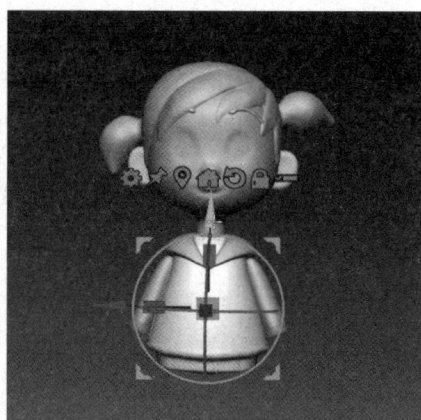

图 13—38

Q版角色制作 5

步骤 14：再次通过子工具追加一个 Cylinda3D 物体，调整这个圆柱体的大小长度，使其成为小女孩的腿部造型基础。在脚部绘画遮罩，然后使用 Move Topologic 笔刷拉出脚部造型，此时可以使用 Dynamesh 和 ZRemesher 工具对腿部模型进行重新布线，并设置较低的 ZRemesher 目标多边形数，这样更利于使用笔刷塑造脚部的结构形体。当完成一侧的腿脚制作之后，可以使用"子工具—复制—粘贴"复制腿部，再使用"工具—变形—镜像"命令在 X 轴向上进行镜像，使两条腿保持对称，如图 13－39、图 13－40、图 13－41 所示。

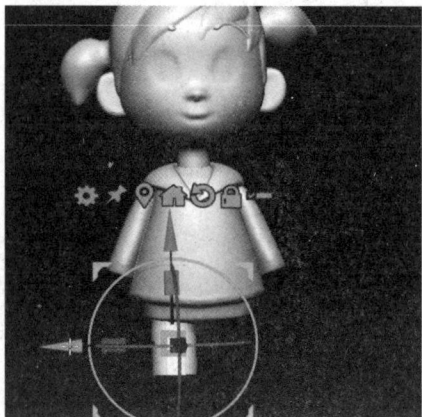

图 13—39

图 13—40

图 13—41

步骤 15：使用 DamStandard 笔刷在眼睛四周再次绘制，将眼窝的位置确定好。使用 Standard 笔刷，在按住 Alt 键的情况下，将玩偶眼窝凹陷的结构塑造出来，如图 13－42、图 13－43、图 13－44 所示。

步骤 16：在子工具中追加一个 Sphere3D 物体，使用移动、缩放、旋转工具对这个圆柱体进行修改，使球体的大小能够符合玩偶眼窝的造型范围，如图 13－45、图 13－46、图 13－47 所示。

图 13—42

图 13—43

图 13—44

图 13—45

图 13—46

图 13—47

步骤17：在子工具栏中选择玩偶的衣物模型，点击孤立显示按钮，单独显示玩偶的衣服部分，对衣物的领口、领子等位置再进行细致的塑造，并将衣物和头部以及脖子的穿插关系衔接好。取消孤立显示，观察玩偶造型各部分的比例关系是否协调，最终完成模型的塑造阶段，如图 13－48、图 13－49、图 13－50所示。

Q 版角色制作 6

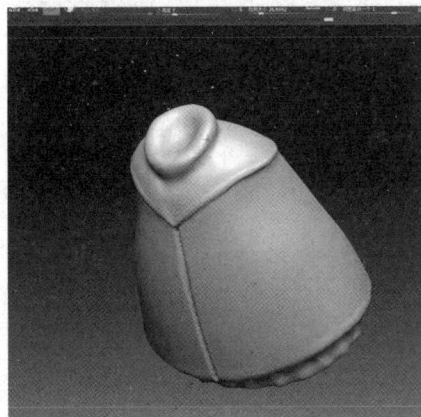

图 13—48

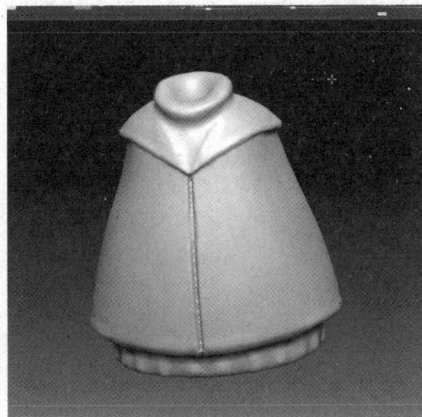

图 13—49

图 13—50

13.2 卡通玩偶造型顶点着色

步骤18：在完成了卡通玩偶的造型制作之后，就进入了模型的着色阶段。在着色时，一般采用两种模型的模式：一种是先对模型分UV再进行贴图，这种方式就必须先将模型转换为布线较为均匀的低多边形网格，然后进行分UV的操作；另一种方式就是不考虑模型的UV，直接在高多边形的模式下对模型进行顶点着色。这种绘制贴图的方式就是要保证模型处于高多边形的状态，有足够的网格来支持高像素的贴图绘制。本案例使用顶点着色的方式进行贴图绘制。首先，在材质弹出栏中选择SkinShade4材质，选中头发的模型，在"色彩"菜单中选择R142、G92、B39的深橘黄色作为头发的颜色，并点击"填充对象"，将这个颜色填充给头发模型。此时玩偶的其他部位也变成了深橘黄色，我们可以不去处理，因为这些模型的色彩还没有被指定，如图13－51、图13－52所示。

Q 版角色制作 7

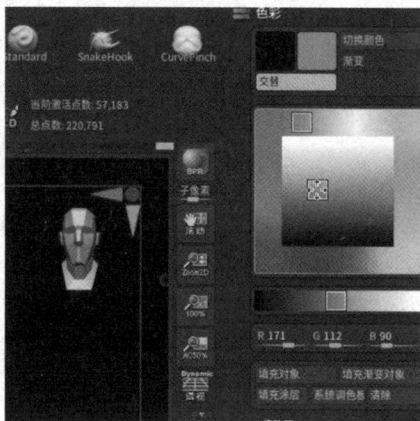

图 13—51

图 13—52

步骤19：选中玩偶头部的模型，在"色彩"菜单中选择R240、G210、B214的浅粉红色作为脸部皮肤的基础颜色，并点击"填充对象"，将这个颜色填充给玩偶头部模型。选择Paint笔刷，选择较深一些的粉红色，将画笔的Rgb强度调低，在玩偶的两腮画红色，涂出腮红的效果。按住Shift键对红色进行柔化，如图13－53、图13－54、图13－55所示。

图 13—53

图 13—54

图 13—55

步骤20：用上一个步骤中所使用的颜色，对模型的两只耳朵也进行相应的色彩填充与涂刷，让玩偶的面部和耳朵的色彩保持一致性。使用红色绘制玩偶的嘴唇色彩，如图13－56、图13－57、图13－58所示。

图 13—56

图 13—57

图 13—58

步骤21：使用Paint笔刷，在玩偶的眼球上绘制黑眼珠、瞳孔及高光等，如图13－59、图13－60、图13－61所示。

图 13—59

图 13—60

图 13—61

步骤22：使用与步骤18相同的方法为卡通造型的领子、上衣和腿部分别填充不同的颜色，并使用深色在脚部画出鞋子的图形，如图13－62、图13－63、图13－64所示。

图 13—62

图 13—63

图 13—64

步骤23：使用Paint🖌笔刷给服装添加细节和色彩，最终完成卡通玩偶的顶点着色绘制，如图13－65、图13－66、图13－67所示。

图 13—65

图 13—66

图 13—67

14

Marvelous Designer 是目前数字艺术行业最流行的服装打板和模拟的软件。在这款软件中可以通过绘制2D板片，再进行三维物理运算得到真实合理的布料褶皱，尤其是在布料模拟上有独到之处，被广大服装设计人员誉为最强布料模拟三维服装设计软件。

在这里我们主要是使用Marvelous Designer软件来辅助生成比较复杂的衣纹结构，方便制作写实类的衣纹造型。在雕塑创作中，衣纹的制作一直是一个难点，大家都知道衣纹的结构和转折其实反应的还是衣服里面人体的各种骨骼、肌肉和结构的转折关系，只有充分把握住人体的内在结构才能够制作出流畅而符合真实关系的衣纹。使用Marvelous Designer软件生成的衣服模型可以以obj格式导出到ZBrush中进行调整和增加细节、纹理等工作，这种制作流程已经成为目前制作着衣人物造型的一种主流方式，下面就为大家讲解这一案例的制作方法。

14.1 Marvelous Designer 服装制作

14.1.1 制作上衣

步骤1：打开Marvelous Designer软件，点击"文件—打开—虚拟模特"，如图14-1、图14-2所示。

步骤2：Marvelous Designer的场景中左侧的窗口出现一个未着衣的男青年全身模型，这个模型就是着衣的参考模型。场景右侧的面板里有一个浅灰色的男子剪影造型。右侧的窗口是一个2D的板片绘制窗口，Marvelous Designer是完全按照真实的衣服裁剪方法来绘制2D板片的。首先在2D板片上点按■图标，这个工具可以在2D视图中直接绘制多边形板片，如图14-3、图14-4所示。

Marvelous Designe
基本界面及操作

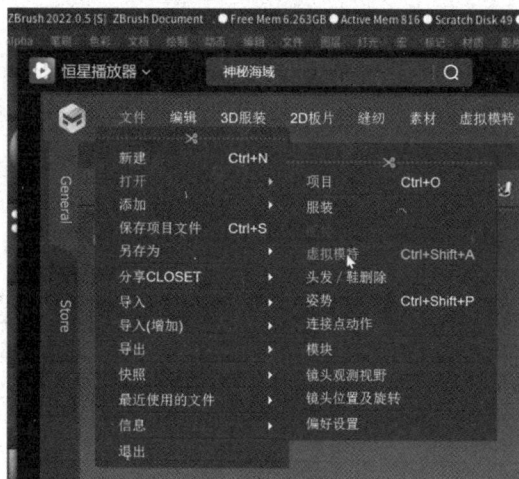

图 14—1　　　　　　　　　　　　　　图 14—2

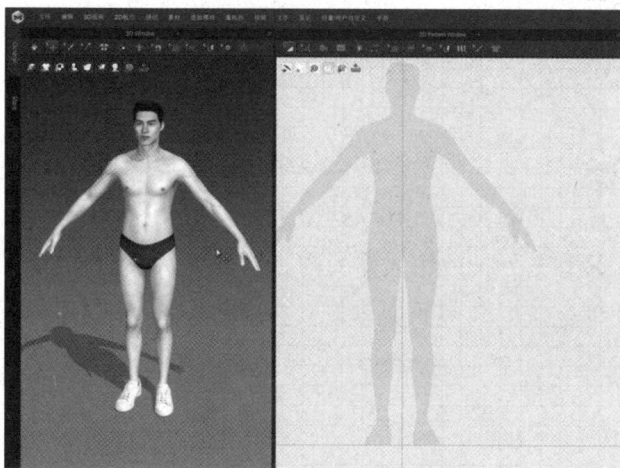

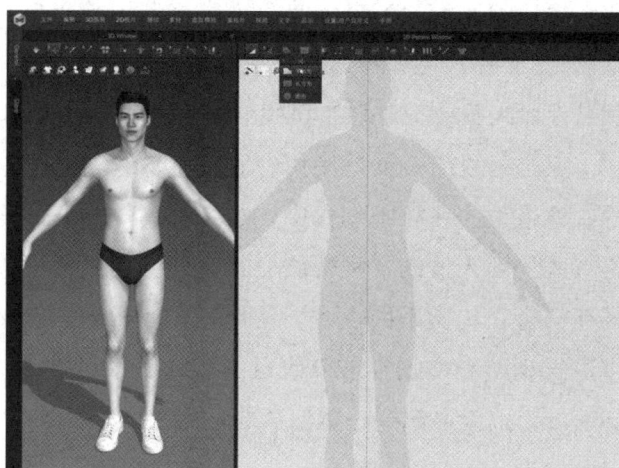

图 14—3　　　　　　　　　　　　　　图 14—4

步骤3：在2D场景绘制出T衫的半边板片的形态，并按鼠标右键进行"对称板片"的操作，对称板片的作用是可以让左右两侧的图形相互关联。当改变一侧的造型时，对向的板片造型也会相应发生改变，这样就保证了后期做出的衣服是左右完全对称的，如图14－5、图14－6所示。

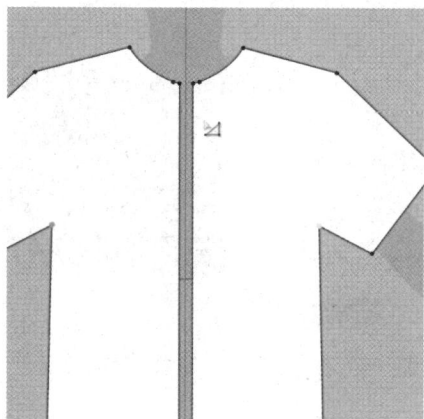

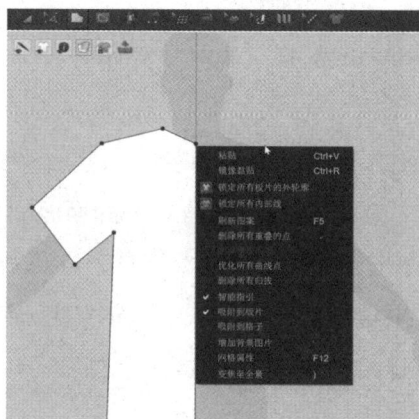

图 14—5　　　　　　　　　图 14—6　　　　　　　　Marvelous Designer 制作上衣

步骤4：在正常情况下T恤衫的前面是一个整体，在这里要将刚才制作好的两块前面的板片合并为一个整体，在对称好的两块板片之间用■工具选择线，按住Shift加选另一侧的线，右键在面板中选择"合并"工具，将两个板片合为一个整体，中间就没有接缝了。执行"复制""粘贴"命令，复制出后背的板片，如图14-7、图14-8、图14-9所示。

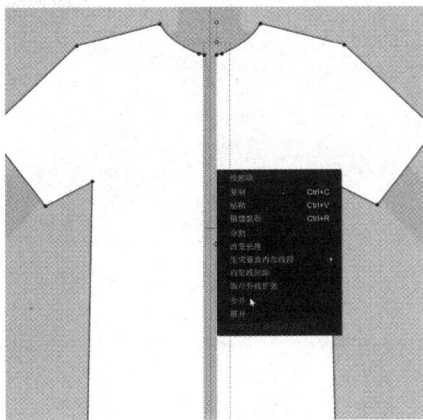
图 14—7

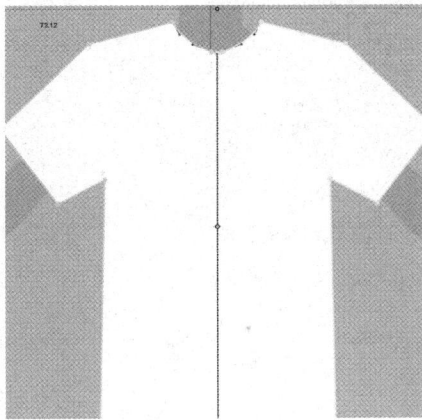
图 14—8

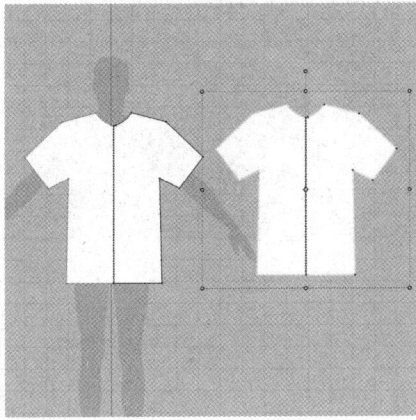
图 14—9

步骤5：在布料的属性面板中修改布料的颜色为浅湖蓝色。回到3D空间，使用✛工具将后面的板片移到人物模特的背后，放在和前板片基本重合的位置，如图14-10、图14-11、图14-12所示。

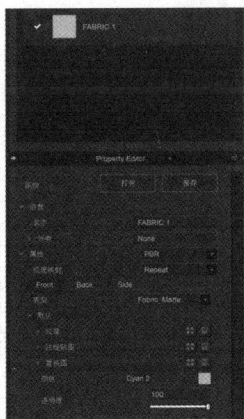
图 14—10

图 14—11

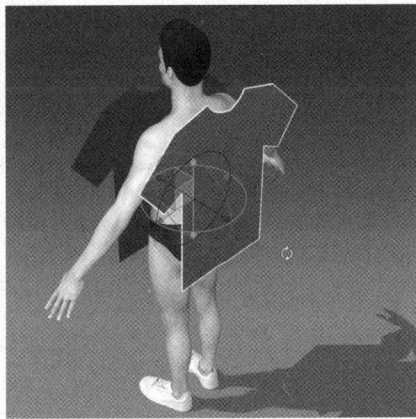
图 14—12

步骤6：点击后面的板片，按鼠标右键，在弹出的菜单中选择"水平翻转"命令，让板片的正面朝向外侧。使用面板上方的 ■线缝纫 （缝纫线工具）在3D视图中进行缝纫的操作，这是Marvelous Designer最有特色的部分，我们可以使用这一工具将前面制作的板片真正缝制成一件衣服，然后穿到模特的身上。早期的Marvelous Designer版本只能在2D视图中进行缝纫线的操作，从Marvelous Designer9之后就可以在3D视图中直接进行缝制操作，如图14-13、图14-14、图14-15所示。

步骤7：缝制好的线如果是平行排列说明缝制处没有扭曲的现象，如果发生了扭曲的现象，就要使用 ■编辑缝纫线 工具里的调换缝纫线，将缝纫的线条调整为平行线的状态，这样在最终缝合试穿的时候就不会发生错误，如图14-16、图14-17所示。

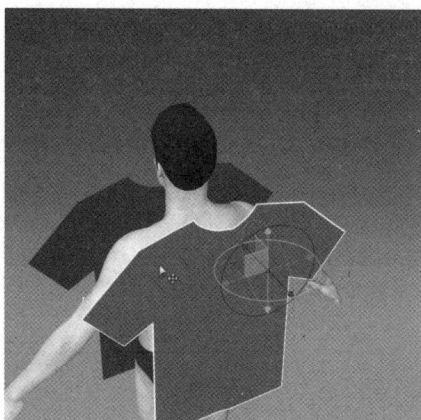

图 14—13

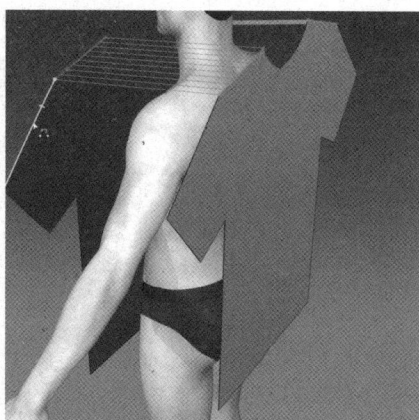

图 14—14

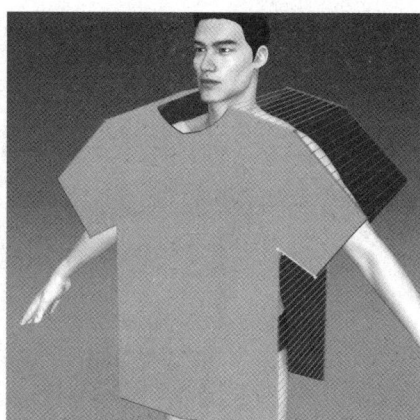

图 14—15

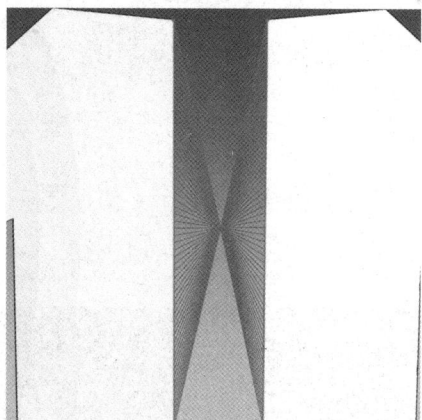

图 14—16

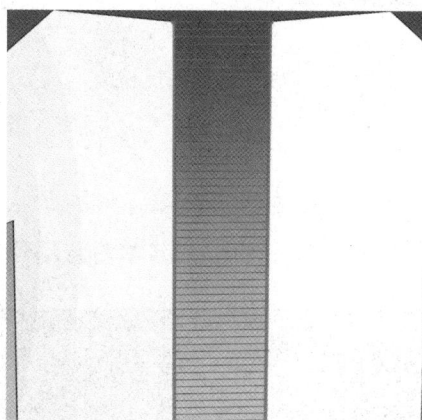

图 14—17

步骤8：点击3D视图上方的 ⬇ 按钮进行布料动力学的模拟，这样衣服就通过运算穿到了模特的身上。这里发现在衣服的肩膀处出现比较明显的尖角，我们可以在2D板片面板里调整肩部板片点的位置，将肩部的衣服做得更加平顺。再次点击 ⬇ 按钮进行布料动力学的模拟，在模拟的过程中，可以用 ↘ 工具进行拖拽，让衣服达到预想的位置，这一操作非常接近于我们日常生活中穿衣服的习惯性动作，如图 14 - 18、图 14 - 19、图 14 - 20所示。

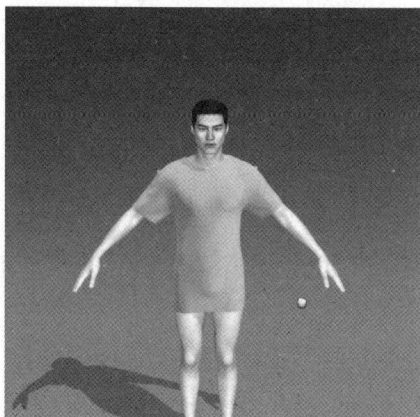

图 14—18

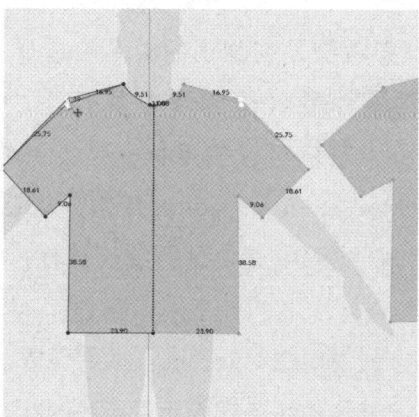

图 14—19

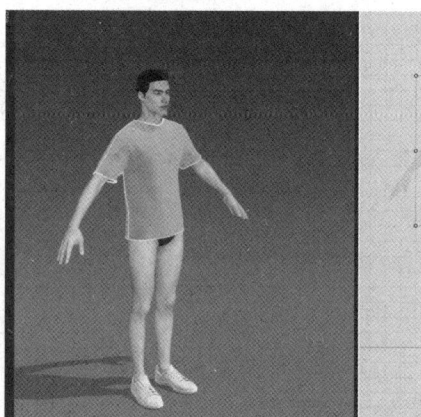

图 14—20

步骤9：在2D面板中选中所有的上衣板片，右键执行"形态固化"，这一操作可以避免后面制作裤子时上衣也一起运算产生不必要的错误。再次右键执行"隐藏板片"的操作，后面将制作模特的短裤，如图14－21、图14－22所示。

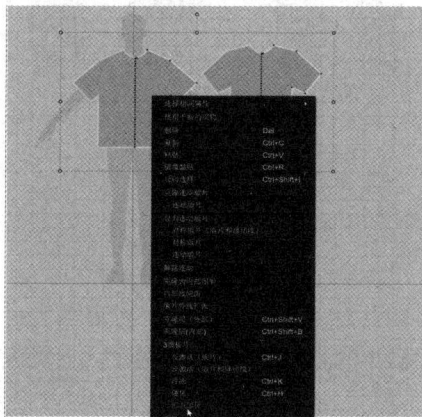

图 14—21

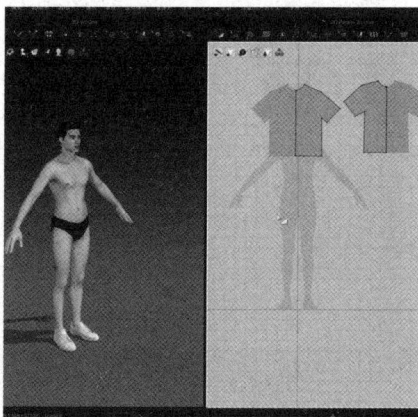

图 14—22

Marvelous Designer 制作裤子

14.1.2　制作短裤

步骤10：在2D视图中对照模特造型的灰色剪影绘制出裤子前片的轮廓，使用▨工具调整绘制点的位置，使用▨工具调整曲线点，使用▨工具编辑圆弧。将刚才绘制好的板片做成带有弧线的板片，如图14－23、图14－24、图14－25所示。

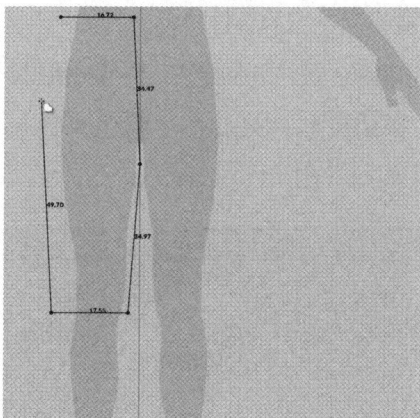

图 14—23

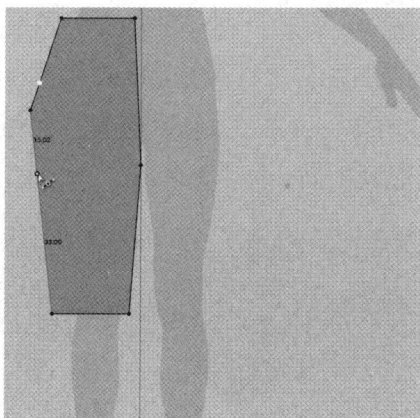

图 14—24

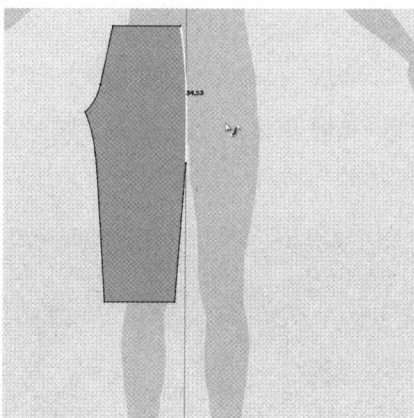

图 14—25

步骤11：依照制作上衣板片的方法，参考缝纫书籍，制作短裤的前后缝纫板片，如图14－26、图14－27、图14－28所示。

步骤12：将制作好的裤子板片在3D视图中进行摆放，并再次使用"缝纫线工具"进行缝合，这里要注意裤子上面弯曲的线条在缝纫时一般是使用"自由缝纫"工具。"自由缝纫"工具的使用方法是按住键盘的Shift键先拉出要缝纫的一片的线轮廓，确认后再按住Shift键在另一板片的边缘进行拉线操作。后面再为短裤添加腰带，让短裤更好地穿在腰上面，如图14－29、图14－30、图14－31所示。

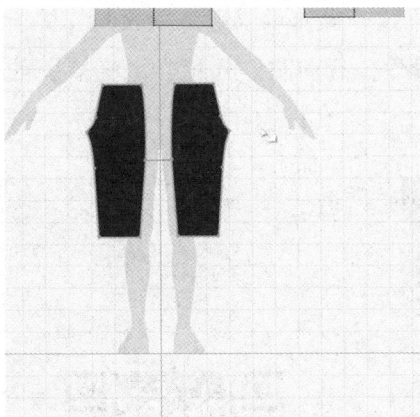

图 14—26

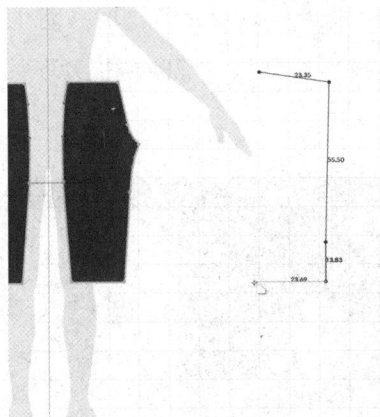

图 14—27

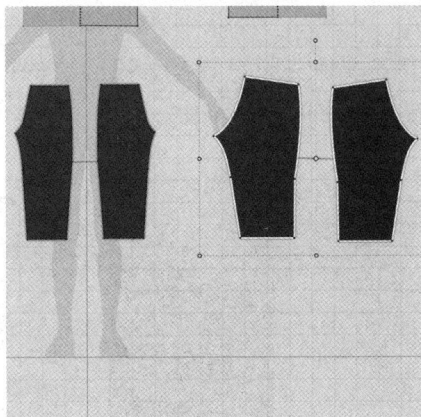

图 14—28

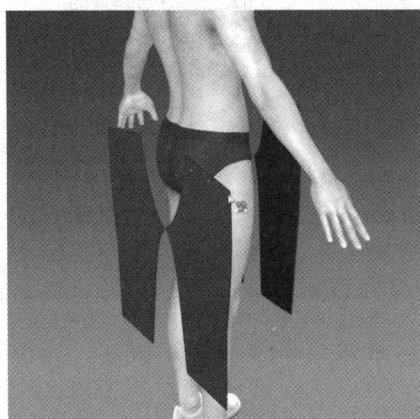

图 14—29

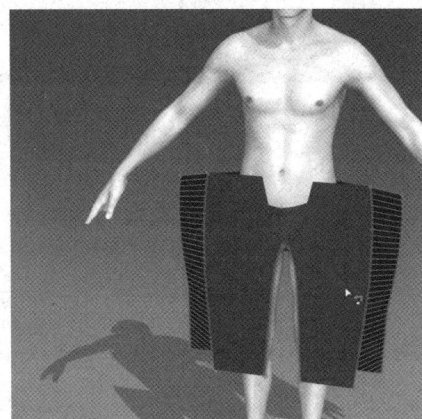

图 14—30

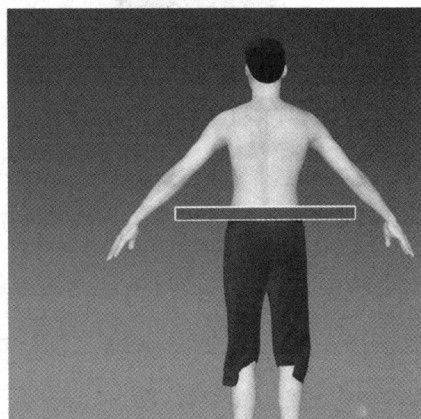

图 14—31

步骤13：点击3D视图上方的■按钮进行布料动力学的模拟，在模拟的过程中配合◥工具将衣服拉拽到模特身体的合适位置。在这个练习中，裤子一开始的位置是在模特腿的里面，只要使用◥工具加大拖拽的力度就可以很好地将衣服贴合到模型的外面，如图14-32、图14-33、图14-34所示。

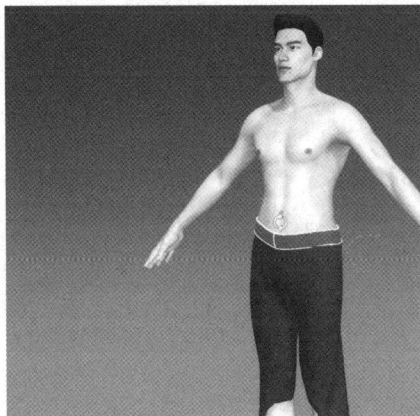

图 14—32

图 14—33

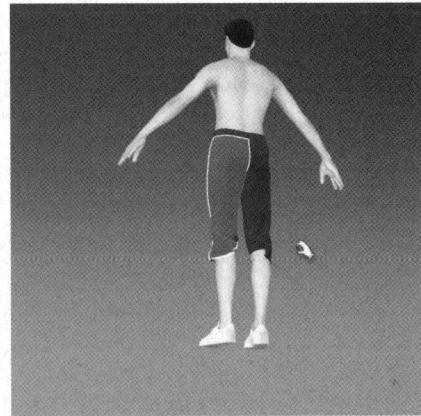

图 14—34

步骤14：完成裤子的制作之后，可以再次在2D视图中选择上衣的所有湖蓝色板片，右键选择"取消隐藏"，并再次右键执行"取消形态固化"，这样模特就穿上了衣服。从3D视图的各个角度观察，确保衣服很好地匹配了模型，没有任何穿帮的情况，如图14-35、图14-36所示。

图 14—35

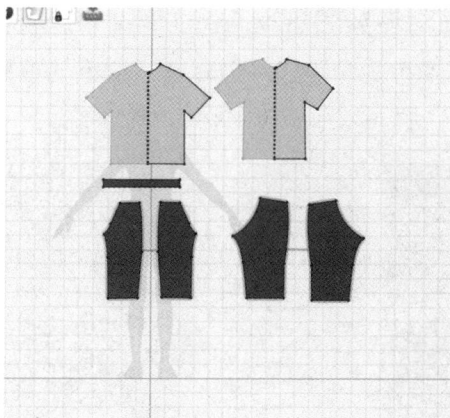

图 14—36

修改模特的姿势

14.1.3 修改模特的姿势

步骤15：再次在2D视图选择所有的衣服2D板片，执行"隐藏3D板片"操作，在3D视图中模特的衣服消失。此时选择3D视图中的"显示X－Ray结合处"命令，将模特的造型透明显示，可以看到人体模型是装配了骨骼的，如图14－37、图14－38、图14－39所示。

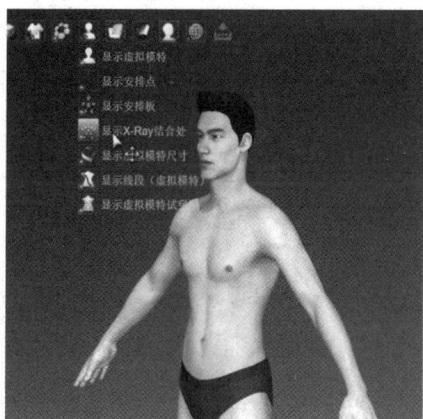

图 14—37

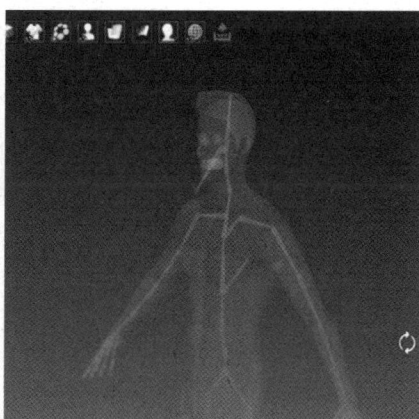

图 14—38

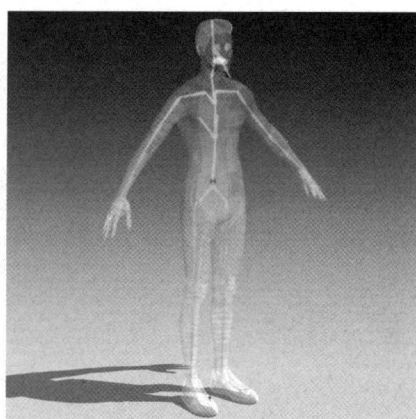

图 14—39

步骤16：使用3D视图中的 ⊞ 选择工具，点击模型需要运动的关节进行旋转的操作，将模特设置成想要的造型状态，如图14－40、图14－41、图14－42所示。

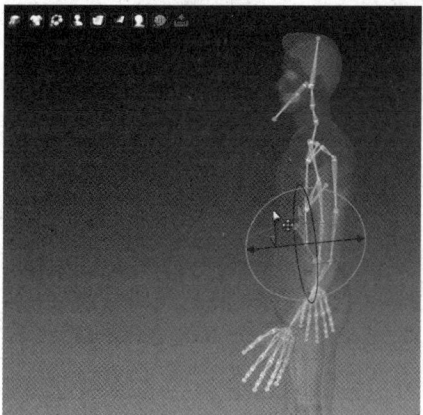

图 14—40

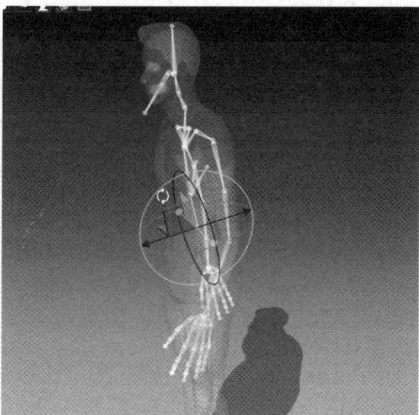

图 14—41

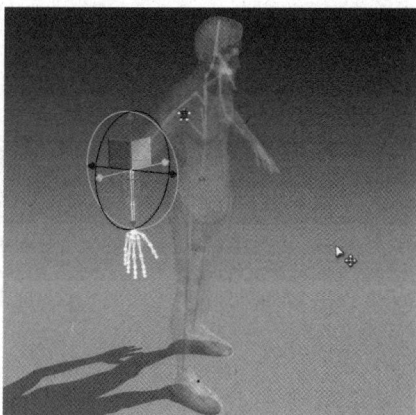

图 14—42

步骤17：将刚才调节好的姿势另存为 Marvelous Designer 软件的姿势文件，此文件的后缀名为.pos。回到3D视图，选择模型的骨骼，点击右键，选择"重置关节点"命令，将造型重新恢复成默认的Tpose造型，如图14-43、图14-44、图14-45所示。

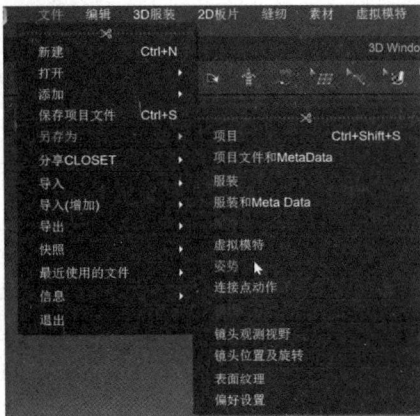

图 14—43

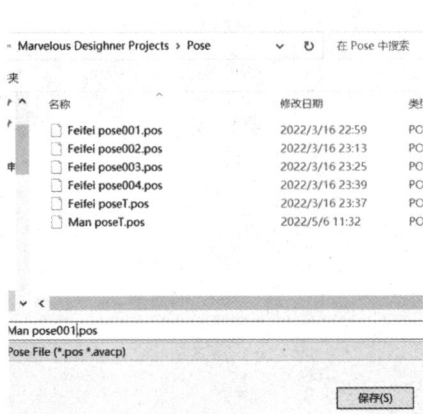

图 14—44

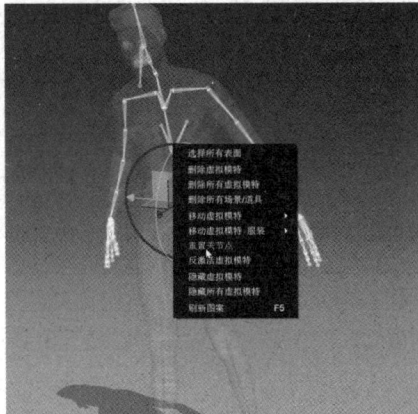

图 14—45

步骤18：在2D视图重新选择2D衣服板片，右键执行"显示3D板片"的操作，并"解除形态固化"，如图14-46、图14-47、图14-48所示。

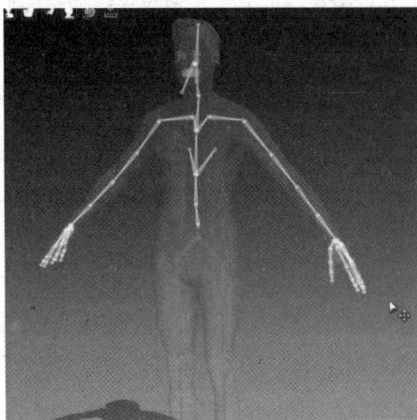

图 14—46

图 14—47

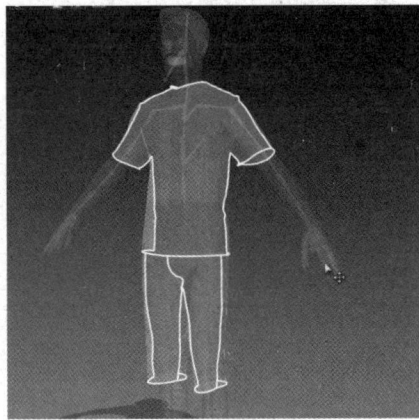

图 14—48

步骤19：在菜单中选择"文件—打开—姿势"将刚才保存过的姿势文件加载到模型的身上，此时模型就会产生动作，衣服的结构也会随之产生变化，这样就得到了一个造型比较自然的衣服形态了，这些衣纹的分布也基本符合人体内部的骨骼肌肉结构关系，如图14-49、图14-50、图14-51所示。

步骤20：在2D视图选择所有板片在属性面板中单开"其他"属性，将"网格类型"设置为"四边形"，将"模拟属性"中的"粒子间距"设为10毫米，这个值默认时是20毫米，如果设为10毫米，得到的衣服模型更加细腻真实，如图14-52、图14-53所示。

步骤21：框选所有的2D板片，点击菜单"文件—导出—OBJ（选定的）"，在Export OBJ选项栏中勾选"选择所有板片""单个目标""合并""薄的"这些选项，其他的选项可以保持软件的默认设置，导出衣服的模型。

再次点击菜单"文件—导出—OBJ（选定的）"，在Export OBJ选项栏中勾选"选择所有虚拟模特""单个目标""合并""薄的"这些选项，其他的选项可以保持软件的默认设置，导出模特的模型，如图

14-54、图14-55所示。

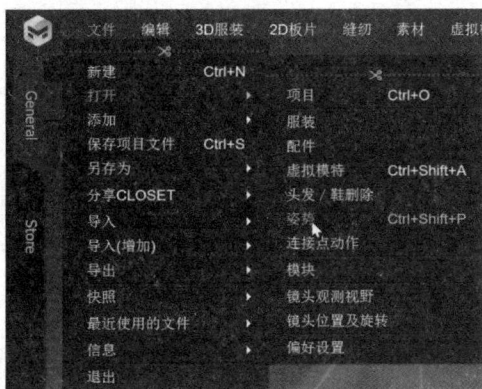

图14—49

图14—50

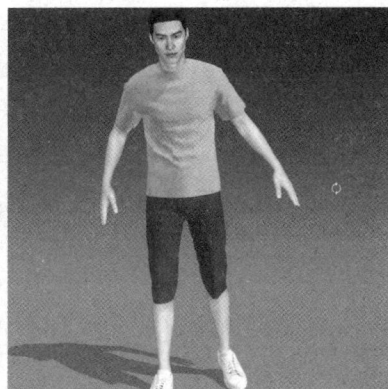

图14—51

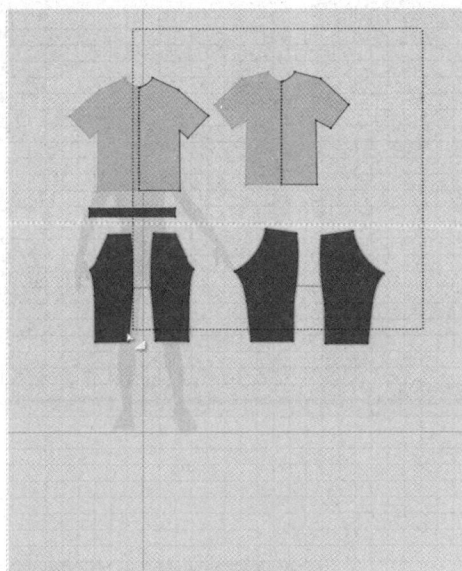

图14—52

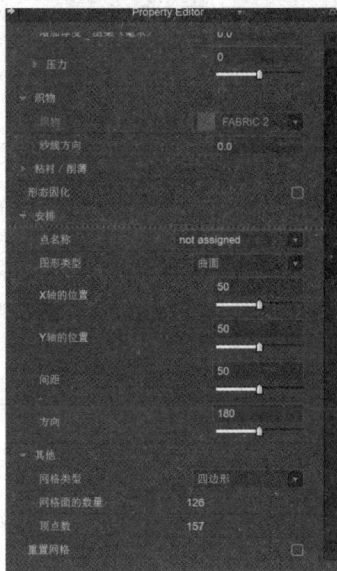

图14—53

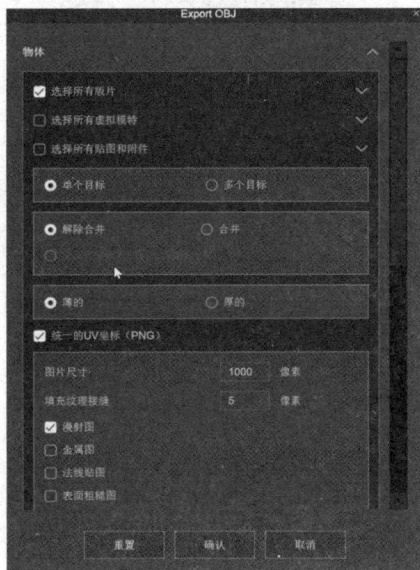

图14—54

图14—55

14.2 导出模型在ZBrush中雕刻

14.2.1 在ZBrush中修改衣纹的细节

步骤22：回到ZBrush软件，在工具面板分别导入刚才制作的衣服模型和模特身体模型，这样男子模特和衣服模型就分别导入到Ztool文件中了，这两个文件分别是两个ZBrush的子工具，我们可以对制作好的衣服模型进行深入的雕刻，让衣服的纹理更符合我们制作的要求，如图14－56、图14－57、图14－58所示。

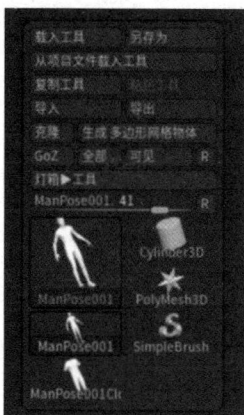
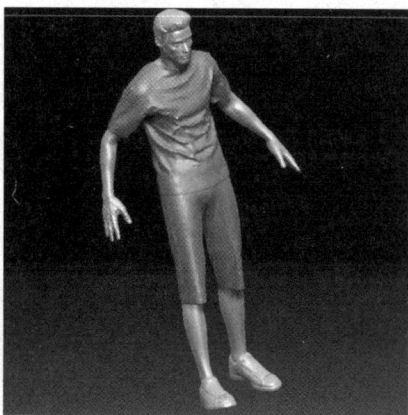

图 14－56   图 14－57   图 14－58

步骤23：对衣服模型进行纹理雕刻，如图14－59所示。

导出衣服模型在 ZBrush 中细化

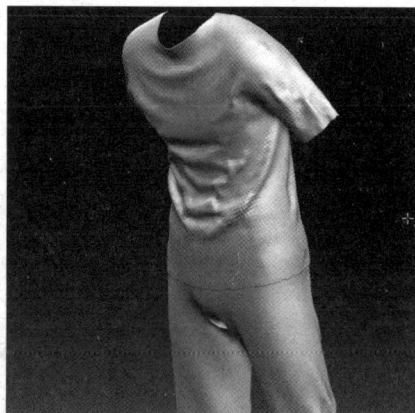

图 14－59

14.2.2 其他衣服雕刻案例

此部分内容为前期笔者本人制作的部分案例，因为当时并没有打算制作教材，所以没有录制和保留制作步骤，这些是最终完成的制作效果，如果教材申报获批，将在后期编撰的成书中补充此部分的案例教案和视频教学。

1. 女式连帽风衣的制作

如图14-60、图14-61、图14-62所示。

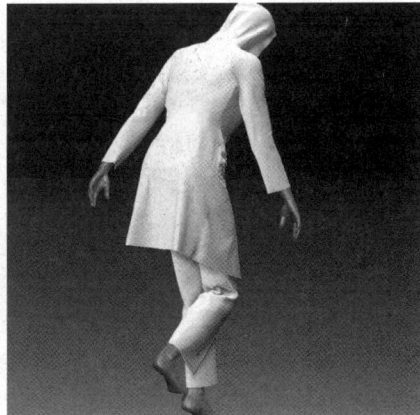

图14-60　　　　　　　　　　图14-61　　　　　　　　　　图14-62

2. 女式连帽风衣的制作

如图14-63、图14-64、图14-65所示。

图14-63　　　　　　　　　　图14-64　　　　　　　　　　图14-65

3. 女式风衣衣纹制作

如图14-66、图14-67、图14-68所示。

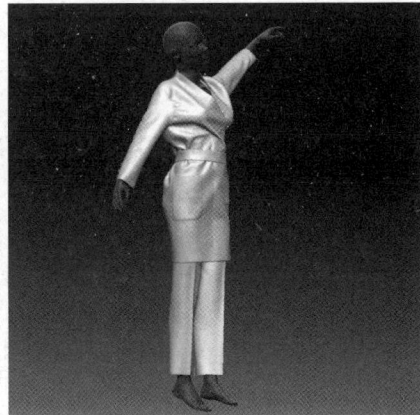

图14-66　　　　　　　　　　图14-67　　　　　　　　　　图14-68

4. 男子西装制作及动态

如图14－59、图14－70、图14－70所示。

图 14—69　　　　　　　　　图 14—70　　　　　　　　　图 14—71

15

第15章　3D打印输出

3D打印对于数字雕刻艺术具有十分重要的意义，可以说3D打印是真正让数字雕刻艺术这门课程。从草图创意、设计、软件制作、渲染效果图、成品模型输出，形成了一个闭环。在数字雕刻艺术的教学中，如果想以最直观的方式来判断电脑中的数字制作作品的呈现效果，那么3D打印无疑是最佳的呈现方式。3D打印可以让我们直观地发现在电脑屏幕中看不到的不足或问题，也可以将最终作品输出为雕塑，在空间中加以展出和呈现。

3D打印以直观、高效的工作流程和强大的造型能力，彻底改变了雕塑设计师的工作方法。

15.1　调整模型结构、输出STL格式文件

在ZBrush软件中有一个制作好的蜥蜴的造型，选择"Z插件—导出"，在弹出的导出选项窗口中选择"Clear Masking"和"Show Hidden Points"然后点击"OK"将模型进行导出，如图15-1、图15-2、图15-3所示。

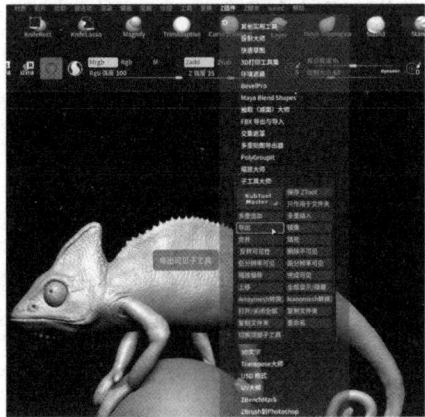
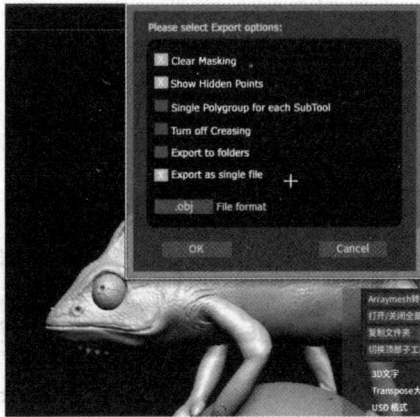
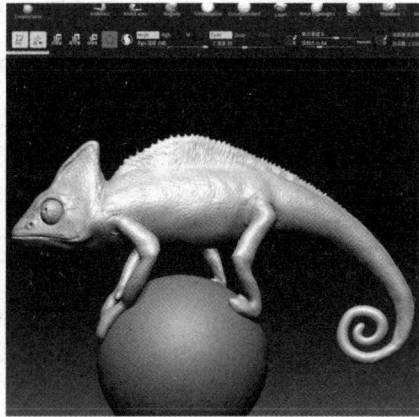

图15-1　　　　　　　　　　图15-2　　　　　　　　　　图15-3

15.2 设置3D打印机

Bamboo Studio是目前市面上流行的功能丰富的切片软件，可以作为3D打印的前期准备。它包含基于项目的工作流程、系统优化的切片算法，拥有易于使用的图形界面，可以带来流畅高效的3D打印体验。如图15－4所示。

3D 打印设置 1

3D 打印设置 2

图 15—4

购买了拓竹打印机的用户可以在网上下载并安装Bamboo Studio软件。根据弹出的安装向导，第一步是选择所在的地区区域，接着选择打印机，在界面中选择自己设备的打印机型号以及喷嘴的型号，如图15－5、图15－6所示。

图 15—5

图 15—6

下一步在弹出窗口中选择3D打印丝的类型，在这里可以尽量将可用的打印丝都选上，如常用的PLA、ABS，以便后期匹配更多的打印材质，如图15－7所示。

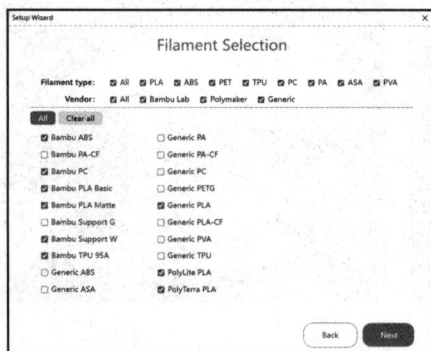

图 15—7

3D 打印过程 1

3D 打印过程 2

15.3　打印输出

步骤1：在开始切片模型之前，首先要使用软件对硬件设备进行预设，依次是选择打印机、耗材丝和工艺预设等选项。从打印机的下拉列表中选择正在使用的打印机以及相应的喷嘴型号，此时要保证打印机处于开机状态。在耗材丝的下拉列表中选择机器上目前装配的耗材丝（在此次打印中所使用的是拓竹官方的PLA材质）。在工艺的下拉菜单中选择打印图层的高度，图层高度越小，打印的时间就越长，一般都选择0.20mm的图层高度，如图15－8所示。

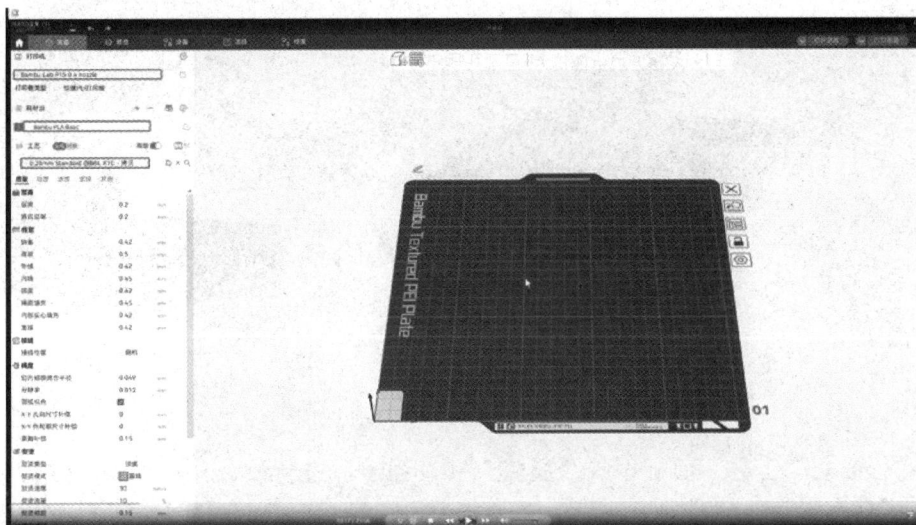

图 15—8

步骤2：在预览窗口顶部的菜单栏上，点击⊡图标，将刚才导出的obj格式变色龙造型导到操作界面当中。Bamboo Studio软件支持3mf、stp、stl、svg、amf和obj格式的模型文件。在Bamboo Studio中对视图的操作是：按住鼠标左键在场景空白处拖拽可以旋转视图，按住鼠标中键在场景中拖拽可以平移视图，推拉鼠标滚轮可以缩放物体在视图中的大小，如图15－9所示。

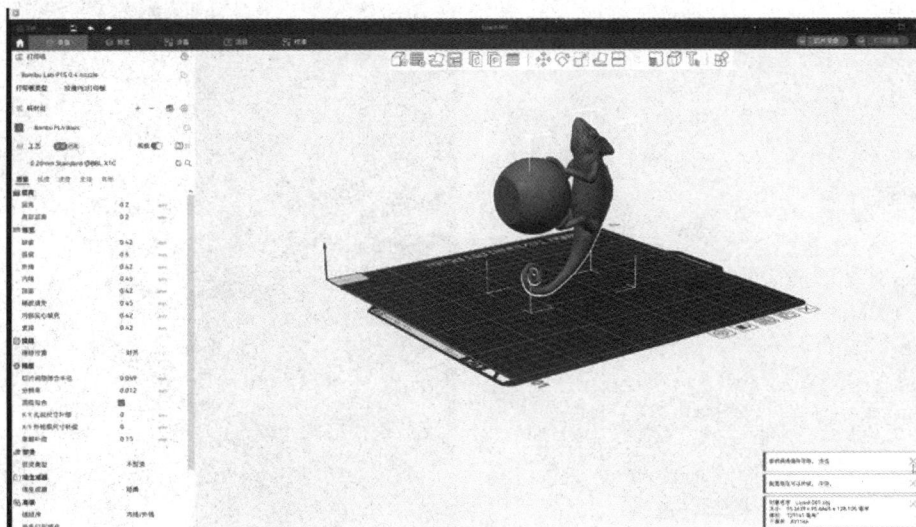

图 15—9

步骤3：导入Bamboo Studio软件的模型坐标系与原来的坐标系不一致，此时要重新设置模型的底面。在3D打印的时候，设置好底面对打印成功有着关键的意义，如果底面设置得不好，会导致打印模型与3D打印机热盘粘结不紧，在打印过程中模型有可能会从打印机热盘滑脱，导致打印失败。在这个变色龙的雕塑中，我们在前期为这个雕塑制作了一个球形的底座，并将底座的底面做了削平的处理。点击预览窗口顶部的菜单栏上的⬚图标，此时模型可以被设置为底面的部分都会显示出白色区域，点击需要设置底面的区域，模型就以此面为底面放置在打印机的热盘上了，如图15－10、图15－11所示。

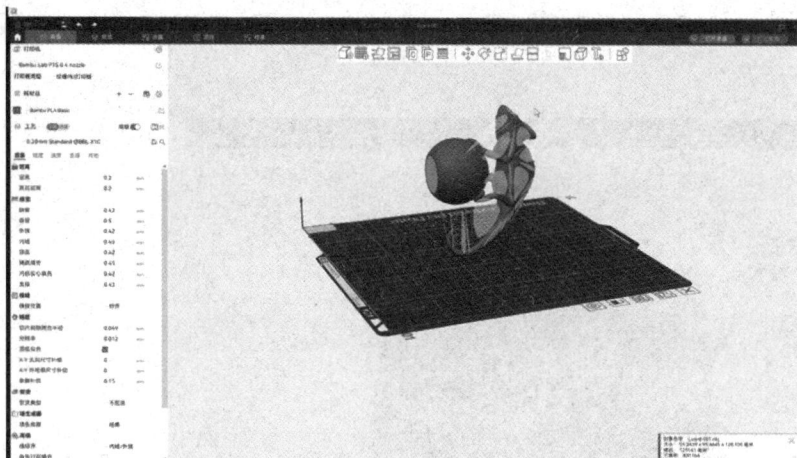

图 15—10

图 15—11

步骤4：接着，要对"工艺"面板中的"质量"和"强度"进行设置，在设置时软件又分为普通和高级两种情况，对于初学者来说，使用普通的打印设置就可以基本满足打印需要了。在"质量"选项中将接缝位置设为随机，在"强度"的设置中主要包括：墙（模型需要打印多少层）、顶部/底部外壳（模型顶部和底部的打印喷丝的图案和层数）、稀疏填充（模型内部中空结构的支撑图形及其密度）这三个方面。将此次打印的墙层数设为4，顶部壳体层数设为5，底部壳体层数设为3，顶部和底部图案设为单调线，内部实心填充图案设为直线，稀疏填充密度设为15%，稀疏填充图案设为三角形，如图15－12、图15－13所示。

图 15—12

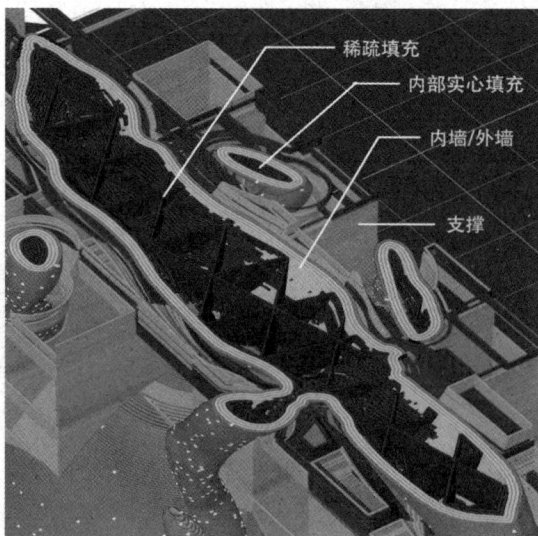

图 15—13

步骤5：对"工艺"面板中的"支撑"进行设置，如果对3D打印机不熟悉，为了防止打印时模型脱离热盘，在设置支撑时可以打开高级设置为打印模型设置"筏层"，就是让模型的底部有一个像竹筏一样的结构，增加底面的接触范围，保证打印时模型不会脱离热盘。将此次打印的筏层设为5层，筏层Z间距设为0.1毫米，首层密度设为90%，首层扩展设为2毫米；其他的设置为：勾选开启支撑，支撑类型为普通（自动），勾选移除小悬空，支撑图案线距为11毫米；其他的设置可以保持默认。如图15-14、图15-15所示。

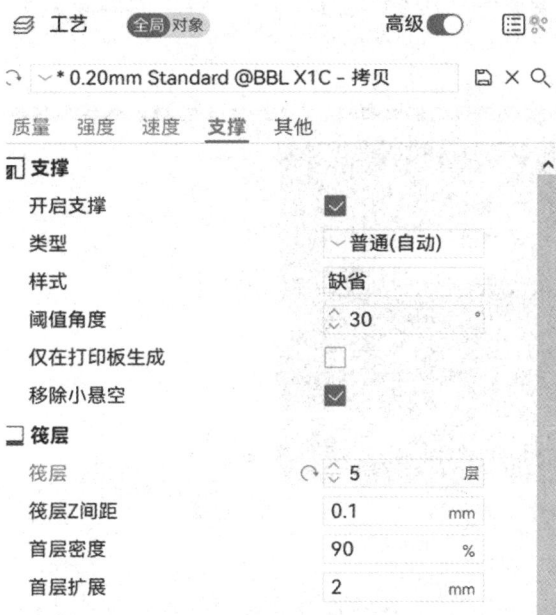

图 15—14

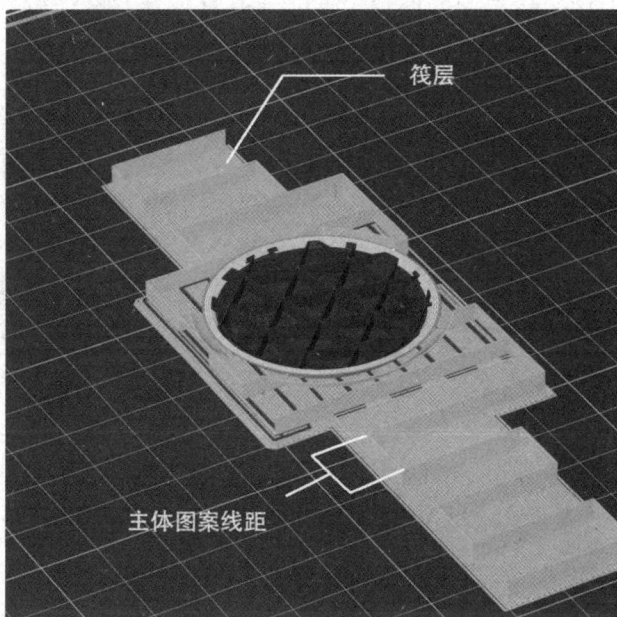

图 15—15

步骤6：回到"准备"菜单，点击在视图上端的▤（可变层高）按钮，此时会发现模型的顶部和底部的打印层比较粗糙，此时就要用视图右侧的滑杆调整模型部分位置的层高。右侧模型上面绿色的部分就是层高调节得比较密集的地方，此处的层高小于前面设置过的0.20mm的图层高度。这样打印出来的模型在这些地方就不会出现过于堆料不够的情况，如图15-16、图15-17所示。

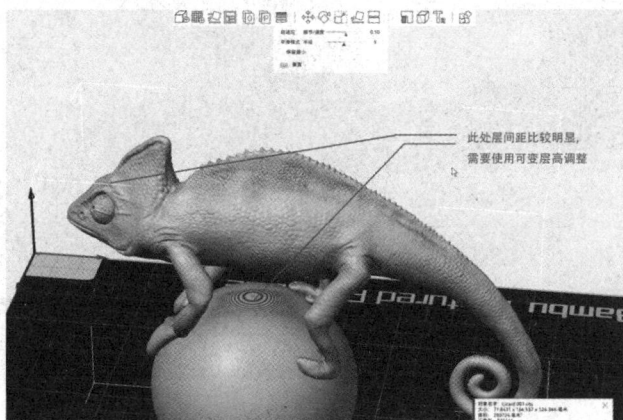

图 15—16

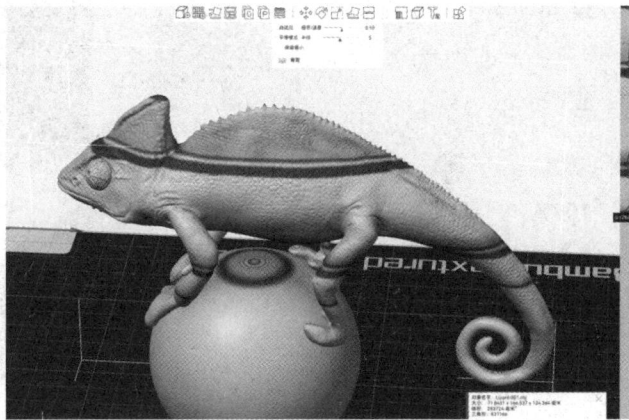

图 15—17

步骤7：模型打印前的基本设置完成后，此时就可以点击Bamboo Studio软件界面右上方的打印单盘

![打印单盘] 按钮，此时会弹出"发送打印任务"的界面，此界面包含模型的缩略图、预计打印所需要的时间、耗材丝所需要的重量、耗材丝的类型等。通过刷新可以找到与本台电脑处于同一个Wi-Fi信号覆盖下的打印机名称，如果是重新开机打印，一般要勾选热床调平和延时摄影。再点击发送，就可以将刚才设置好的模型发送到3D打印机了。此时再打开Bamboo Studio软件的"设备"菜单，3D打印机开始工作，会先将上次打印的耗材丝加热到250摄氏度，并通过摩擦清除废料热熔丝，并对热床平面进行调平工作。点开视频面板下面的播放 ▶ 按钮，就会打开打印监视摄像头，用户可以在打印过程中随时查看机器内部的情况和打印的进度，如图15－18、图15－19所示。

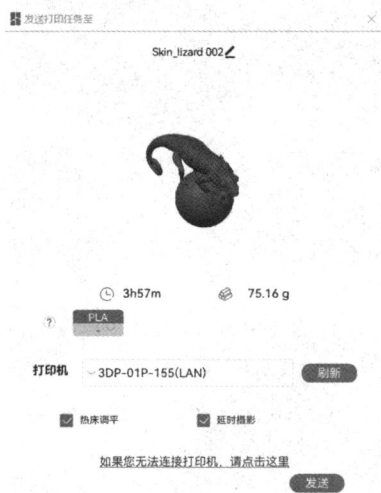

图 15—18

图 15—19

步骤8：根据天气情况，在较冷的季节，可以适当调高喷头和热床的温度。此次打印中喷头温度设置为223℃，热床温度从默认的50℃提高到60℃，如图15－20、图15－21所示。

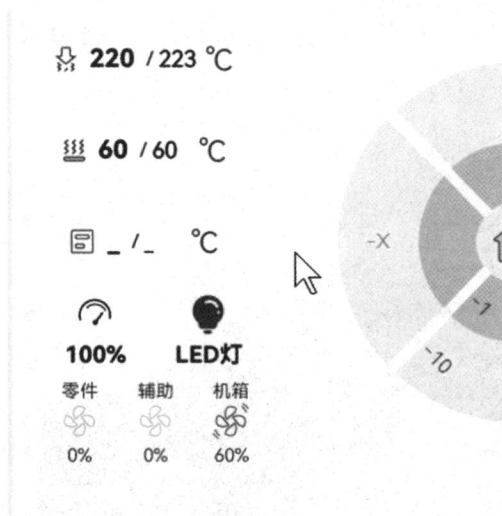

图 15—20

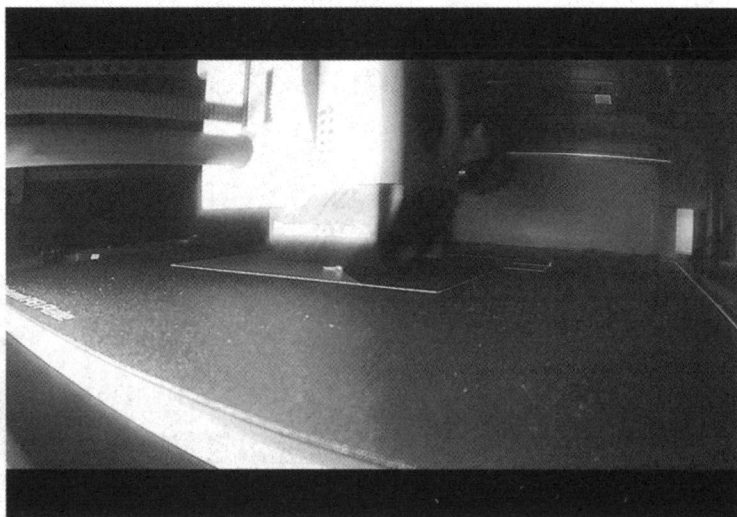

图 15—21

最终打印效果展示：

图 15—22

图 15—23

图 15—24

ZBrush 作业提交方法

ZBrush作为一种极具创新性的软件工具，通过本教材十五章内容的系统阐述，读者可基本掌握该软件在数字雕刻领域的基础知识，并能够运用该软件进行数字雕塑的创作。从对软件基础菜单命令的初步介绍，到人像、石膏像的临摹制作，再到动物雕塑、浮雕以及中国传统雕塑的临摹等，直至卡通手办模型的制作，以及最终利用3D打印机进行输出，本教材从数字雕刻全流程的视角出发，为读者提供了一条快速掌握数字雕刻艺术的途径。在教学内容的编排上，特别注重了对不同类型的雕塑进行数字化制作的实践尝试，并总结出一系列有效的操作方法。本教材的显著特点在于强化了课程思政的元素，在案例选择上，结合了历史文化名人和科技工作者的雕像制作，同时在教程中大量融入了中国传统雕塑制作的案例。在探讨中国传统雕塑的案例时，首先结合软件的制作流程，探索出有效的制作策略，其次在软件制作过程中不断深化对东方雕塑造型语言的理解和认识，如东方雕塑对解剖结构的准确性和严谨性要求不高，而是更注重雕塑形体的动态感和装饰性语言的运用等审美倾向。本教材旨在通过案例教学，将传统东方造型审美的精髓内化于学生的心灵深处，在无形中，也实现了传播中国传统文化的目的。在每一章的案例中，根据实践案例的不同，采用了不同的塑造手法，力求充分展现软件的潜能，读者只须跟随本教材的案例逐步深入，便能在软件操作和雕塑创作方面获得全面的认识和理解。

在撰写本教材的过程中，作者精心准备了一系列视频教程，并额外制作了补充视频，以便读者在掌握核心教学内容的同时，能够进一步探索数字雕刻艺术的多样性。总结来说，要想在数字雕刻艺术领域创作出杰出的作品，需要在两个关键领域努力：一是软件技术的学习与提升；二是艺术创意的深入挖掘与研究，并根据个人的创作项目灵活地应用软件工具。

作者希望本教材能成为读者探索数字雕刻艺术世界的指南，帮助读者通过数字雕刻技术对中国传统雕塑等艺术形式的深厚内涵有更深刻的洞察，并能利用这项技术创作出更加引人入胜的艺术作品。